特殊機能コーティングの新展開
Advanced Technology of Functional Coatings

《普及版／Popular Edition》

監修 中道敏彦

シーエムシー出版

はじめに

　コーティング技術の歴史をポリマー技術の進展という観点から眺めてみると，ポリエステル，アクリル，エポキシ樹脂といった多くの合成樹脂塗料が開発された戦後から1970年にかけての第一段階，その樹脂をより精密化・高度化した1970年から1995年にかけての第二段階を経て，現在は「環境負荷低減と高機能化」の第三段階に入っていると考えられよう。

　「環境負荷低減」では，塗料組成面から重金属の使用中止やVOC（揮発性有機化合物）の削減がなされ，自動車用水性塗料に見られるように塗装面でも大きな進展が見られる。一方，「高機能化」は，砂地に水が浸透していくように各分野で開発が拡がっている。機能性発現のためのポリマー技術では，表面を意識した樹脂の開発，例えば特定基の表面への配向，濃度傾斜型樹脂の設計，ポリマー粒子表面の活用といったことや，分子設計どおりの合成技術が重要である。こうしたポリマー技術と近年開発されてきているさまざまな新素材，例えば有機／無機ハイブリッド，ナノ粒子，各種機能性顔料，機能性薬剤が組み合わせられて多くの機能性コーティングが開発されている。また，当然ながら機能性コーティングにも環境問題を踏まえた開発が要請されている。

　機能性コーティングのマーケットは一般的にはニッチであろう。しかし，機能性コーティングは知識集約型・高付加価値型コーティングであり，周辺分野の機能材料の開発とも深く関連し，相互に影響を及ぼしあっている。

　本書は，コーティングと各機能を結びつけた形で主構成をなし，2002年に発行した『特殊機能コーティングの開発と展望』の後，5年を経た現状を非常によく示している。執筆にご協力頂いた皆様に深く御礼申し上げると共に，読者にとって，今後の大きな技術課題である「環境負荷低減」と「高機能化」へ向けての研究開発の一助になれば幸甚である。

2007年9月

日本化学塗料㈱　顧問
中道敏彦

普及版の刊行にあたって

本書は2007年に『特殊機能コーティングの新展開』として刊行されました。普及版の刊行にあたり，内容は当時のままであり加筆・訂正などの手は加えておりませんので，ご了承ください。

2012年9月

シーエムシー出版　編集部

執筆者一覧（執筆順）

中道 敏彦	日本化学塗料㈱　顧問	
佐藤 英晴	ペルノックス㈱　R&Dセンター　ペルトロン事業部　技術課　主任技師補	
馬場 則弘	昭栄化学工業㈱　技術部	
吉田 隆彦	ニッタ㈱　テクニカルセンター　第4プロジェクト　プロジェクトサブマネージャー	
三木 勝夫	三木コーティング・デザイン事務所　所長	
木下 啓吾	（元）長島特殊塗料㈱　技術本部　顧問	
永田 順一郎	日本ペイント販売㈱　顧客推進本部　建設塗料部　近畿推進グループ　課長	
白瀬 仁士	日油技研工業㈱　研究開発部　第1G　主査	
石田 則之	大日本塗料㈱　技術開発部門　新事業創出室　副主任研究員	
竹内 雅人	大阪府立大学大学院　工学研究科　助教	
松岡 雅也	大阪府立大学大学院　工学研究科　准教授	
安保 正一	大阪府立大学大学院　工学研究科　教授	
柴藤 岸夫	BASFコーティングスジャパン㈱　研究開発本部　塗料研究所　所長	
青木 康充	根本特殊化学㈱　蛍光体事業部門　蓄光材営業グループ　マネージャー	
木村 育弘	日本油脂㈱　化成品研究所　AC2グループ　グループリーダー	
信田 直美	㈱東芝　研究開発センター　機能材料ラボラトリー　研究主務	
後河内 透	㈱東芝　研究開発センター　機能材料ラボラトリー　室長	
中西 功	スズカファイン㈱　技術本部　次長	
高濱 孝一	松下電工㈱　先行技術開発研究所　機能材料研究室　室長	
木村 武久	㈱トウペ　技術部　東京防食塗料課　課長	
金井 洋	新日本製鐵㈱　技術開発本部　君津技術研究部　部長	
森下 敦司	新日本製鐵㈱　技術開発本部　鉄鋼研究所　表面処理研究部　主任研究員	
植田 浩平	新日本製鐵㈱　技術開発本部　鉄鋼研究所　表面処理研究部　主任研究員	
水谷 勉	水谷ペイント㈱　技術部統括部長　生産部統括部長　専務取締役	
辻井 薫	北海道大学　電子科学研究所附属ナノテクノロジー研究センター　ナノデバイス研究分野　教授	
島田 淳之	日本ペイント㈱　自動車塗料事業本部　中上塗料開発部　係長	
石川 一郎	アトミクス㈱　技術開発部	
矢澤 哲夫	兵庫県立大学　大学院工学研究科　物理系工学専攻　教授	
木村 剛	NKMコーティングス㈱　技術本部　次長	
梶浦 義浩	㈱シナネンゼオミック　テクニカルサポート部　主任研究員	
矢辺 茂昭	日本曹達㈱　小田原研究所　バイオサイド研究グループ　主任研究員	
小林 賢勝	日本化学塗料㈱　常務取締役	
若月 正	日本化学塗料㈱　開発部　技術1課　課長	
大井戸 秀年	㈱トウペ　技術本部　リペレシステムプロジェクト　部長	
板野 直文	日本特殊塗料㈱　開発本部　第2技術部　技術2課　課長	

執筆者の所属表記は，2007年当時のものを使用しております。

目次

【第1編 総論】
第1章 機能性コーティング展望　　中道敏彦

1 環境と機能は時代の要請……………… 3
2 機能性コーティング概説……………… 4
 2.1 電気・磁気的機能 ………………… 4
  2.1.1 導電性・帯電防止コーティング
   ………………………………… 4
  2.1.2 電磁シールドコーティング …… 5
  2.1.3 磁性コーティング ……………… 5
 2.2 熱的機能 …………………………… 5
  2.2.1 遮熱（太陽熱高反射）・断熱
   コーティング ………………… 5
  2.2.2 耐熱・難燃・耐火コーティング… 6
  2.2.3 示温コーティング ……………… 6
 2.3 機械的機能 ………………………… 6
  2.3.1 耐摩耗性コーティング ………… 6
  2.3.2 ハードコート …………………… 6
  2.3.3 潤滑コーティング ……………… 7
 2.4 化学的機能 ………………………… 7
  2.4.1 消臭・脱臭コーティング ……… 7
  2.4.2 光触媒コーティング …………… 7
  2.4.3 耐酸性雨コーティング ………… 8
 2.5 光学的機能 ………………………… 8
  2.5.1 蓄光・蛍光コーティング ……… 8
  2.5.2 色彩変化コーティング ………… 8
  2.5.3 再帰反射コーティング ………… 9
  2.5.4 反射防止膜用コーティング …… 9
  2.5.5 フォトレジスト ………………… 9
 2.6 表面機能 ………………………… 10
  2.6.1 親水性コーティング ………… 10
  2.6.2 撥水性コーティング ………… 10
 2.7 その他の機能 …………………… 11
  2.7.1 船底防汚コーティング ……… 11
  2.7.2 防菌・防黴・漁網防汚コー
   ティング ……………………… 11
  2.7.3 止水コーティング …………… 11
  2.7.4 プラスチックリサイクル用
   コーティング ………………… 11
  2.7.5 制振コーティング …………… 12
3 コーティング技術の周辺分野への展開… 12

【第2編 電気・磁気的機能】
第1章 透明帯電防止塗料　　佐藤英晴

1 はじめに…………………………………17
2 帯電防止性能と透明性…………………17

2.1 帯電防止性能の評価 …………17	3.1 保護フィルム ………………23
2.2 各帯電防止成分と特徴 ………18	3.2 クリーンルーム用部材 ………24
2.3 金属酸化物系の基本設計 ……20	3.3 反射防止フィルム ……………24
3 応用分野……………………………23	4 今後の課題…………………………27

第2章　導電性ペースト　　　馬場則弘

1 はじめに……………………………29	3.2 積層セラミックコンデンサ …36
2 基礎…………………………………29	3.3 電解コンデンサ ………………38
2.1 材料設計 ………………………29	4 課題…………………………………40
2.2 導電性顔料 ……………………30	4.1 高周波用材料 …………………40
2.3 導電機構 ………………………32	4.2 微粒子・ナノ粒子材料 ………40
3 評価と応用…………………………34	4.3 微細配線技術 …………………41
3.1 コンデンサ特性 ………………34	

第3章　塗工法による電磁波シールド材　　吉田隆彦

1 電磁波シールド材…………………44	5.2 [対策1] 磁性シートの使用 …49
2 シート配合および分散状態………45	5.3 [課題2] アンテナコイル重複の
3 シート製造法………………………46	影響………………………………50
4 HF帯用磁性シート ………………48	5.4 [対策2] 導体板／磁性シートの
5 磁性シートを用いる課題と効果…49	使用………………………………51
5.1 [課題1] 近傍金属の影響 ……49	6 まとめ………………………………52

【第3編　熱的機能】

第1章　太陽熱高反射率塗装

1 太陽熱高反射率塗料………三木勝夫…55	1.6 高反射率塗料の効果 …………59
1.1 まえがき ………………………55	1.7 高反射率塗料の適用例 ………61
1.2 高反射率塗料 …………………55	1.8 高反射率塗料の適用が少ない集合
1.3 高反射率塗料設計のポイント …56	住宅・一般住宅とその理由 ……61
1.4 高反射率塗料の性能試験方法 …56	1.9 高反射率塗装に対する法制度の支援
1.5 高反射率塗料は塗装系と施工が重要	……………………………………61
……………………………………58	1.10 高反射率塗料の出荷量………62

1.11 高反射率塗料の施工単価……………62	2.3.2 道路における高反射率塗装の施工方法 …………………………70
1.12 今後の課題……………………………62	2.4 道路用高反射率塗料の性能例 ………72
2 高反射率舗装……………木下啓吾 64	2.4.1 アスファルト路面の温度低減性…72
2.1 はじめに ……………………………64	2.4.2 高反射率塗装路面の物理的性質…72
2.2 高反射性の基本原理 …………………65	2.4.3 高反射率塗膜のアスファルトとの付着性 …………………72
2.2.1 日射反射率 ……………………65	
2.2.2 長波放射率 ……………………66	2.4.4 日射反射率の経時的持続性 ……73
2.2.3 高反射性の基本的な原理に基づく具体的な手法 ……………67	2.4.5 WBGT による暑熱環境評価 …73
	2.4.6 高反射率塗膜のその他の性状 …75
2.3 塗装による高反射率舗装 ……………70	2.4.7 被験者実験による暑熱感評価 …75
2.3.1 道路用高反射率舗装へのニーズ……………………………………70	2.5 おわりに ……………………………76

第2章　鉄骨用発泡性耐火塗料　　永田順一郎

1 はじめに……………………………………77	5.5 試験結果 ………………………………84
2 耐火塗料とは………………………………78	6 塗装システム………………………………84
3 耐火塗料耐火性能試験……………………79	6.1 素地調整 ………………………………84
4 載荷加熱試験………………………………80	6.2 錆止め …………………………………85
4.1 載荷加熱試験方法 ……………………80	6.3 耐火層（発泡性耐火塗料） …………85
4.2 載荷加熱試験結果 ……………………81	6.4 上塗層 …………………………………85
5 熱容量試験…………………………………82	7 施工………………………………………86
5.1 試験用供試材料 ………………………82	7.1 現場塗装 ………………………………87
5.2 試験体 …………………………………83	7.2 プレコート塗装 ………………………87
5.3 加熱条件 ………………………………83	8 耐火塗料の膜厚管理………………………88
5.4 主材（ベースコート）乾燥膜厚決定のための解析 ……………………83	9 維持管理…………………………………89
	10 まとめ……………………………………89

第3章　示温塗料　　白瀬仁士

1 基礎…………………………………………91	2.1 不可逆性示温塗料（無機系） ………92
1.1 はじめに ……………………………91	2.2 不可逆性示温塗料（有機系） ………95
1.2 示温塗料の分類 ………………………92	2.3 準可逆性示温塗料 ……………………95
2 評価と応用…………………………………92	2.4 可逆性示温塗料（無機系） …………96

2.5 液晶 …………………………………96
2.6 可逆性示温塗料（有機系）…………97
3 課題 …………………………………………97
3.1 機能向上および機能付与 ……………97
3.2 展望と方向性 …………………………98
3.3 おわりに ………………………………98

【第4編 化学的機能】

第1章 光触媒コーティング

1 光触媒によるNO_x除去・脱臭・抗菌
　コーティング ……………石田則之…103
1.1 光触媒技術………………………………103
　1.1.1 大気浄化………………………………103
　1.1.2 脱臭……………………………………104
　1.1.3 抗菌……………………………………105
　1.1.4 汚れ防止………………………………105
1.2 材料の機能と設計………………………105
1.3 コーティング材料の設計と考え方…107
1.4 大気（NO_x）浄化性能評価の標準化…109
　1.4.1 大気浄化材料の性能試験…………109
　1.4.2 ㈱土木研究所共同研究「NO_x低減材料の土木への適用技術研究会」……………………………109
1.5 今後の光触媒技術の展開……………111
2 イオン工学的成膜法による可視光応答型酸化チタン薄膜光触媒の創製
　……竹内雅人，松岡雅也，安保正一…115
2.1 はじめに…………………………………115
2.2 ドライプロセスとしてのイオン工学的技術………………………………115
2.3 紫外光に応答する透明な酸化チタン薄膜光触媒の作製……………………117
2.4 可視光に応答する酸化チタン薄膜光触媒の作製…………………………118
　2.4.1 遷移金属イオン注入法による酸化チタン薄膜光触媒の電子状態改質………………………………118
　2.4.2 RF-マグネトロンスパッタ法による可視光応答型酸化チタン薄膜の一段階成膜………………119
2.5 まとめ……………………………………122

第2章 耐酸性雨コーティング　柴藤岸夫

1 はじめに …………………………………124
2 耐酸性雨コーティングの必要分野 ……124
3 酸性雨による塗膜侵食のメカニズム …125
4 耐酸性雨コーティング …………………126
　4.1 エポキシ基／シラノール基／水酸基複合硬化システム…………………127
　4.2 ハーフエステル基／エポキシ基／水酸基硬化システム…………………128
　4.3 ブロックカルボン酸基／エポキシ基硬化システム………………………129
5 塗膜親水化剤による耐酸性雨性の向上…130
6 おわりに …………………………………130

【第5編　光学的機能】

第1章　蓄光塗料　　青木康充

1 蓄光性材料とその特性 ……………135
　1.1 はじめに……………………………135
　1.2 蓄光性材料…………………………135
　1.3 長残光性蓄光材料の特性…………136
　　1.3.1 発光特性………………………136
　　1.3.2 残光輝度特性…………………136
　　1.3.3 耐光特性………………………138
　　1.3.4 耐水性，耐湿性………………138
　　1.3.5 耐熱特性………………………138
　1.4 発光のメカニズム…………………138
2 蓄光性材料の塗料化と塗装 ………139
　2.1 蓄光塗料の具備すべき条件………139
　2.2 蓄光塗料の製造上特に注意すべき点
　　　…………………………………………139
　2.3 蓄光塗料の配合例…………………140
　　2.3.1 無黄変アクリルウレタン塗料
　　　　（2液型）………………………140
　　2.3.2 水性塗料（1液型）……………140
　　2.3.3 ラッカー型塗料（1液型）……141
　　2.3.4 その他の塗料…………………142
　2.4 塗装工程……………………………142
　2.5 おわりに……………………………144

第2章　反射防止膜用コーティング　　木村育弘

1 はじめに ……………………………145
2 反射防止の原理 ……………………145
3 ウエットコーティングによる製造 ……147
4 反射防止特性の変遷 ………………148
5 防止フィルムに求められるその他特性…149
6 信頼性 ………………………………150
7 その他機能との複合化 ……………150
8 今後の展開 …………………………151
9 おわりに ……………………………151

第3章　フォトレジスト　　信田直美，後河内　透

1 はじめに ……………………………152
2 フォトレジスト技術動向 …………154
　2.1 課題…………………………………154
　2.2 CMOSトランジスタの構造と半導
　　　体リソグラフィの歴史………………154
　2.3 VUVリソグラフィ方式 …………156
　2.4 ArF液浸リソグラフィ方式への展開
　　　…………………………………………157
　2.5 EUVリソグラフィ方式への展開 …158
3 半導体LSIの新展開 ………………158
　3.1 混沌の時代の到来…………………158
　3.2 半導体リソグラフィの限界とは？…159
　3.3 限界への挑戦………………………160
　3.4 微細化によらないアプローチ……161
　3.5 分子トランジスタへの期待………161
4 おわりに ……………………………162

【第6編　表面機能】

第1章　結露防止塗料　　　中西　功

1　はじめに …………………………… 167
2　材料の機能と設計 ………………… 168
　2.1　塗料設計のコンセプト ………… 168
　2.2　結露防止塗料の設計 …………… 169
　2.3　防露性試験 ……………………… 170
3　結露防止塗料の施工 ……………… 171
　3.1　塗装方法 ………………………… 171
　3.2　塗装仕様 ………………………… 172
　3.3　塗装上の注意事項 ……………… 172
　3.4　施工後の注意事項 ……………… 173
4　今後の展開 ………………………… 173

第2章　親水性コーティング

1　親水性光触媒防汚コーティング材
　　………………………高濱孝一 175
　1.1　はじめに ………………………… 175
　1.2　光触媒コーティング材 ………… 175
　1.3　光触媒コーティング材の親水性 … 175
　1.4　光触媒コーティング材の防汚機構 … 176
　1.5　弊社光触媒防汚コーティング材 … 177
　1.6　光触媒コーティング材の適用例 … 178
　1.7　親水性光触媒防汚コーティング材
　　　の課題とその対策 ………………… 180
2　土木構造物の防汚塗料 …… 木村武久 182
　2.1　はじめに ………………………… 182
　2.2　汚れ物質について ……………… 182
　2.3　汚れの付着について …………… 183
　2.4　防汚機能付与の方法 …………… 183
　　2.4.1　塗膜表面の親水化 ………… 183
　　2.4.2　塗膜の高硬度化 …………… 185
　　2.4.3　塗膜表面の低帯電化 ……… 185
　2.5　汚れの評価方法について ……… 186
　2.6　土木用防汚材料 ………………… 187
　　2.6.1　土木用防汚材料Ⅰ種 ……… 187
　　2.6.2　土木用防汚材料Ⅱ種 ……… 188
　　2.6.3　土木用防汚材料Ⅲ種 ……… 190
　2.7　おわりに ………………………… 192
3　環境に優しい家電製品向け防錆処理鋼板
　　…… 金井　洋，森下敦司，植田浩平 … 194
　3.1　はじめに ………………………… 194
　3.2　クロメートフリー防錆処理めっき
　　　鋼板 ………………………………… 194
　　3.2.1　クロメートフリー処理亜鉛
　　　　めっき鋼板 ……………………… 194
　　3.2.2　クロメートフリー処理アルミ
　　　　ニウムめっき鋼板 ……………… 198
　　3.2.3　クロメートフリープレコート
　　　　鋼板 ……………………………… 200
　3.3　おわりに ………………………… 201

第3章　ナノテクノロジーによる汚染防止コーティング　　水谷　勉

1　はじめに …………………………204
2　ナノコンポジットエマルション
　　（NcEm）……………………………205
　2.1　NcEm の構造………………………205
　2.2　NcEm の合成法……………………205
　2.3　NcEm の透明性……………………206
3　外装用塗料への展開 ………………207
　3.1　耐汚染性………………………………207
　　3.1.1　耐汚染性の仕組み………………208
　3.2　難燃性…………………………………209
　3.3　塗装作業性と塗膜外観……………210
　3.4　地球温暖化防止効果………………211
4　おわりに………………………………211

第4章　撥水コーティング

1　超撥水性コーティング ……辻井　薫…213
　1.1　はじめに………………………………213
　1.2　濡れを決める二つの因子…………214
　1.3　フラクタル表面の濡れ……………215
　　1.3.1　フラクタル表面の濡れの理論…215
　　1.3.2　超撥水表面の実現………………216
　1.4　おわりに………………………………219
2　着氷・着雪防止コーティング
　　………………………………島田淳之…220
　2.1　はじめに………………………………220
　　2.1.1　背景…………………………………220
　　2.1.2　熱硬化型撥水性塗膜の設計……220
　　2.1.3　超撥水性の付与……………………221
　2.2　撥水および超撥水塗膜の性能試験…223
　　2.2.1　撥水および超撥水維持性………223
　　2.2.2　超撥水維持性の改良……………224
　　2.2.3　氷の付着力試験……………………225
　　2.2.4　着雪性，滑雪性……………………226
　2.3　今後の展開……………………………228

第5章　ノンスティックコーティング　　石川一郎

1　はじめに ………………………………230
2　「汚れ」の分類と対策方法 …………230
3　ノンスティックコーティングの概要 …232
4　汚れ対策の重要性 ……………………234
5　用途 …………………………………234
6　ノンスティックコーティング材料の組
　　成と特性 ……………………………235
7　ノンスティックコーティング材料の試
験評価 ……………………………………235
　7.1　実験室試験……………………………235
　　7.1.1　落書き防止性能……………………235
　　7.1.2　貼り紙防止性能……………………236
　7.2　屋外暴露試験…………………………236
8　使用例 …………………………………236
9　おわりに ………………………………237

【第7編　その他の機能】

第1章　高硬度塗料（ハードコート）　　矢澤哲夫

1 はじめに …………………………241
2 有機系ハードコート ……………242
3 無機系ハードコート ……………242
4 有機無機ハイブリッドハードコート …243
　4.1 ゾルゲル法 ……………………243
　4.2 シリカホスト中への有機高分子の分子分散 ………………245
　4.3 有機高分子を分子分散したハードコート ……………………247
　4.4 柔軟性 …………………………247
　4.5 硬度，耐擦傷性 ………………248
5 コーティングの方法 ……………250
6 今後の展望 ………………………251

第2章　シリコーン系防汚塗料　　木村　剛

1 防汚塗料とは ……………………253
2 防汚塗料の歴史 …………………253
3 防汚塗料の国内での使用分野 …254
4 シリコーンゴム系防汚塗料の構成成分および防汚機構 ………254
5 大型外航船用シリコーンゴム系防汚塗料 ………………………257
6 内航船用シリコーンゴム系防汚塗料 …260
7 おわりに …………………………260

第3章　抗菌・抗カビ機能

1 抗菌・消臭剤「ゼオミック」，アルデヒド用消臭剤「ダッシュライト」について ……………梶浦義浩…262
　1.1 開発の経緯 ……………………262
　1.2 剤の特性 ………………………263
　　1.2.1 無機系抗菌消臭剤"ゼオミック" ……………………263
　　1.2.2 アルデヒド用消臭剤"ダッシュライト" ………………266
　1.3 加工について …………………267
　　1.3.1 分散方法 …………………267
　　1.3.2 沈降 ………………………267
　1.4 応用例 …………………………267
　　1.4.1 抗菌性試験結果 …………268
　　1.4.2 消臭試験結果 ……………268
　1.5 おわりに ………………………268
2 抗菌・防カビ塗料 ………矢辺茂昭…270
　2.1 菌による塗料の被害 …………270
　2.2 抗菌とは ………………………270
　2.3 抗菌剤の種類 …………………271
　2.4 抗菌試験方法 …………………272
　2.5 抗菌認定マーク ………………272
　2.6 抗菌の功罪 ……………………273
　2.7 防カビ …………………………273
　2.8 防カビ剤 ………………………274
　2.9 防カビ剤選定 …………………275

2.10 防カビ試験方法 …………275	2.13 添加剤の安全性および環境対応 …276
2.11 耐候性 ……………………275	2.14 防カビ剤ポジティブリスト制 ……277
2.12 塗料用添加剤の物理化学特性 ……276	

第4章　止水塗料　　小林賢勝，若月　正

1 はじめに ………………………278	3.3 膨潤体膜強度…………………283
2 止水塗料の塗布と乾燥 ………279	3.3.1 進入弾性値評価（膨潤体膜強度）方法 ……283
3 膨潤 …………………………280	
3.1 膨潤機構………………………280	3.3.2 水質と膨潤体膜強度（進入弾性値）特性 ……283
3.2 膨潤特性………………………281	
3.2.1 膨潤度試験の手順……………281	3.4 耐久性…………………………284
3.2.2 水質と膨潤度…………………281	4 新たな展開 ……………………286
3.2.3 有害物質と膨潤度……………281	

第5章　プラスチックリサイクル用塗料とリペレシステム　　大井戸秀年

1 はじめに ………………………288	6 リペレ塗料 ……………………292
2 プラスチックリサイクルが進まない理由 ………………………288	7 リペレシステムでの成形加工性，塗膜品質及び物性 ………………293
3 特許出願に提案されたプラスチックリサイクル方法 …………289	7.1 リサイクル材の成形加工性の評価…293
4 リペレシステムの概要 ………290	7.2 リペレ塗料の塗装適性と塗膜性能…293
5 リペレシステムの特徴 ………291	7.3 リサイクル材の物性……………293
	8 まとめ …………………………294

第6章　防音塗料・制振塗料　　板野直文

1 はじめに ………………………297	3 制振塗料市場と展望 …………302
2 塗布型制振・防音塗料について ………297	3.1 制振塗料の実用例……………302
2.1 制振の位置付け………………297	3.1.1 金属屋根の防音対策の例……302
2.2 制振機構………………………298	3.1.2 鉄骨階段の足音騒音対策例…302
2.3 制振塗料の設計………………298	3.1.3 その他自動車の例……………302
2.4 汎用制振塗料の制振特性……299	4 おわりに ………………………303

第1編　総論

第一編　総論

第1章　機能性コーティング展望

中道敏彦*

1　環境と機能は時代の要請

　コーティング（塗料）は素材表面に塗布，乾燥・硬化させて膜形成する材料である。これは液体から固体への相変化のプロセスであり，新たに大きな界面を作るプロセスでもある。コーティングではこの大きな表面（界面）を活用して比較的簡便，容易に多くの機能を付与することができる。表1に示すようにコーティング材料は典型的な複合材料であり，とくに機能性を付与する樹脂，硬化剤，顔料，添加剤を配合することによってさまざまな機能化が図られている。図1に機能性コーティングの領域を示す[1]。

　大森[2]は，構造材料に対する機能材料という視点から機能材料とは，「材料に有能な機能（働き）を賦与するために，材料自身の組成，構造，添加剤，製造プロセスなどの改変によって製造

表1　塗料用原料，一般的な原材料および機能性を付与する原材料

	一般的な原材料	機能性を付与する原材料
樹　脂	アルキド樹脂，ポリエステル樹脂，アクリル樹脂，エポキシ樹脂，ビニル樹脂，セルロース系樹脂，天然樹脂，エマルション樹脂	導電性樹脂，高親水性樹脂，高撥水性樹脂，耐熱性樹脂，耐磨耗性樹脂，潤滑性樹脂，ハードコート用樹脂，船底用加水分解型樹脂，フォトレジスト
硬化剤	メラミン樹脂，ポリイソシアネート，ポリアミン	
顔　料	体質顔料，錆止め顔料，無機着色顔料，有機着色顔料	光干渉性エフェクト顔料，蛍光顔料，サーモクロミック（示温）顔料，フォトクロミック顔料，エレクトロクロミック顔料，導電性顔料，断熱性バルーン，遮熱顔料，潤滑性顔料，消臭性顔料，光触媒酸化チタン
溶　剤	炭化水素系溶剤，ケトン系溶剤，エステル系溶剤，エーテル系溶剤，アルコール系溶剤	
添加剤	たれ止め剤，沈降防止剤，顔料分散剤，わき防止剤，はじき防止剤，レベリング剤，可塑剤，硬化触媒，中和剤，乳化剤，紫外線吸収剤，光安定剤	導電剤，難燃剤，耐火発泡剤，抗菌剤，防かび剤，海中防汚剤

*　Toshihiko Nakamichi　日本化学塗料㈱　顧問

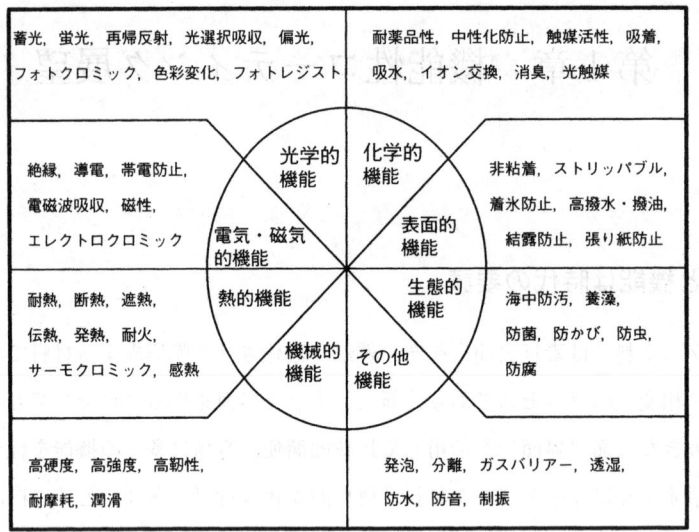

図1　さまざまな機能性塗料

された付加価値の高い知識集約型の材料」であるとしている。本書の「機能性コーティング」もこうした考え方が受け入れやすいだろう。

　さて，コーティング技術が今後どのように進展して行くのかを考える時，キーワードは「環境と高機能」であると思われる。我が国のコーティング技術の進展を，ポリマー技術のパラダイムシフトという観点から見ると，第一のパラダイム「各種ポリマーの展開」，第二のパラダイム「ポリマー技術の高度化」を経て，現在は第三のパラダイム「環境負荷の低減と高機能化の達成」に入っていると，筆者は考えている[3]。高機能を実現するためのポリマー技術にはリビング重合，デンドリマーなどの分子設計と精密重合，有機／無機ハイブリッドやナノテクノロジー技術等があげられる。

2　機能性コーティング概説

以下に代表的な機能性コーティングを概説する。

2.1　電気・磁気的機能
2.1.1　導電性・帯電防止コーティング

　導電性顔料を用いることによって得られる導電性コーティングは，体積固有抵抗値によって概略以下のように分類できよう。すなわち，帯電防止用は$10^4 \sim 10^7 \, \Omega \text{cm}$，電磁シールド用は$10^0 \sim 10^4 \, \Omega \text{cm}$，印刷回路用は$10^{-3} \sim 10^0 \, \Omega \text{cm}$である。因みに抵抗体用は$10^7 \, \Omega \text{cm}$以上である。

導電性顔料には，カーボンブラックや銀，銅，ニッケルなどの金属粉，酸化錫，あるいはガラスビーズ，マイカ，針状酸化チタンなどに銀，酸化錫，酸化アンチモン等をコーティングした複合金属などが用いられる。Sb/Snでコーティングした複合金属は白色導電顔料として用いられる。これら顔料は膜中で相互に接触していることが望ましいため，高濃度が必要である。また，導電性カーボンブラックでは混練の程度により導電性が変化するので注意が必要である。エポキシ，アクリル，ポリウレタン樹脂等の導電性コーティングは静電気やごみ防止用に，あるいはプラスチックを静電塗装する際の導電性プライマーなどに用いられ，近年特に情報通信関連の設備，工場で多く用いられている[4]。

導電性ペーストは金，銀，白金，パラジウム，銅，ニッケルなどの金属粉（フレーク）を樹脂および溶剤でペースト状に分散し250℃程度以下で樹脂分を乾燥・硬化して用いる方法と，450～1350℃の高温で有機物を燃焼させ金属粉を融着して用いる方法がある[5]。

2.1.2 電磁シールドコーティング

電磁波によるノイズを防ぐため電磁シールド材が用いられる。電磁シールド効果は，反射損失，吸収損失，内部反復反射損失の和で表され，これらはシールド材の比導電率，比透磁率，電磁波の周波数などに依存する。高周波数の電磁シールドには銀，銅，ニッケルなどを高濃度に用いた高導電性のコーティングが用いられる。磁気シールドにはフェライト，金属磁性体を用いたコーティングが有効である。バインダーとしてアクリル，ウレタン，エポキシ樹脂などが用いられる[6,7]。電磁シールドコーティングの用途の大半はOA機器であり，通信機器，音響機器，医療機器などにも用いられる。

2.1.3 磁性コーティング

磁気記録材料には蒸着，スパッタ，メッキ等による連続薄膜形成法と，磁性粉をバインダーに分散したコーティングがある。コーティングでは残留磁性密度（B_r）が大きいことが必要であり，B_rは有効磁化密度，充填度，角形比が大きいほど大きい。磁性粉には，長手記録用ではBaフェライト，γFe_2O_3，Co^{2+}含有γFe_2O_3，メタルパウダー（Fe）があり，この順で記録密度が向上する。また，垂直記録用としてはBaフェライト（六角板状）が一般的である[8]。バインダーにはビニル，ウレタン，塩化ビニリデン樹脂などが用いられる。磁性コーティングは，磁気テープ，カード，切符などに用いられる。

2.2 熱的機能
2.2.1 遮熱（太陽熱高反射）・断熱コーティング

遮熱コーティングは780～2100 nmの赤外線をより多く反射するよう酸化チタン，二酸化マンガン，酸化コバルトなどの白色顔料やアルミニウムなどの金属粉を配合した太陽熱高反射コー

ティングである[9]。着色顔料の反射率測定による選択が進み，白系のみでなく色物も採用され，建築，道路への展開が注目されている。断熱コーティングはNASAの技術を応用し，中空ガラスビーズなどのバルーンを用いて，その反射と断熱性を用いた厚塗り型のコーティングである[10]。

2.2.2 耐熱・難燃・耐火コーティング

耐熱コーティングはシリコン樹脂，フッ素樹脂，無機バインダーなどと金属酸化物顔料などを組合わせた熱分解に強いコーティングであり，マフラー等の車両部品の他，焼却炉やプラント，オーブン等の厨房機器などに用いられる[11]。難燃コーティングは，耐熱性ポリマーにリン系等の各種難燃剤や熱伝導度向上のために無機フィラーを加えたものである[12]。

一方，耐火コーティングは火災時に炭化層を形成しながら，発泡剤の分解により数十倍に発泡して耐火層を形成するコーティングである。組成はリン酸アンモニウム，ジシアンジアミドなどのアミノ化合物を主とする発泡剤，でんぷんなどの炭化剤，反応触媒とアルキド，合成樹脂エマルションなどのバインダー等より構成される。建築構造物の鉄骨に用いられ，ロックウールほどの耐熱性はないが，耐火コーティングを下塗，上塗間に挟むことで防錆力，意匠性を兼ね備えることが可能である[13]。

2.2.3 示温コーティング

示温コーティングは一定の温度で結晶転移，pH変化，熱分解などを生じることによって色変化をする材料を配合したコーティングである。例えば，無機材料では$Me_2[HgI_4]$などのヨウ素化合物（可逆型），モリブデン酸アンモニウム金属錯塩（不可逆型），有機材料ではロイコ染料／有機酸（可逆型）などがあげられる[14]。

2.3 機械的機能

2.3.1 耐摩耗性コーティング

機械的機能は高機能と言うより高性能と言うべきである。

耐摩耗性を向上するために，ゴム状ポリマーでは摩耗時の変形に対してゴム弾性をもたせ，かつ破断エネルギーを大きくするため架橋密度を上げることが有効である。またガラス状ポリマーでは極端にヤング率を大きくすることが有効である。両者とも顔料や充填材による補強効果が有効である。

2.3.2 ハードコート

高硬度を目指すハードコートにはシリコン系，UVC系が一般的である。シリコン系は，2～4官能性の$Si(R)_x-(O)_y-$型のアルコキシシランとコロイダルシリカを併用して，系の硬さと可とう性のバランスをとることが多い。UVC系は各種のモノアクリレートとポリウレタンポリア

クリレートなどのオリゴマーを光開始剤，光増感剤存在下，UV 光によりラジカル硬化させるものである。一般にシリコン系に比べUVC 系は硬化時間が短く，可とう性に優れるが，硬度，耐擦傷性，耐候性に劣る性質がある[15]。ハードコートは，OA 機器，携帯電話，ポリエステル化粧板，人口大理石，メガネなど主としてプラスチック分野に用いられる。

2.3.3 潤滑コーティング

フェノール樹脂，ポリイミド，無機バンダーなどの耐熱性バインダーに層状構造のグラファイト，二硫化モリブデン，あるいは窒化ホウ素，PTFE のような固体潤滑剤を混合したものが固体潤滑コーティングである。トルクの軽減，かじり防止，騒音防止などのため自部車，精密機械等のギア，軸受，ベアリング等の摺動部に用いる[16]。

2.4 化学的機能

2.4.1 消臭・脱臭コーティング

酸化亜鉛，酸化ケイ素，酸化チタンあるいはカオリナイト，ベントナイト，モンモリロナイトなどの無機粘土系，さらにケイ酸塩／アルミニウム／亜鉛塩などの多孔質複合焼成によるゼオライトなどを用い，トイレ臭などの悪臭源の吸着と，吸着した悪臭源の化学的分解を図るものであり，壁用塗料などに用いられる[10,17]。

2.4.2 光触媒コーティング

酸化チタンの光触媒反応による防汚，抗菌，脱臭，NO_x の分解などが大きな広がりをみせている。n 型半導体である TiO_2 は，図 2 に示すように紫外線を吸収することにより電子と正孔を生じ，表面に吸着している物質と酸化（正孔），還元（電子）反応を生じる。中でも正孔が表面

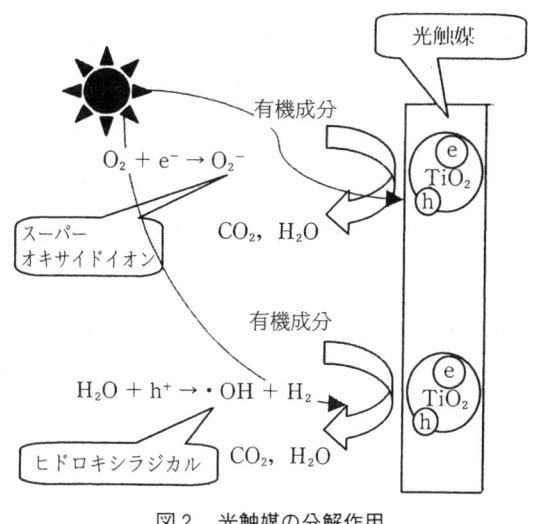

図 2　光触媒の分解作用

の水酸基を酸化して生じるヒドロキシラジカルは強い酸化能力を持ち，前述のような機能を発現する[18]。通常の有機バインダーを用いたコーティングは，酸化チタン粒子近傍から劣化が進み使用に耐えない。従って，光触媒コーティングは次の方法が一般的である。

① ゾルゲル法によって有機シリケートをガラス，セラミックス等へコーティングする方法。
② アナタース型酸化チタンをシリカゾル，水ガラス，有機シリケート等の無機系バインダーに分散して用いる方法。

光触媒コーティングは，フィルター等に用いて空気清浄や脱臭に，道路資材，建造物に用いてNO_x分解や空気清浄化に，さらに汚れ防止，抗菌，表面親水化等多岐にわたる用途展開がなされてきている。

2.4.3 耐酸性雨コーティング

主としてメラミン樹脂硬化膜の酸性雨によるエッチング（しみ）が問題になり，メラミン，ウレタン硬化に替わる多くの架橋システムが検討されてきた。この中にはカルボキシル基／エポキシ基，ブロックカルボン酸／エポキシ基／潜在触媒，アルコキシシリル基の湿気硬化，シクロカーボネート／カルボキシル基あるいはアミン硬化などが挙げられるが，ビニルエーテルでカルボン酸をブロックし，熱解離によりカルボン酸を再生，エポキシ基と反応させるものは1液で貯蔵安定性に優れていることが報告されている[19]。

2.5 光学的機能

2.5.1 蓄光・蛍光コーティング

蓄光という言葉は慣用語であり，光を吸収した後，暗所で発光する，いわゆる残光性の蛍光顔料を含むものが蓄光コーティングであるが，その発光メカニズムは必ずしも明らかではない。

蛍光顔料は従来，主として硫化物系（例，ZnS：Cu）が用いられていたが，近年，リン酸塩系（例，$Sr_xMg_yP_2O_7$：Eu），ケイ酸塩系，アルミン酸塩（例，$SrAl_2O_4$：Eu, Dy），タングステン酸塩などのさまざまな顔料が開発され残光時間が10倍程度に伸びることで用途が広がっている[20,21]。ユーロピウム（Eu），ジスプロシウム（Dy）などの希土類元素は賦活（助）剤である。用途としては，防災，安全標識，アウトドア用品，道路標識などがあげられる。

2.5.2 色彩変化コーティング

見る角度，すなわち光の入射角によって色が変化して見える塗料である。近年，自動車塗料分野を中心にマイカやガラスの酸化チタンコート品，さらに酸化鉄コート品，5層の光干渉膜からなるフレーク顔料，液晶ポリマー顔料など多くの光輝性顔料が開発され，これら顔料を含むコーティングは光学的異方性を示し，例えば玉虫やモルフォ蝶のような色変化をモデルにした様々な意匠性の追求がなされている。

2.5.3 再帰反射コーティング

ガラスビーズをバインダーに混合または塗布時に散布し，光の再帰反射により道路標識等の視認性を上げるものであり，道路のマーキングに用いられる[22]。

2.5.4 反射防止膜用コーティング

PDPや大型LCDを用いたテレビなどの表面反射を防止する目的で貼り付けられるPETフィルム等に，反射防止膜を形成するためのコーティングである。反射防止には反射防止膜／空気界面と反射防止膜／基材界面の反射光の位相を逆転する必要があり，屈折率と膜厚が重要になる。

2.5.5 フォトレジスト

ICの回路パターンの形成やプリント回路の形成にフォトレジストは必須の材料である。ICの回路形成は図3[23]に示すような工程で行う。すなわち，シリコン酸化膜，窒化膜を形成したシリコンウェハにフォトレジストをスピンコートし，ガラスマスクを介してUV照射，さらに露光部を溶剤で溶解し未露光部を残す（ポジ型）か未露光部を溶かす（ネガ型）方法のいずれかで現像，レジスト材を焼付後，レジスト材をマスクにして下地のシリコン酸化膜，窒化膜をエッチング，その後酸素プラズマなどでレジスト材を灰化処理する。こうした方法を繰り返すことでICの構

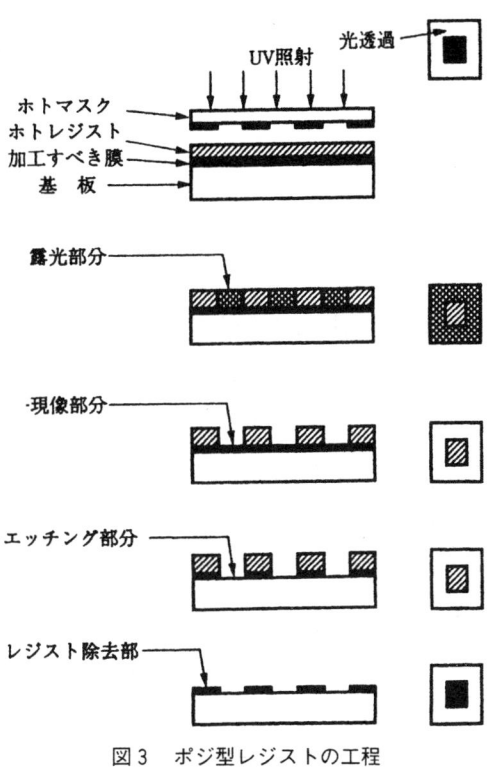

図3　ポジ型レジストの工程

造を積み重ねてゆく。従って，レジスト材は最終的に残存する訳ではない。

ネガ型は解像度が低く現在はポジ型が主流になっている。ポジ型ではg線（436 nm）用レジストとして，アルカリ可溶性樹脂であるノボラック樹脂と，感光剤としてポリヒドロキシベンゾフェノン骨格にナフトキノンジアジド-5-スルフォン酸を結合したものを用いるのが代表的であったが，現在はより解像度を高めるためにフッ化クリプトンエキシマレーザ（KrF, 248 nm）用の化学増幅型と呼ばれるポリヒドロキシスチレン樹脂に酸発生剤を組合せたフォトレジストが開発されている。

2.6 表面機能
2.6.1 親水性コーティング

酸化チタンの光触媒以外に，表面を親水化することで汚れ防止を果たすコーティングが開発されている。汚れ防止を果たすためには，コーティングに汚染物質が付着しにくいこと，また架橋密度やガラス転移温度が高く付着した物質が膜内部に浸透しにくいことが必要であるが，さらに膜を高表面エネルギー化することで油性汚染物を雨水等により流し落とすことができる技術が開発されている。

表面の高エネルギー化の手法には，表面修飾したオルガノシリカゾルとポリマーのハイブリッド物，アルコキシシリル基あるいはシラノール基含有オリゴマーの利用などの方法があり[24,25]，道路資材，建物，標識，あるいは自動車トップコートなどの幅広い用途に用いられている。また，シリカ微粒子表面をアクリル樹脂で包んだシリカ・ナノコンポジットが開発され，これを用いたコーティングも屋外の耐汚染性が良好であることが報告されている[26]。

この他，ルームエアコン等の熱交換器のアルミニウムフィンでは化成処理の後，親水化処理として水ガラス／水性樹脂等のコーティングによって水滴防止がなされ，建築分野ではウレタン樹脂等に吸水性ポリマーを加えた吸放湿性の結露防止コーティングも用いられている。

2.6.2 撥水性コーティング

一般に水の接触角90度以上が撥水性，45度以下が親水性と考えて良い。C-F，C-H結合を多く含むものは低表面エネルギーになり，代表的な撥水材料であるPTFEへの水の接触角は108°である。フッ素樹脂，シリコン樹脂は撥水コーティングとしてガスレンジ天板，建築物，飛行機などに用いられる。非粘着，貼紙防止もこの類である。ガラス分野では，フルオロアルキルシラン／テトラエトキシシランをゾルゲル法でコーティングし，水の滑落性を向上した自動車用ガラスが実用化されている[27]。

着氷防止コーティングでは水とポリマー間の相互作用エネルギーに着目し，ポリオルガノシロキサンマクロマーをグラフトしたフッ素ポリマー，あるいはパーフルオロアルキル基含有アクリ

ルポリマーに疎水性フィラーを加えたコーティングが開発されている[28]。

2.7 その他の機能
2.7.1 船底防汚コーティング

フジツボ，コケムシ，アオサなどが船底に付着し，燃費ロスになることを防ぐためのコーティングである。従来，トリブチル錫（あるいはトリフェニル錫）メタクリレート共重合体が極めて良好な性能を示し世界的に用いられてきたが，環境ホルモンの問題が表面化し，つぎのような錫フリーの防汚コーティングが開発されている。

① 加水分解型；トリアルキルシリル基含有ポリマー〔R–COO–Si(R′)$_3$〕，Cu アクリルポリマー（R–COO–Cu–R′）の膜表面からの加水分解による親水化（カルボン酸の生成）と溶解による自己研磨型防汚。

② イオン交換型；亜鉛アクリルポリマー（R–COO–Zn–Xn）の加水分解による防汚。

③ シリコン系ポリマーによる防汚。

この中で①の加水分解型が最も一般的であり，船底防汚コーティングではこれらバインダーにフタルイミド系，スルファミド系，トリフェニルボロン系など，より安全性の高い薬剤を組み合せて用いる[29]。

2.7.2 防菌・防黴・漁網防汚コーティング

いずれもアクリル，エポキシ，エマルション樹脂などに薬剤を配合したものである。

防菌コーティングは黄色ブドウ球菌などの発生防止のため各種薬剤を含むもので，有機系薬剤としてはリン酸アンモニウム塩系が多く，無機系薬剤としては銀，亜鉛をゼオライト，アパタイト，ガラスなどに担持させたものが多い[30]。

防黴コーティングは黒かび，青かび，毛かびなどの発生を防ぐためハロゲン系，フェノール系，イミダゾール系など各種防黴剤を配合したものである[31]。

漁網をスライム，フサコケムシ，イガイなどの生物付着から防止するのも同様であり，銅系，有機窒素系，有機窒素硫黄系などの薬剤を含む樹脂溶液を用いて網染めをする[32]。

2.7.3 止水コーティング

コーティング膜が吸水によって5～20倍程度膨潤するよう設計されており，例えば建設基礎工事に用いる鋼矢板のジョイント部に用い，水の浸入を防ぐために用いられる。

2.7.4 プラスチックリサイクル用コーティング

塗装されたプラスチック素材を再利用しようとする時，残存塗膜が再生プラスチックの物性低下をきたすため，塗膜を剥離する必要があった。このコーティングはプラスチックに溶融混合しやすく，そのままプラスチックの再生が可能である[33]。

2.7.5 制振コーティング

固体中を伝搬する（低周波の）振動に対してエネルギー吸収するのが制振，エネルギー反射が防振であるが防振は現実的ではない。制振は振動エネルギーを材料のせん断変形等で熱エネルギーに変換し減衰させることにより成立する。そこでバインダーにはアスファルトのゴム変性品，塩ビ，アルキドのようなエネルギーロスが大きい高粘性樹脂を用いる。また充填材はタルク，グラファイトのようなフレーク状，あるいは繊維状のものを用い，振動を与えた時に内部ロス（減衰）を大きくする[34]。用途は，自動車のアンダーフロア，鉄道のルーフ，プリンターなどの共振防止である。

3 コーティング技術の周辺分野への展開

図4にコーティングの技術の領域を示したが，コーティングの要素技術にはポリマー設計技術，架橋技術，分散・混合技術，薄膜形成技術，機能化技術と溶液・膜評価技術があげられよう。コーティングは典型的な複合材料であり，またその用途は極めて多岐にわたるため機能化と評価

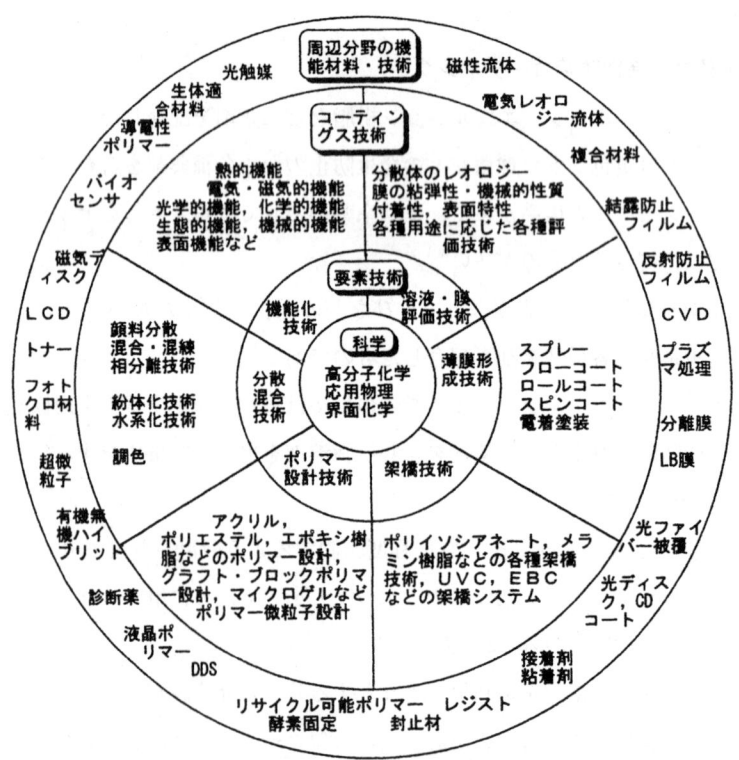

図4 コーティング技術と周辺分野との関わり

第1章 機能性コーティング展望

技術に幅広い知見をもっている。現在，周辺分野で開発されているさまざまな機能材料も要素技術という観点からは共通性が多く，互いの知見を活用することは極めて有用であると考えられる。

文　献

1) 中道敏彦, 塗料の流動と塗膜形成, p2, 技報堂出版（1995）
2) 大森豊明, 新技術への機能材料, p5, 工業調査会（1983）
3) 中道敏彦, 塗装工学, **33**, 6（1998）
4) 寺沢淑晃, 色材協会誌, **58**, 158（1985）
5) 馬場則宏, 色材協会誌, **72**, 51（1999）
6) 小田光之, 塗装工学, **36**, 74（2001）
7) 藤嶋智晃, 塗装技術, p57（2001年2月）
8) 保坂　洋, 色材協会誌, **60**, 44（1987）
9) 村瀬俊和, 辻　武彦, 塗装技術, p98（2000年11月）
10) 木下啓吾, 塗装技術, p102, p154（1997年10月増刊）
11) 泉岡登美男, 色材協会誌, **52**, 567（1979）
12) 加藤　寛, 高分子, **44**, 812（1995）
13) 永田順一郎, 塗装技術, p82（1995年2月）
14) 竹内　敏, 色材協会誌, **51**, 371（1978）
15) 宝田充弘, 色材協会誌, **61**, 711（1988）
16) 資源エネルギー庁石油部精製課, 潤滑要覧, p116, 潤滑通信社（1993）
17) 栗原靖夫, 塗装技術, p82（2001年7月）
18) 田中博一, 田中啓介, 塗装技術, p71（2003年8月）
19) 石戸谷昌洋, 塗装工学, **30**, 57（1995）
20) 安江任, 荒井康夫, 色材協会誌, **70**, 606（1997）
21) 村山義彦, 塗装技術, p61（1997年3月）
22) 田沼恒夫, 色材協会誌, **52**, 589（1979）
23) 前田和夫, はじめての半導体プロセス, p.126, 工業調査会（2000）
24) 牧野賢一, 塗装技術, p65（1997年8月）
25) 大浜宣史, 塗装技術, p71（1997年8月）
26) 水谷　勉, 工業材料, **55**(4) p50（2007年4月）
27) 水野俊明, 表面技術便覧, p1574, 日刊工業新聞社（1998）
28) 村瀬平八, 塗装ハンドブック, p497, 朝倉書店（1995）
29) 本田芳裕, 塗装工学, **33**, 329（1998）
30) 冨岡敏一, 色材協会誌, **70**, 265（1997）

31) 大森明彦, 塗装技術, p 80（1998 年 12 月）
32) 米原洋一, 塗装技術, p 114（1997 年 10 月）
33) 大井戸秀年, 工業材料, **55**(4), p 72（2007 年 4 月）
34) 藤谷俊英, 色材協会誌, **59**, 493（1986）

第2編　電気・磁気的機能

第 2 編　電気・原子的機能

第1章　透明帯電防止塗料

佐藤英晴[*]

1　はじめに

　プラスチックは軽量で加工性も良く，比較的安価なことなどから，自動車業界，エレクトロニクス業界をはじめとして，種々の産業界で大量に使用されている。中でも特定の用途ではプラスチックに何かしらの機能が要求され，機能付与のため，プラスチックへの添加剤の練り込みや，その表面へのコーティングなどが行われている。

　特に，コーティングによる機能付与は，プラスチックが本来持っている上記のような特性を低下させにくい傾向がある。コーティングというと，スパッタや蒸着などのドライコーティングや塗料を使用したウエットコーティングがあるが，ウエットコーティングは生産性やトータルコストに比較的優れており，ディップ塗装，スプレー塗装をはじめ，ダイコーター，グラビアコーターなど様々なコーターを用いて，色々な塗料がプラスチックに塗布されている。

　本章では主に種々のウエットコーティング用の透明帯電防止塗料について，弊社開発品の紹介をおりまぜながら，その設計開発について述べる。

2　帯電防止性能と透明性

2.1　帯電防止性能の評価

　産業界で多岐にわたり使用されているプラスチックは，そのほとんどが絶縁体であるため帯電しやすく，静電気放電による電子部品の動作不良・破損，製品同士の吸引・反発，埃などの付着による汚染など，静電気の発生によるトラブルが生じやすい。静電気障害を抑えるために，静電気の発生を抑制する又は静電気の漏洩速度を速くするなどが考えられるが，具体的施策としては，帯電防止塗料を塗布することなどにより筐体に帯電防止性能を付与することが行われている。帯電防止性能は，プラスチックの表面抵抗率や帯電減衰特性を測定することで良し悪しの判断ができる。表面抵抗率（単位はΩ/□，またはΩ/sq.）は，材料の形状，サイズ，測定位置などで変わる抵抗値（単位Ω）と区別されている。また表面抵抗率の測定に関しては，低抵抗領域

---

[*] Hideharu Sato　ペルノックス㈱　R&Dセンター　ペルトロン事業部　技術課　主任技師補

表1 表面抵抗率と目的

表面抵抗率 (Ω/sq.)	帯電現象	目的	使用例
$10^{13}<$	静電気が蓄積する	絶縁性	各種絶縁体
$10^{12}\sim10^{13}$	帯電するが徐々に減衰，帯電圧は高い	静的状態での障害防止	埃付着防止
$10^{10}\sim10^{12}$	帯電するがすぐに減衰，帯電圧はやや高い	動的状態での障害防止	各種フィルム
$10^{8}\sim10^{9}$	すぐに放電するため，帯電圧は低い	帯電防止	電子部品パッケージ
$10^{7}\sim10^{8}$	帯電しない 帯電圧は低い	導電性付与	静電記録紙

（10^6Ω/□以下）JIS K 7194, 高抵抗領域（10^6Ω/□以上）JIS K 6911に規定されており，それに準拠した測定のできる機器が数多くある。帯電防止性能を良好にするにはプラスチックの表面抵抗率を小さくすればよく，だいたい表面抵抗率を10^{12}Ω/sq.以下とすることで，帯電した電気はプラスチック表面から減衰しやすくなり，表面抵抗率が10^9Ω/sq.以下になるとプラスチックは帯電しにくくなる（表1）。帯電減衰特性（帯電減衰時間）はStatic Decay Meterにより測定可能で，試験片に約5 kVの電圧をチャージさせ，溜まった電荷が減衰するまでの時間を計測し，減衰しやすい（帯電防止性能良好）減衰しにくい（不良）で判断する。後に述べる金属酸化物を用いた帯電防止塗料の表面抵抗率10^7Ω/sq.のコーティング膜であれば，5 kV印加した電圧の半減期は2～3ミリ秒程度となる。また，Static Honest Meterによる飽和帯電圧の測定によっても帯電防止性能は判断可能である。飽和帯電圧は試験片に電圧を強制的に印加し，どのくらい試験片に電圧がチャージされるかの値であるが，一般に何の処理もされていないプラスチック基材の飽和帯電圧は2 kV以上であり，金属酸化物系帯電防止塗料の表面抵抗率が10^8Ω/sq.未満のコーティング膜を積層した基材であれば，その飽和帯電圧は0.1 kV以下となる。

2.2 各帯電防止成分と特徴

帯電防止成分としては様々な材料が挙げられるが，界面活性剤や，ポリチオフェン，ポリアニリンそしてポリピロールなどの導電性ポリマー，またカーボン系材料や金属，金属酸化物などがあり，単純にはそれら成分を熱硬化や紫外線硬化の樹脂やワニスに添加することで，帯電防止塗料となる。しかし，本章で述べる透明なコーティング膜を有する帯電防止塗料の場合，帯電防止成分の選定はもちろん，塗料中の帯電防止成分の分散状態を良好にする必要がある。

界面活性剤はプラスチック基材への少量添加により機能が発現し，樹脂マトリックスとの相溶性が合うものを選定さえできれば，プラスチックの特徴の一つである透明性を損なわないという観点からも有効な材料である。界面活性剤の帯電防止性（導電性）の機構はイオン伝導型と呼ば

第1章 透明帯電防止塗料

表2 界面活性剤系帯電防止塗料

項 目／製品名	PELTRON®XJC-0283	PELTRON®XJC-0322 K	備　考
特　徴	耐擦傷性，高透明性	高透明性	
用　途	保護フィルム，反射防止フィルム		
樹脂マトリックス	紫外線硬化型＋アルコール	熱乾燥型＋アルコール	
帯電防止成分	界面活性剤		
塗料固形分	40 wt%	10 wt%	
推奨成膜条件	溶剤乾燥（80℃，1分）後，紫外線硬化	80℃，2分	
推奨膜厚	5.0 μm	1 μm	
硬化膜屈折率	1.52	1.50	測定機器：アッベ屈折計1T
表面抵抗率（60% RH）	10^9 Ω/sq.	10^8 Ω/sq.	測定機器：Megaresta H 0709
表面抵抗率（30% RH）	10^{10} Ω/sq.	10^9 Ω/sq.	測定機器：Megaresta H 0709
△全光線透過率	<0.5%	<1.0%	測定機器：濁度計 NDH 2000
△ヘイズ[*1)]	<0.3%	<0.5%	測定機器：濁度計 NDH 2000
鉛筆硬度	2H	─	荷重 500 g
耐擦傷性	優　秀	─	スチールウール#0000，10往復，荷重 250 g/cm²

＊1) ヘイズ：透明性を表す一つの指標。この値が小さいほどコーティング膜の曇りが少なく，次の式より求める。

　　　ヘイズ（%）＝$T_d/T_t \times 100$　（$T_d = T_t - T_p$）
　　　T_d：拡散透過率（%）
　　　T_t：全光線透過率（%）
　　　T_p：平行光線透過率（%）

本章の△ヘイズ，△全光線透過率はコーティング膜のみの値を示す。

表3 導電性ポリマーの種類

種　類	代　表　例	特　徴
脂肪族系	ポリアセチレン	炭素－炭素単結合と二重結合が交互に結合した単純な共役系ポリマー
芳香族共役系	ポリ（パラフェニレン）	芳香族炭化水素が長く結合した共役系ポリマー
複素環式共役系	ポリピロール ポリチオフェン	窒素や硫黄などのヘテロ元素を芳香族環内に含んだ共役系ポリマー，安定性が比較的良く工業的に広く利用されている
ヘテロ元素系	ポリアニリン ポリフェニレンスルフィド	脂肪族や芳香族ユニット間をヘテロ元素で繋ぎ合わせたポリマー，工業的に利用されている
混合系	ポリ（フェニレンビニレン） ポリ（フェニレンエチニレン）	上記共役系の繰り返し単位を交互又はランダムに持つポリマー
複鎖型	──	グラファイトに近い構造を持つポリマー

れているように，大気中の水分を吸着することでプラスチック表面の電導度を増加させ，プラスチック表面に溜まった静電気を逃がすため，極端に湿度の低い状況下では帯電防止性能の低下が見られてしまう。界面活性剤は大別して低分子型と高分子型とに分けられるが，中でも高分子型（界面活性剤とポリマーの共重合体[1)]）は，コーティング膜よりその成分がブリードアウトし難いため耐久性も良好である（表2）。

また，界面活性剤と同じような有機物系帯電防止成分として電子伝導型の導電性ポリマーがある。代表的には表3に示すような導電性ポリマーがあるが，可視域の光を吸収するため，それぞ

表4 導電性ポリマー系帯電防止塗料

項　目／製品名	PELTRON®XJC-0349	PELTRON®XJC-0355	備　　考
特　　徴	低抵抗，薄膜使用	低抵抗，耐久性良好	
用　　途	保護フィルム	無機基材	
樹脂マトリックス	熱乾燥型＋水＋アルコール	熱硬化型＋水＋アルコール	
帯電防止成分	ポリチオフェン系導電性ポリマー		
塗料固形分	2 wt%	10 wt%	
推奨成膜条件	80℃，1分	150℃，30分	
推奨膜厚	0.2 μm	1.0 μm	
表面抵抗率	10^4 Ω/sq.	10^4 Ω/sq.	測定機器：Megaresta H 0709
△全光線透過率	<1.0%	<3.0%	測定機器：濁度計 NDH 2000
△ヘ　イ　ズ	<0.3%	<0.3%	測定機器：濁度計 NDH 2000

れ濃青色や濃緑色のように着色している。しかし，コーティングによる帯電防止膜形成においては，導電性ポリマーと樹脂マトリックスとの相溶性が良好であれば導電性ポリマーの層を薄く塗工することで，その色相が顕在化しにくくなり高透明なコーティング膜が得られる。導電性ポリマーは高分子そのものが導電性なため湿度依存性はなく，表面抵抗率 10^3〜10^9Ω/sq.程度の範囲で設計可能なため，広範囲の帯電防止要求に対応可能である（表4）。

　カーボン系材料を成分として用いた場合，導電性の機構は粒子の連鎖効果とトンネル効果[2]の組み合わせによって電子が移動し導電性を発現する。したがって，大気中の水分を利用する必要はなく帯電防止性能に湿度依存性はない。しかし，カーボン系材料を帯電防止成分として利用し安定的な性能を得るためには，ある程度の添加量が必要となり，透明性が得られないこと，コーティング膜からのカーボン粉末脱落による汚染などの問題も発生する。またカーボン材料を用いた場合良導電性となるが，前述のように帯電防止用途では表面抵抗率が 10^9Ω/sq.程度でも導電性は十分な場合が多く，その領域をカーボン系材料で設計するのはかえって難しい。しかし，近年カーボンナノチューブ，カーボンナノワイヤーを帯電防止成分として少量用いることで透明なコーティング膜が得られる塗料も開発されている。

2.3　金属酸化物系の基本設計

　透明な帯電防止膜を得るために最も汎用な材料として，導電性微粒子（金属酸化物）がある。例えば酸化錫の単結晶でも導電性を示すが，酸化錫などの金属酸化物の導電性をより良好にするために酸化錫にアンチモンやリンを添加することが行われている[3]。代表的なものとして，例えば酸化インジウム類（スズを添加した酸化インジウム（ITO）が代表的な材料），酸化スズ類（ア

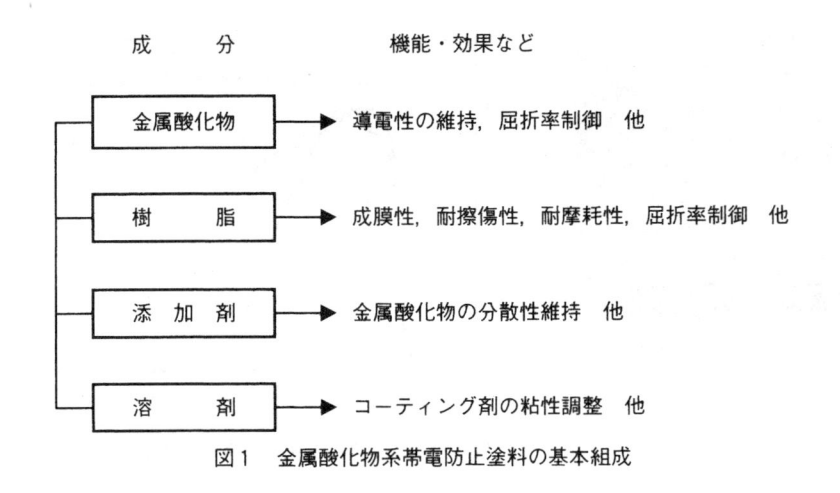

第1章 透明帯電防止塗料

```
   成　　分　　　　　　　機能・効果など

┌─ 金属酸化物 ──→ 導電性の維持，屈折率制御　他
│
├─ 樹　　脂　 ──→ 成膜性，耐擦傷性，耐摩耗性，屈折率制御　他
│
├─ 添　加　剤 ──→ 金属酸化物の分散性維持　他
│
└─ 溶　　剤　 ──→ コーティング剤の粘性調整　他
```

図1　金属酸化物系帯電防止塗料の基本組成

ンチモンを添加した酸化スズ（ATO）が代表的な材料），酸化亜鉛類（アルミニウムを添加した酸化亜鉛（AZO）が代表的な材料））が挙げられる。金属酸化物を使用した帯電防止塗料の基本組成は図1に示す通りであるが，帯電防止性能を発現させるためには，まずコーティング膜を形成するための樹脂マトリックスと導電性を得るための金属酸化物粒子の比率がある値以上なことが必要である。著者らの経験では，例えば上記のような電子伝導型のような粒子同士の接触が表面抵抗率に大きな影響を与える場合，金属酸化物の比率は約40重量％以上であり，固体酸のようなイオン伝導型金属酸化物粒子の場合，約10重量％以上である。ただし電子伝導型であってもコーティング膜内で鎖状構造を取りやすい，もしくは表面に局在化しやすいとされる金属酸化物及び樹脂マトリックスを用いれば，10重量％程度の比率でも安定した導電性が発現する。またその粒子形状を，通常の球状ではなく針状とすることで少ない添加量で安定した導電性が得られるとの報告もある[4]。

　一般に帯電防止性能を付与させるために，金属酸化物は樹脂マトリックスへ上記のような少なくない添加量が必要となる。透明な帯電防止膜を得るには，用いる材料に可視光の吸収，反射がないこと，およびそれらの光を散乱しないことが重要である。まず，光を散乱させないためには，光の波長より十分小さい微粒子における散乱はレイリー散乱より粒径が波長の約1/2の時に最大となりそれ以下では粒子径の6乗に比例して小さくなることから，導電機構にかかわらず金属酸化物を用いる場合，その1次粒径が20 nm以下という超微粒子を使用し，適当な分散機を用いて塗料中にその粒子を粒子径100 nm以下程度まで分散することが必要となる（写真1）。粒子を安定的に分散させるために，特に有機溶媒系では分散剤を系内に添加する必要もあり，この分散剤の立体障害による粒子凝集防止効果等で，微粒子は均一にかつ安定的に塗料中に存在できるようになる。可視光の反射，吸収に関しては，上記のような金属酸化物は近赤外域にプラズマ反射（周波数）の立ち上がりが存在する事が知られており，プラズマ周波数より短波長

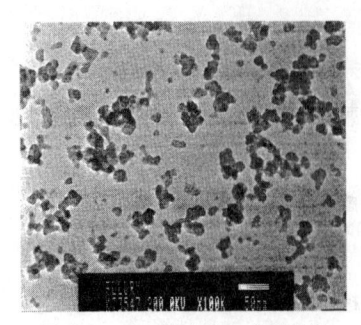

写真1　金属酸化物の分散状態

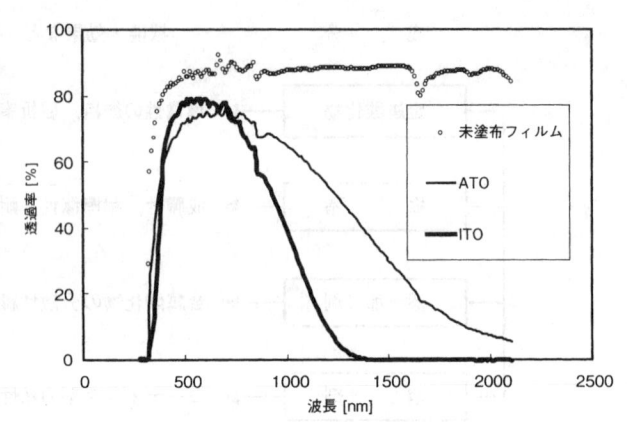

図2　ATO，ITOを用いた帯電防止塗膜の分光透過率

の光に対してはその自由電子は応答せず透明になり，それより長波長の光を反射する性質を持っている[3]。故にATOやITOは可視域（380～780 nm）の光を透過する性質を有している。しかし図2から読み取れるように可視域の長波長側の光も若干吸収するため，コーティング膜が厚い場合，その膜は青みがかった色となる。金属酸化物の中でもイオン伝導型のものも存在するが，イオン伝導型金属酸化物はその導電機構のため低湿度下での帯電防止性能は電子伝導型に劣るが，着色の少ない透明性に優れた塗膜が得られる。これらの技術を踏まえ設計された金属酸化物系帯電防止塗料であれば，曇りの極めて少ない透明なコーティング膜が得られる（表5）。

表5　高透明性帯電防止塗料

項　目／製品名	PELTRON®XJC-0231	PELTRON®XJC-0264	備　　　考
特　　徴	耐擦傷性，高透明性	高透明性	
用　　途	反射防止フィルム		
樹脂マトリックス	紫外線硬化型＋アルコール	紫外線硬化型＋アルコール	
帯電防止成分	金属酸化物		
塗料固形分	50 wt%	45 wt%	
推奨成膜条件	溶剤乾燥（80℃，1分）後，紫外線硬化		
推奨膜厚	5.0 μm	5 μm	
硬化膜屈折率	1.53	1.59	測定機器：アッベ屈折計1T
表面抵抗率	10^{12} Ω/sq.	10^{8} Ω/sq.	測定機器：Megaresta H 0709
△全光線透過率	<3.0%	<3.0%	測定機器：濁度計 NDH 2000
△ヘイズ	<1.0%	<1.0%	測定機器：濁度計 NDH 2000
鉛筆硬度	3H	2H	荷重 500 g
耐擦傷性	優　秀	良　好	スチールウール#0000，10往復，荷重 250 g/cm²

3 応用分野

3.1 保護フィルム

工程中での汚染防止，また製品運搬時の傷つき防止のため，LCDやPDPのようなフラットパネルディスプレイ（以下FPDと略す）表面には必ずと言って良い程，画面を守るための保護フィルムが張られている。一般的に保護フィルムを筐体から剥がす時に生じる剥離帯電圧は，保護フィルムの面積にもよるが数万Vとも言われ，保護フィルム剥離時に生じる静電気によって筐体やその製品に使用されている部品にダメージを与えることがある。そのような背景から保護フィルムにも帯電防止の要求が強まっている。保護フィルムにおける帯電防止性能（表面抵抗率）の要求レベルは$10^{6\sim8}\Omega$/sq.（帯電圧0.1kV以下）が多い。また，様々な工場内での使用も想定され，低湿度下でも良好な帯電防止性能が必要となり，したがって湿度依存性のない（もしくは小さい）帯電防止塗料が要求される。したがって帯電防止成分としてはATOなどの金属酸化物系が主流に用いられている。耐薬品，耐溶剤性も必要となることが多く樹脂組成を工夫する必要がある。高い架橋密度となり得る紫外線硬化の樹脂をマトリックスとして用いることで耐溶剤性は良好となるが，コスト面から薄膜塗工する場合が多く1μm以下の薄膜では空気中の酸素ラジカルの影響により硬化しにくい紫外線硬化型ではなく[5]，熱硬化型樹脂を用いたものが好まれる（表6）。

表6 熱硬化型帯電防止塗料

項　目／製品名	PELTRON®XJC-0345 A/B	備　　考
特　徴	低抵抗，薄膜使用	
用　途	保護フィルム	
樹脂マトリックス	2液熱硬化型＋ケトン	
帯電防止成分	金属酸化物	
塗料固形分	10 wt%	
推奨成膜条件	100℃，1分後　80℃，12時間	
推奨膜厚	0.5μm	
表面抵抗率	$10^9\Omega$/sq.	測定機器：Megaresta H 0709
△全光線透過率	<2.0%	測定機器：濁度計 NDH 2000
△ヘイズ	<2.0%	測定機器：濁度計 NDH 2000
耐トルエン性	良　好	溶剤ラビング30往復，目視判定
耐MEK性	良　好	溶剤ラビング30往復，目視判定
耐酢酸エチル性	良　好	溶剤ラビング30往復，目視判定

3.2 クリーンルーム用部材

クリーンルームで使用される部材には埃付着防止はもちろんのこと，チップ部品，電子機器への静電気障害などの問題が起きないように帯電防止性能が必須なものが多い。例えば，装置（コンベア）カバー，パーティション，包装材料，部品トレー，キャリアテープ・ケースなどである。装置カバーやパーティションの基材としては，アクリル板，硬質塩ビ板，ポリカーボネート板などがあり，表面抵抗率としては $10^8 \Omega/\mathrm{sq.}$ 以下が要求されることが多く，硬化塗膜の透明性や耐薬品性も重要である。また，特に装置カバー用の樹脂シートは後加工に延伸工程があり，通常のATOのような金属酸化物系帯電防止塗料では，ATO粒子が離れ帯電防止性能が著しく低下するため，ポリチオフェンのような導電性ポリマーを用いた塗料やカーボンナノチューブを用いた塗料が必要となる。また，成型加工により帯電防止層にクラックが入り外観不良とならないように，ある程度の柔軟性をもった樹脂マトリックスも必要となる。包装材料，部品トレー，キャリアテープ・ケースの多くは，帯電防止性能はカーボンや界面活性剤のプラスチックへの練り込みによって付与されているが，内容物の確認のための良好な透明性と帯電防止性能の耐久性の双方が同時に必要とされる場合，金属酸化物系や導電性ポリマー系の塗料が用いられることもある。

3.3 反射防止フィルム

近年の液晶テレビやプラズマテレビの大型化に伴い表示画面の見やすさを向上するため，通常ディスプレイ表面には反射防止効果のあるフィルム（反射防止フィルム）が張られている。反射防止フィルムをFPD表面に張ることで映り込みを抑制できるため，明るい室内でも映像が見やすくなり，反射防止フィルムはFPDには欠かせない構成部材となっている。フィルム表面の反射を抑制する方法として，光を散乱させて反射像をぼかすAnti-Glare処理，光を干渉させて反射像を低減するAnti-Reflection処理やLow-Reflection処理などがある[6]。従来，反射防止はドライコーティングにより TiO_2 と SiO_2 などを多層に積層し，視感反射率0.5％未満としたAnti-Reflection処理が主流であった。しかし，特に大型のFPD用反射防止フィルムでは，ドライコーティングより特性は劣るものの，高い生産性・抵コスト，大面積への対応力などの利点を有すウエットコーティングにて，フィルムに反射防止処理が行われている[7]。一般的に，基材はPETフィルムやトリアセチルセルロース（TAC）フィルムであり，傷つき防止のため紫外線硬化樹脂などによるハードコート層が必ず設けられ，さらに高機能化の一つとして埃を付きにくくするための帯電防止性能を設ける場合もある。

帯電防止性能（表面抵抗率）の要求値は各メーカーのコンセプトにより様々だが，一般に埃が付かないようにするための $10^{10} \Omega/\mathrm{sq.}$ 以下，付いた埃を取りやすくするための $10^{12} \Omega/\mathrm{sq.}$ 以下の表面抵抗率が反射防止フィルムに要求されている。特殊な表示方式の液晶ディスプレイには 10^9

第1章　透明帯電防止塗料

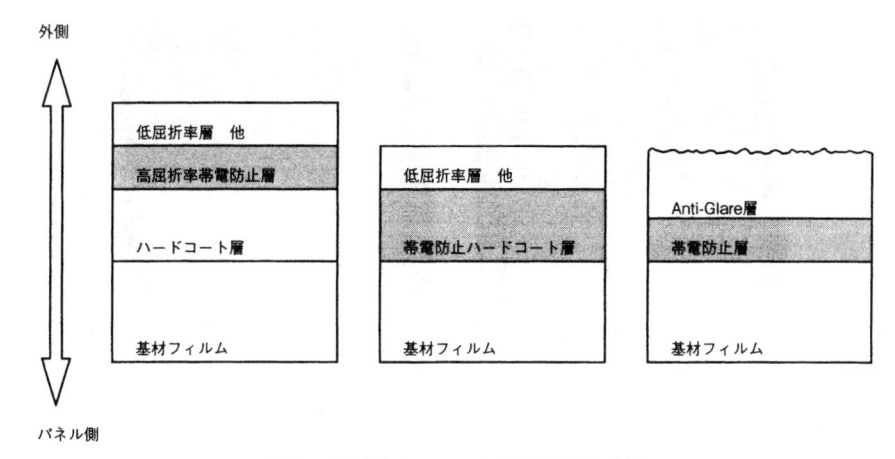

図3　反射防止フィルムの表面層構成例

Ω/sq.以下を要求されることもある。また，ディスプレイという映像機器であるため，コーティング膜透明性も非常に重要視され，曇り（一般的にはヘイズ値で表され低ヘイズ程曇りは少ない）は極力低減し，色再現性，輝度等より，特にLCD用途ではコーティング膜は無着色（高透過率）であることが要求される。一般に，ウエットコーティングで製造される反射防止フィルムの簡単な層構成は図3に示す通り，「基材／ハードコート層／高屈折率層／低屈折率層」で構成されている。帯電防止塗料は比較的高屈折率の金属酸化物を含有しているため，高屈折率層に応用できる。後述のように屈折率は，使用する樹脂マトリックス（屈折率＝1.51～1.62）と金属酸化物の添加量によって調整可能である。ただし，硬化膜を高屈折率にするため金属酸化物の添加量が多くなり，100nm程度の薄膜塗装技術がないとコーティング膜が着色し透過率が低下しやすい。また，帯電防止塗料は耐久性，塗膜強度の高い紫外線硬化樹脂での設計も可能だが，紫外線硬化樹脂を使用した場合，大気中の酸素による硬化阻害が発生するため，窒素気流下での紫外線硬化が必要となる。また，先にも述べたように，反射防止フィルムの基材はプラスチックフィルムであることから，ガラスと比較して柔らかいため表面に傷がつきやすい等の欠点を有している。その欠点を改良するために表面にハードコート用塗料をウエットコーティングすることが通常行われているが，製造のプロセス費を低減するためや歩留まりアップのためにハードコート層に帯電防止性能を付与させる場合もある。ハードコート性能を持たせるため，硬化後の膜厚は5μm程度が必要となる。ハードコート性能評価の一つの指針としてコーティング膜の鉛筆硬度の測定があるが，高い鉛筆硬度を追求するあまり高硬度な紫外線硬化型樹脂のみで塗料を設計してしまうと，硬化収縮による塗布フィルムのカールを引き起こすため注意が必要である。さらに，帯電防止塗料に最もよく用いられる金属酸化物（ATO）では，添加量を10重量%（固形分中）としても，5μmも塗布するとコーティング膜が着色してしまうため反射防止フィルムに

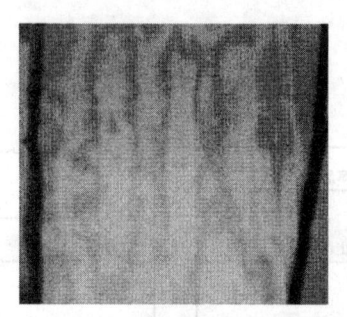

写真2 PETフィルム上で干渉縞が発生している塗布見本（左）と発生していない塗布見本（右）
（単色光源で観察）

表7 高屈折率帯電防止ハードコート塗料

項目／製品名	PELTRON®XJC-0343	備考
特徴	高屈折率，耐擦傷性	
用途	反射防止フィルム	
樹脂マトリックス	紫外線硬化型＋アルコール	
帯電防止成分	金属酸化物	
塗料固形分	45 wt%	
推奨成膜条件	溶剤乾燥（80℃，1分）後，紫外線硬化	
推奨膜厚	5.0μm	
硬化膜屈折率	1.65	測定機器：アッベ屈折計1T
表面抵抗率（60% RH）	10^8 Ω/sq.	測定機器：Megaresta H 0709
表面抵抗率（30% RH）	10^{10} Ω/sq.	測定機器：Megaresta H 0709
△全光線透過率	<2.0%	測定機器：濁度計NDH 2000
△ヘイズ	<0.5%	測定機器：濁度計NDH 2000
鉛筆硬度	H～2H	荷重 500g
耐擦傷性	良好	スチールウール#0000，10往復，荷重250 g/cm^2

は好ましくない。

　また，外観不良の一つとして塗布膜の干渉縞が挙げられる。基材（プラスチックフィルムやプラスチック板）屈折率とコーティング膜屈折率との屈折率差が小さい場合と，屈折率差が大きい場合では，干渉縞の発生に大きな違いがある（写真2）。一般にPETの屈折率は1.65，TACのそれは1.49と言われている。通常の紫外線硬化樹脂の硬化膜の屈折率は1.51～1.55（高屈折率部位を有する紫外線硬化樹脂では1.60～1.63），金属酸化物の多くは屈折率2前後であるため，屈折率を調整した紫外線硬化型樹脂と金属酸化物の組み合わせより，1.65という屈折率を有する高屈折率帯電防止ハードコート塗料ができる（表7）。基材がPETフィルムである時，このよう

な高屈折率帯電防止ハードコート塗料を塗布すれば，干渉縞が発生することなく，基材に帯電防止性能とハードコート性能の2機能を1層で付与することができる。

基材がTACフィルムの場合は，屈折率合わせの他に，フィルム表面を溶剤などにより荒らし微小凹凸をつけ，塗膜／フィルム界面での反射光を散乱させ干渉縞を見えにくくする手法や，可干渉距離以上の膜厚を塗布することで干渉縞を見えにくくする手法などが考えられるが，どちらの手法もコストアップとなるため，高屈折率帯電防止ハードコート塗料を適応させることは困難である。TACフィルム用の帯電防止ハードコート塗料は，使用する樹脂マトリックスを低屈折率化し，帯電防止成分には金属酸化物ではなく，ポリチオフェンや界面活性剤などのポリマー成分を用いることが必要となる。

4 今後の課題

帯電防止塗料への要求は今後もさらに多様化していくと思われる。特に透明帯電防止塗料において金属酸化物ではATOが多く用いられているが，環境の問題からアンチモンを添加していない金属酸化物での設計が望まれている。しかし，導電性やコストの観点から上記のような金属酸化物では要求を満たせない場合もあり，更なる技術開発が必要となろう。また，近年ではVOC対策や製造プロセスなどにより，無溶剤の耐久性に優れた透明帯電防止塗料の要求もある。用途によっては1層1機能（帯電防止性能）ではなく1層2機能さらには3機能，4機能（ハードコート性能，紫外線遮蔽性能，防汚性能や屈折率制御，高耐候性など）と，一層に要求される性能数が増えており帯電防止成分のみならず樹脂マトリックスの設計が重要となっている。本章で述べたウエットコーティングは低温プロセスでの成膜性，連続大面積塗装での量産性やコストの有利性を生かし今後も引き続き用途拡大していくと予想されるが，塗料メーカーでのみの帯電防止塗料設計ではなく，塗工メーカーや加工メーカーと協力し使い勝手の良い塗工液の設計も重要である。

文　献

1) 特開　2005-015621（日本合成化学）
2) 小松，吉留，帯電防止材料の技術と応用（普及版），CMC出版（2002）
3) 澤田，透明導電膜の新展開，CMC出版（1999）

4) 石原テクノ㈱, Technical News
5) 桐山, MATERIALSTAGE 2006.05, 技術情報協会（2006）
6) 徳留, フラットパネルディスプレイ 2005＜技術編＞, 日経マイクロデバイス監修日経FPD（2005）
7) 森本, 反射防止膜の特性と最適設計・膜作製技術, 技術情報協会（2001）

第2章 導電性ペースト

馬場則弘*

1 はじめに

　無機や有機の材料を電子部品や電子デバイスとして利用するには，素子の表面あるいは内部に導電層（電極）を形成する必要がある。さらに電子機器の電子回路では電圧降下あるいは電力損失などのロスの少ない状態で電気的接続や配線を行う導体が必要である。導電性被膜の形成方法として，蒸着，メッキ，溶射，塗料などが挙げられるが，導電性ペーストによる導体形成法は高精度の再現性と生産性に優れるため多くの電子部品や電子デバイス，電子回路に使用されてきた。導電性ペーストはエレクトロニクス分野において1950年代に軍事，宇宙関係用のハイブリッドICを形成する厚膜技術として開発され[1]，1964年にIBM社の汎用コンピュータSystem/360に導入されて以来[2]，実用・普及化が進んだ。近年では，抵抗器，コンデンサ，インダクタ，バリスタ，圧電トランス，誘電体共振器などの電子部品や，メンブレンスイッチ，プリント配線板，太陽電池[3]，LTCC[4]，電子ディスプレイ[5]などの多くのエレクトロニクス製品に導電性ペーストを使った膜形成技術が利用され，低コストを必要とするエレクトロニクス産業の発展に大きく貢献している。本章ではエレクトロニクス分野に使用されている導電性ペーストについてその基礎，評価と応用，課題などを紹介する。

2 基礎

2.1 材料設計

　導電性が付与された塗料やインキあるいは接着剤などを導電性ペーストと呼ぶ。導電性ペーストは導電性材料としての顔料（フィラー）と樹脂，溶剤，助剤などから構成され，樹脂を溶剤に溶かしたワニスに導電性顔料を分散させることにより得られる。導電性ペーストは塗布後の熱処理温度により乾燥・硬化型ペーストと焼付型ペーストに分類できる。ポリマー型ペースト，PTF（Polymer Thick Film）とも呼ばれる乾燥・硬化型ペーストは，常温〜300℃程度と比較的低い温度で熱処理される。塗膜は導電粒子（フィラー）と樹脂との複合体となることから塗膜の導電

＊　Norihiro Baba　昭栄化学工業㈱　技術部

性はフィラーの種類や濃度に依存する。また樹脂の選択により，耐溶剤性，耐熱性，接着性，柔軟性などを特徴とする導電膜を得る事ができる。樹脂はフェノール樹脂，エポキシ樹脂，ポリエステル樹脂，シリコーン樹脂，アクリル樹脂などを使用する。焼付型ペーストはサーメット（Cermets）とも呼ばれ，400℃〜1350℃程度の高温で焼成されて有機成分は完全に焼失し，形成した塗膜は無機成分のみとなる。焼付型ペーストに使用される樹脂はペーストの印刷性や熱分解時の挙動を考慮して選択される。代表的な樹脂としてニトロセルロース，エチルセルロースなどの繊維素系樹脂，アクリル樹脂，ブチラール樹脂などがある。熱処理により形成した導電膜は結合剤によって基板と接着する。乾燥・硬化型ペーストではペースト中のビヒクル成分である樹脂が有機結合剤として基板と強固に接着する。焼付型ペーストではセラミック基板との接着を保つために無機結合剤が添加され，その種類から，ガラス粉末を使ったガラスボンド，金属の酸化物等を使うケミカルボンド，さらにガラスボンドとケミカルボンドを併用するミックスボンドに接合状態が分類される[6,7]。

2.2 導電性顔料

導電性ペーストの顔料は，導電性に優れた Au, Pt, Pd, Ag などの貴金属や Cu, Ni, Al, W などの卑金属微粒子，金属以外では炭素や RuO_2, $M_2Ru_2O_{7-x}$ (M=Bi, Pb), $MRuO_3$ (M=Ca, Sr, Ba), SnO_2, Ta_2O_5, LaB_6, Silicide などの微粒子が使用される。表1に代表的な金属のコストと融点，体積抵抗率および透磁率を示す。導体の材料選択においてコストダウンの目的には Cu

表1 各種導電性金属材料の値段と物性

	Price yen/g	T_m ℃	d g/cm³	ρ $\mu\Omega$cm	E GPa	β ppm/K
Pt	5125.0	1770	21.5	10.60	152	9.0
Au	2612.0	1064	19.3	2.35	80	14.2
Pd	1453.0	1550	12.0	10.80	110	10.6
Ag	50.2	962	10.5	1.59	76	19.3
Ni	4.5	1455	8.9	6.84	207	15.0
Mo	3.5	2620	10.2	5.20	324	5.1
W	3.1	3400	19.3	5.65	345	4.5
Cu	1.0	1083	9.0	1.67	110	16.2
Pb	0.4	328	11.4	20.60	14	29.0
Zn	0.4	420	7.1	5.92	97	53.0
Al	0.3	660	2.7	2.66	68	23.7

T_m: Melting point
d: Density
ρ: Specific resistance
E: Young's modulus
β: Coefficient of linear expansion

第 2 章　導電性ペースト

や Ni などの卑金属の使用が有利となる。一般の導電性ペーストに使用される代表的な金属粉の SEM 写真を図 1 に，熱重量-示差熱分析装置を用いて空気雰囲気中で測定した温度-重量変化を図 2 に示す。貴金属の中では低価格の Ag 粉は全ての温度域で重量変化がなく安定であるが，他の金属粉は高温において重量増加が観察される。従来，ペーストの熱処理は空気中で行われたため酸化雰囲気で安定な貴金属の導電粒子が使用されてきた。卑金属は空気中で熱処理されると容易に酸化されてしまい電極としての役目をしなくなってしまう。また Al や Ni 粒子などは，比較的高温域まで重量変化が少ないが，粒子表面は保護性の酸化物皮膜（scale）が形成しているため粒子間の接触抵抗が高く，このままでは抵抗値の低い導電膜にならない。このため Cu, Ni 等の卑金属粒子からなる導電性ペーストは粒子表面の酸化皮膜除去や酸化防止処理，さらに非酸化

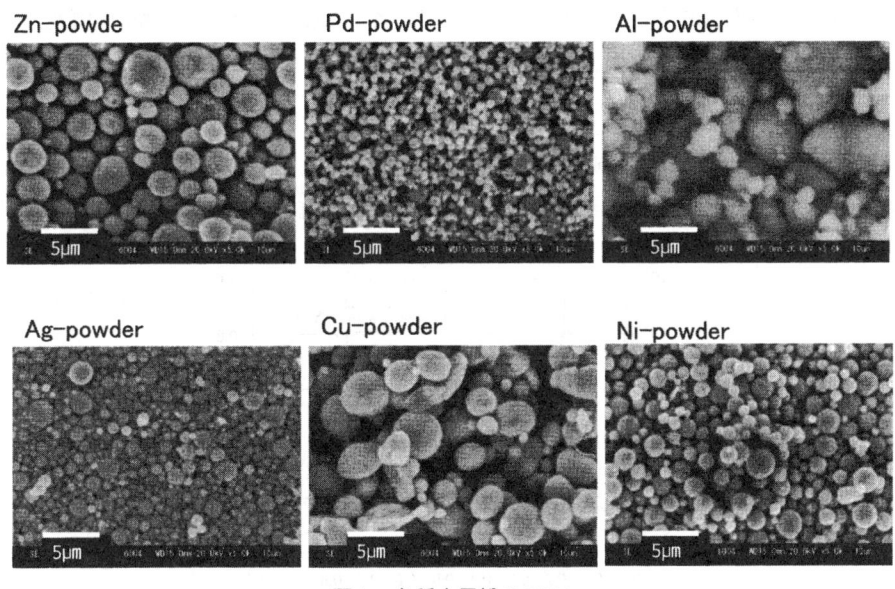

図 1　各種金属粉の SEM

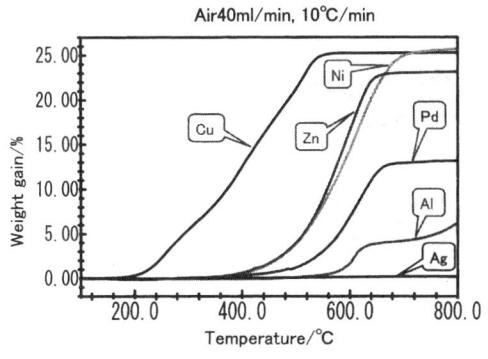

図 2　各種金属粉の重量-温度変化

雰囲気中での熱処理技術が適用される。

2.3 導電機構

パーコレーション理論[8]によると，導電粒子とポリマーやガラス等の絶縁体から成る系において，導電粒子比率p（濃度）がパーコレーション閾値p_c以上の$p>p_c$で系全体を連なる導電パスが形成されて，図3のように導電性を発現する。導電率の普遍則に則ると，抵抗値ρの変化は$p>p_c$において臨界指数tを用いて次式で表される[9]。

$$\rho \propto (p-p_c)^{-t} \tag{1}$$

3次元空間では，導電性粒子が体積濃度で大体16％位占めると互いにパーコレートした道筋ができる[10]。図3は(1)式について，銀粒子（密度$10.5\,\mathrm{g/cm^3}$，抵抗率$1.59\,\mu\Omega\mathrm{cm}$）と絶縁体（密度$1.0\,\mathrm{g/cm^3}$）から成る系に$p_c=0.16$，$t=2$として計算した結果である。実際の導電性ペーストの抵抗値変化もパーコレーション現象を基にある程度説明することができるが，粒子形状および粒子の不均一さ，粒子表面の状態（表面エネルギー・汚染等）などにより大きな影響を受けるため複雑である[11,12]。

導電性ペーストから形成される導電膜の電気伝導モデルと等価回路を図4に示す。導電性粒子

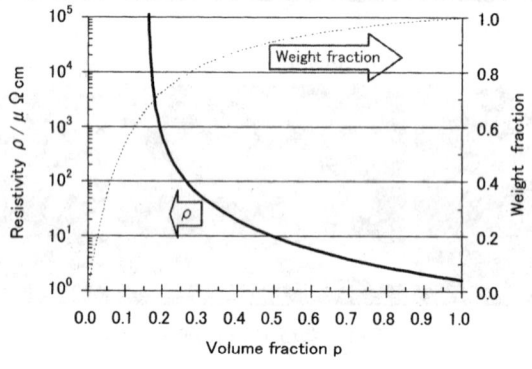

図3 Ag粒子濃度と電気抵抗の関係

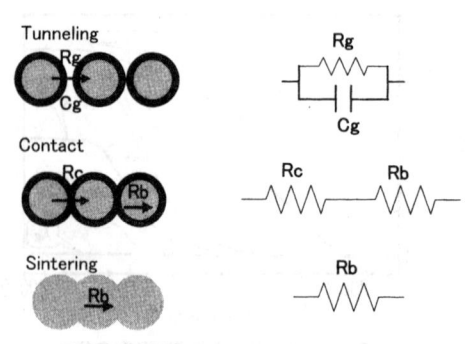

図4 導電膜における電気伝導モデル

第2章 導電性ペースト

の接触によって導電性は発生するが，導電性粒子が完全に連結していなくても至近距離になると電位放射によるトンネル電流が流れる。例えばカーボンブラックを高分子化合物に充填した複合体[13]やRu酸化物／ガラスからなる厚膜抵抗体[14]など比較的高抵抗な導電膜で観察される。接触した粒子間相互で原子の拡散が活発になると，粒子間は点接触から面接触への形状変化によって緻密化する焼結現象がおこる。導電性金属粒子は焼結し融着することにより高導電性の膜を形成する事ができる。図5に代表的な銀ペーストのTG-DTA曲線を示す。常温から200℃までの重量減少・吸熱反応は主にペースト中の溶剤成分が揮発するためにおこる。その後の300℃付近までの発熱反応はペースト中の樹脂の燃焼・熱分解であり，960℃付近の鋭い吸熱ピークは銀の融解による。この銀ペースト塗膜における抵抗値と膜厚に及ぼす熱処理温度の影響を図6に示す。銀粒子の導電性は，粒子の接触と粒子接点間のネック成長，粒子合体，気孔の消滅，緻密化などの焼結挙動に直接関係する[15]。充填粒子は一般に，融点の絶対温度表示の半分（銀粒子の場合617K）程度から焼結を開始する[16]。図6の抵抗値と膜厚変化において，300℃までは主にパー

図5 AgペーストのTG-DTA

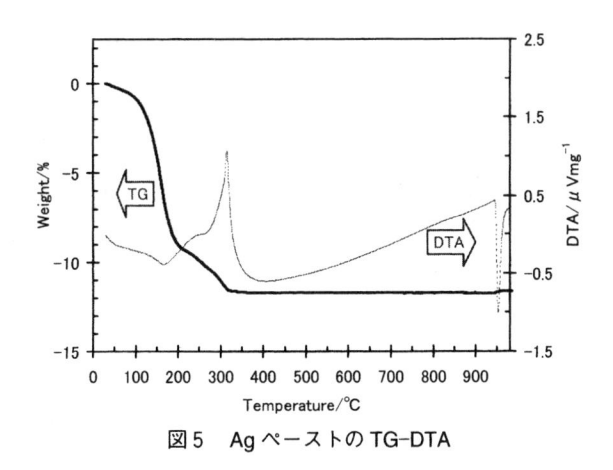

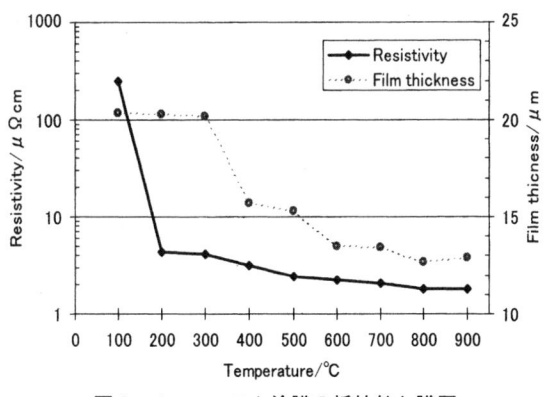

図6 Agペースト塗膜の抵抗値と膜厚

コレーション現象に基づく銀粒子の接触，300℃からは銀粒子の焼結・融着による挙動と推定される。700℃以上の焼成では，銀粒子の焼結が気孔率0%の完全緻密膜に進むにつれて，銀膜の比抵抗は純銀の1.59μΩcmに限りなく近づくことになる。

3 評価と応用

携帯電話や薄型テレビ，パソコンなど電子機器市場は高成長を続け，それに伴いインダクタ（L）やコンデンサ（C），抵抗器（R），サーミスター，バリスタなどの電子部品や電子デバイスの需要が増大している。受動素子L，C，Rは，かつて半導体ICが進展するにつれてSiチップ中に取り込まれて減少すると言われた時期も有ったが，小型・ローコスト・高性能化等の努力により依然として生産は増大している。特に表面実装技術（SMT）における高密度化を背景に小型化された角形チップのサイズは，3216タイプ（長さ3.2mm×幅1.6mm）から2125，1608，1005，0603へと急速に小型化が進行して，最近では0402タイプが携帯用機器で導入され始めている。さらに次世代の0201タイプの開発も進み，01005タイプ（0.1mm×0.05mm）も視野に入っている。

コンデンサは抵抗，インダクタなどの受動素子と並んで，電子回路を構成する基本部品のひとつであり，携帯電話やノートパソコンなどのモバイル機器をはじめ，薄型テレビやデジタルカメラなどのデジタル家電，自動車などで最近特に需要が高まっている。例えば，1台の携帯電話で約200個，液晶テレビには1000個以上のコンデンサが搭載される。ここでは，電子部品の中で小型・大容量化に向けて著しい進化を遂げているコンデンサに注目して，導電性ペーストの活用を述べる。

3.1 コンデンサ特性

コンデンサの代表的な特性として，静電容量，静電容量の温度係数，インピーダンスの周波数特性，電圧特性，誘電正接，品質係数，漏れ電流などがあるが，全てを満足するコンデンサは実現できておらず，用途に合ったコンデンサが選択されている。理想的なコンデンサは静電容量C（Capacitance）だけを有するが，現実に製造されるコンデンサは図7の等価回路に示すように等価直列インダクタンスL_s（ESL：Equivalent Series Inductance）や等価直列抵抗R_s（ESR：Equivalent Series Resistance）を併せ持っている。ESLは電極やリード線などによって発生する寄生インダクタンスであり，ESRは誘電体自身の誘電損と電極やリード線などの抵抗の和である。図7に示すコンデンサの直列回路モデルのインピーダンスZ_sは角周波数をωとして次式で表される。

第2章　導電性ペースト

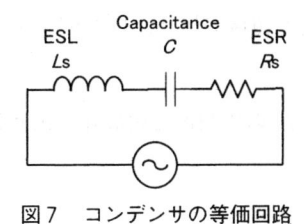

図7　コンデンサの等価回路

$$Z_s = R_s + j\left(\omega L_s - \frac{1}{\omega C}\right) = R_s + jX_s \tag{2}$$

$$|Z_s| = \sqrt{R_s^2 + X_s^2} \tag{3}$$

ここで，j は虚数単位，X_s は Z_s のリアクタンスである。

$$X_s = \omega L_s - 1/\omega C \tag{4}$$

(2)式において，$C=0.1\,\mu\mathrm{F}$，$L_s=0.1\,\mu\mathrm{H}$，$R_s=10\,\mathrm{m}\Omega$ を代入して求めたインピーダンス Z_s の周波数特性（$X_s = R_{10\Omega} - jX_s$）を図8に示す。低周波側では，静電容量 C 成分が支配的で周波数 f に反比例して Z_s は低下していくが，X_s が0になる自己共振周波数 f_0（SRF：Self Resonant Frequency）において最小値を示しESR（R_s）と等価になり抵抗としてふるまう。SRF（f_0）以上の周波数では，ESL（L_s）成分の影響が強くなりインダクタとして働くため周波数に比例して Z_s は上昇していく。

$$f_0 = \frac{1}{2\pi\sqrt{L_s C}} \tag{5}$$

この(5)式より，f_0（SRF）は L_s の平方根に反比例するため，コンデンサを高周波の領域まで使用可能にするには L_s（ESL）を小さくする必要がある。ここでESR（R_s）が大きいと，図8で示すように（R_s が10 mΩから10 Ωになると），SRF（f_0）付近の Z_s が押し上げられ

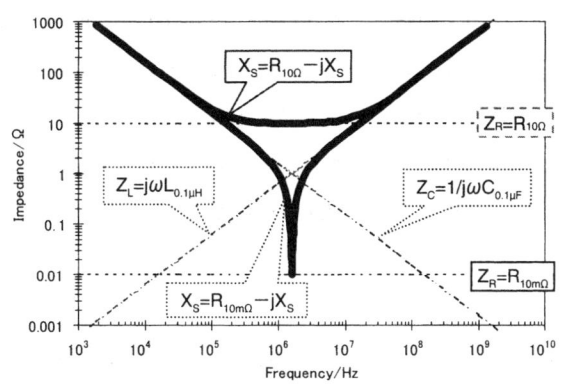

図8　コンデンサのインピーダンス周波数特性

($X_s = R_{10\Omega} - jX_s$),抵抗として働く領域が増え,コンデンサとして機能する周波数領域が減少する。

コンデンサの誘電正接 $\tan\delta$ は,Z_s の実数部と虚数部の比として表され,

$$\tan\delta = \frac{R_s}{X_s} \tag{6}$$

品質係数 Q(Quality factor)は $\tan\delta$ の逆数となる。

$$Q = \frac{1}{\tan\delta} \tag{7}$$

品質係数 Q の高い,すなわち $\tan\delta$ の小さいコンデンサを得るためには(6)式において ESR(R_s)を小さくする必要がある。コンデンサに高周波電流が流れると,次式に示すようにコンデンサの ESR(R_s)成分に比例した電力損失 P_e を起こして発熱する。

$$P_e = I^2 R_s \tag{8}$$

このように,コンデンサの品質係数や高周波特性,電力損失などは ESR と ESL に大きく依存している。従来,一般の電源用途では大容量が必要であったため品質係数 Q は低いが非常に薄い誘電体で大容量化した電解コンデンサが,高周波用では静電容量に対する周波数特性が重要であったため低容量であるが Q の高いセラミックコンデンサが選択されてきた。現在,より一層の性能向上が求められるコンデンサにおいて,小型化と大容量化とともに,高 Q ならびに周波数特性の改善が重要となっている。コンデンサの小型大容量化の取り組みは永遠の課題であるが,大容量化と低 ESR や低 ESL を同時に達成することは容易でない。以下,小型大容量化と低 ESR・低 ESL 化が最も進んでいるセラミックコンデンサと電解コンデンサにおける導電性ペーストの技術開発と評価・応用例について述べる。

3.2 積層セラミックコンデンサ

積層セラミックコンデンサ(MLCC:Multilayer Ceramic Capacitor)の構造を図9に示す。MLCC は高誘電体セラミックグリーンシート上に内部導体として導電性ペーストをスクリーン印刷・乾燥し,このシートを積層した後,圧着して成形体を作成するグリーンシート法で製造される。積層された成形体は角型に切断し焼成された後,端子電極を形成するために外部端子用の導電性ペーストが両端に印刷・焼成される。MLCC の静電容量 C は,次式で示される。

$$C = \varepsilon_0 \varepsilon_S \times \frac{nS}{d} \tag{9}$$

ε_0:真空の誘電率, ε_S:誘電体材料の比誘電率, n:誘電体の積層数, S:実効電極面積,
d:誘電体層の厚さ

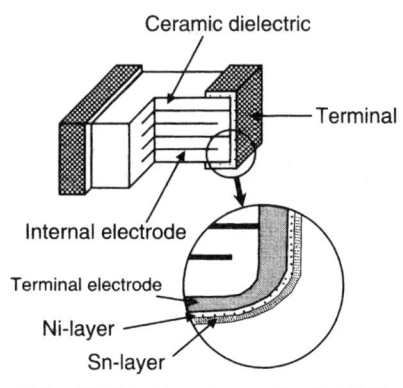

図9 積層セラミックコンデンサの構造

　MLCCの小型大容量化は，(9)式より高誘電材料（ε_S）の使用や積層数（n）の増加と共に誘電体層の厚さ（d）を薄くすることにより達成できる。高誘電率系MLCCではチタン酸バリウム（$BaTiO_3$）を主成分として，微量の添加物を制御して加えることによって比誘電率1万以上の誘電材料が使用される。かつて誘電体層厚は，20 μmが一般的であったが，ファイン化・微細化したセラミック材料の開発により1 μm以下までに薄層化され，積層数も1000層に及んでいる。積層数の増加，誘電体層厚の薄層化に伴って，導電性ペーストが形成する内部導体も0.5 μm以下の薄層化が実現されている。

　一般に，チタン酸バリウム粉末の焼結には空気雰囲気中1200℃以上が必要であるため，誘電体と同時焼成するMLCCの内部電極材料は，従来，融点の高い白金（Pt, mp=1770℃）やパラジウム（Pd, mp=1552℃）などの金属が使用されていた[17]。MLCCの大容量化は積層数（n）の増加により可能であるが，高価なPtやPdの高積層品では低価格を達成することは困難であった。このため，内部電極として安価なニッケル（Ni, mp=1450℃）が使用できるように耐還元性の$BaTiO_3$系誘電体材料が検討され[18]，Ni内部電極MLCCがPd内部電極MLCCと同等もしくはそれ以上の高い信頼性を達成できるようになったことから[19]，現在，高積層大容量MLCCの内部電極はほとんどNiペーストが使用されている。内部電極がNiの場合は外部端子としてはCuあるいはNiの導電性ペーストが使用され，Pdなど貴金属の内部電極の場合はAgあるいはAg/Pdの導電性ペーストが使用される。

　高周波用コンデンサでは静電容量Cとともに，インピーダンスZ，自己共振周波数f_0，品質係数Qが重要であり，ESRとESLを小さくする必要がある。低ESL化に対してはチップサイズの小型化，端子電極をMLCCの電極幅w方向に形成して電極の長さLを短くする（L_w逆転），内部電極をアース電極で挟んだ3端子貫通タイプ，端子間で互いに逆向きの電流を流し磁界を相殺する多端子化[20]などによりESLの低減を実現している。ESRは積層数nに対して次式で示す

ように減少するため，積層数を増やすことは ESR を下げる効果がある。

$$ESR \propto \frac{(4n-2)}{n^2} \tag{10}$$

また ESR は内部電極の比抵抗 ρ，電極長さ L に比例し，電極厚み t，電極幅 w に反比例するため，比抵抗の低い Ag（$1.59\,\mu\Omega$cm）や Cu（$1.67\,\mu\Omega$cm）を内部電極として使用することは，ESR を小さくするのに有効である。

$$ESR \propto \frac{\rho L}{tw} \tag{11}$$

誘電体セラミックと内部電極が同時焼成される MLCC において，電気伝導性に優れる Ag や Cu を内部電極として使用するには，Cu の融点（1083 ℃）あるいは Ag の融点（962 ℃）より低い温度で焼結・緻密化する誘電体が必要である。高周波用積層内部電極として銀ペースト又は銅ペーストを使用した低温焼結可能な誘電材料が研究・開発されている[21,22]。

3.3　電解コンデンサ

電解コンデンサ（Electrolytic Capacitor）は，金属表面に陽極酸化によって誘電体酸化皮膜を形成し，これに電解液または固体の電解質（Electrolyte）を接触させて，対向電極の間に電荷を蓄積させる。現在，タンタル（Ta）とアルミニウム（Al）が誘電体金属として実用となっている。

タンタル電解コンデンサ（Tantalum Electrolytic Capacitor）の構造を図10に示す。タンタル電解コンデンサは陽極として Ta 金属を使用し，その表面に陽極酸化膜の酸化タンタル（Ta_2O_5）誘電層を形成して，その外側に陰極としての固体電解質層，カーボン層，銀層を構成する。カーボン層，銀層にはそれぞれカーボンペースト，銀ペーストなどの導電性ペーストを使用し，電解質層の耐熱性を考慮した低温（150～200 ℃）で熱処理されて導電膜を形成する。陽極に Al 金属

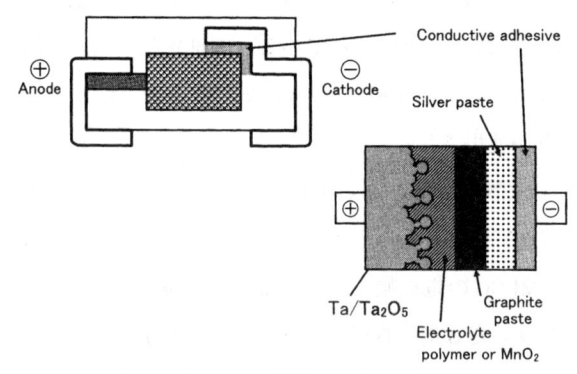

図10　タンタル電解コンデンサの構造

第2章 導電性ペースト

を使用し，その表面に陽極酸化膜の酸化アルミニウム（Al_2O_3）誘電層を形成するアルミニウム電解コンデンサはタンタル電解コンデンサとほぼ同様な構造であり，カーボンペースト，銀ペーストなどの導電性ペーストが使用されている。Ta 金属は酸やアルカリに対して非常に安定であり，Ta_2O_5 誘電皮膜（$\varepsilon_s ≒ 27$）も化学的に安定で，比誘電率は Al_2O_3 誘電皮膜（$\varepsilon_s ≒ 10$）より高いことから，小型で大容量，高性能という特徴を有している。

電解コンデンサの陰極となる電解質は誘電体酸化皮膜の空隙や細孔内に密に充填して，陽極酸化皮膜の傷を電気化学的に修復し，コンデンサの漏れ電流を軽減する役割がある。従来，電解コンデンサの陰極として有機酸塩溶液や二酸化マンガン（MnO_2）など電気伝導度が悪い電解質が利用された。コンデンサの電極として抵抗値の高い材料を使用することは ESR を大きくするためコンデンサ特性上不利であるが，大容量化が容易であったためこのような電解質を使った電解コンデンサが広く利用されていた。近年，電子機器の高機能化の進展，すなわちデジタル化，高周波数化に伴い，高周波領域で損失の少ない小型大容量コンデンサの要求に応えるため，高い電気伝導度を有する導電性高分子を陰極導電層に使用した固体電解コンデンサが開発されてきた。図11に電解コンデンサの陰極導電層として用いられている導電性高分子の電気抵抗値を一般の導電性材料と共に示す。これらの導電性高分子は，従来から陰極導電層として用いられた二酸化マンガンと比べて桁違いに低い電気抵抗値であるため，積層セラミックコンデンサに匹敵する優れたインピーダンス周波数特性を示す。導電性高分子を陰極導電層に使用した固体電解コンデンサはパソコン，携帯電話などの高機能電子機器の小型高性能化に必須の部品になりつつある。

コンデンサのさらなる高機能・高速化に対応して，低 ESL コンデンサの要求が高まっている。最近，導電性高分子を使用したアルミニウム電解コンデンサにおいて，従来のコンデンサの端子部分に存在していた ESL の影響を解決するために，コンデンサの端子部分を伝送線路構造とする「プロードライザ」が開発された[23]。このコンデンサは大容量で，幅広い周波数帯にわたって低インピーダンスであるためデカップリングデバイスとして注目されており，従来のコンデンサの数種類分の機能を1種類で果たすことから，部品数や実装面積の削減など回路の簡略化が期

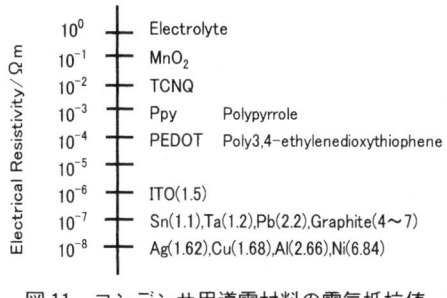

Electrical Resistivity / $\Omega\cdot m$	
10^0	Electrolyte
10^{-1}	MnO_2
10^{-2}	TCNQ
10^{-3}	Ppy　Polypyrrole
10^{-4}	PEDOT　Poly3,4-ethylenedioxythiophene
10^{-5}	
10^{-6}	ITO(1.5)
10^{-7}	Sn(1.1),Ta(1.2),Pb(2.2),Graphite(4～7)
10^{-8}	Ag(1.62),Cu(1.68),Al(2.66),Ni(6.84)

図11　コンデンサ用導電材料の電気抵抗値

待される。

4 課題

エレクトロニクス製品のさらなる高集積小型化,高性能化の実現に向けて,より一層の特性向上が導電性ペーストにも課せられている。ここでは,今後のキーテクノロジーとなる高周波用材料,微粒子・ナノ粒子材料,微細配線技術について述べる。

4.1 高周波用材料

高周波回路において導体に流れる電流は表皮効果のために導体表面に集中する。流れる電流が導体表面の値の1/eとなる距離δは表皮深さ(skin depth)と呼ばれ,次式で表される。

$$\delta = \sqrt{2/\omega\mu\rho} \tag{12}$$

μ:透磁率, σ:電気伝導率, ω:角周波数

よって厚さδで単位幅,単位長の導体の面積抵抗R_{sq}($\Omega/\square$)は次式になる。

$$R_{sq} = 1/\sigma\delta \tag{13}$$

代表的な金属についてδとR_{sq}の周波数依存を図12に示す。例えば1GHzでの銀や銅のδは約2μmで,通常の電極厚みより小さい。このため1GHzにおいて,実際に電流は電極の表層のみを流れることになり,電極膜厚をδ以上に設定しても導体抵抗を下げることはできない。また導体膜がポーラスあるいは電極表面や電極と誘電体の界面が粗い場合には導体のR_{sq}は高くなりQ値は劣化する。高いQ値を必要とする高周波用部品の設計において,緻密で平滑な導電膜を与える導電性ペーストの開発はセラミック材料の開発と共に重要である。

4.2 微粒子・ナノ粒子材料

導電性ペーストから形成される塗膜の導電性は熱処理温度に依存し,図6で示したように高温

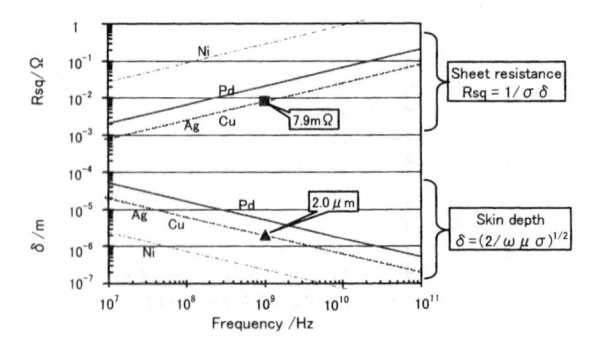

図12 各種金属導体に対する表皮深さ(δ),面積抵抗(R_{sq})の周波数依存性

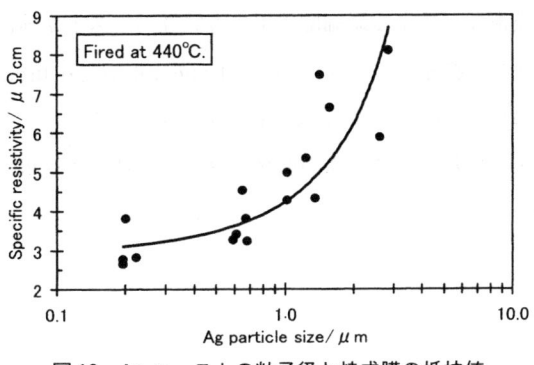

図13 Agペーストの粒子径と焼成膜の抵抗値

になるほど電気抵抗値は低くなる。充填金属粒子は初期の接触状態から焼結・融着することにより高導電性の膜に変化する。焼結の駆動力は，隣接した粒子がその総表面積を小さくすること，つまり系の表面自由エネルギーを最小にする力であり，粉末の持つ高い表面エネルギーを低減させる原子の移動によって粒子は焼結する。単位体積当たりの表面エネルギーは粒子直径の逆数に比例する。従って，粒子が細かくなればなるほど表面積が大きくなり高い表面エネルギーをもち，より容易に焼結を開始する[24]。粒子径の異なる種々の銀ペーストについて，440℃で焼成した時の銀塗膜の抵抗値を図13に示す。銀膜の比抵抗値は粒子径の減少に伴って低くなることがわかる。しかし粒子を小さくすると，粒子表面の活性が高まり粒子同士が強固に凝集して，元の1次粒子の状態に再分散させる事が困難になる。微粒子製造時において，ペースト中で良好な分散が得られるように，粒子の凝集を抑える粒子表面の化学的制御が重要となる。さらに粒子サイズを0.1μm以下のナノ粒子にすると量子サイズ効果による融点降下現象[25]がおこり300℃以下の熱処理で焼結・融着が可能になる。微粒子やナノ粒子を使った導電性ペーストは，低温焼結性を生かして耐熱性に劣る基板，例えばプラスチックなどの有機基板への回路形成を実現する技術として期待されている。

4.3 微細配線技術

電子部品の高集積小型化には微細配線を精度よく形成する技術が不可欠である。現在，高精度印刷を可能とするスクリーン印刷やオフセット印刷[26]さらに直接描画のディスペンスやインクジェットなど導電性ペーストを使ったパターン形成の開発が進んでいる。スクリーン印刷では，Line and SpaceでL/S＝60/60μm程度の配線が一般的であり，量産レベルで線幅50μmラインの配線技術によるデバイスも報告されている[27]。さらに微粒子やナノ粒子の適応，ペーストレオロジやスクリーンなどの検討，印刷プロセスの改良により30μm以下の微細配線技術が検討されている[28]。スクリーン印刷法以外でも，オフセット，インクジェット，ディスペンス，フォト

リソグラフィー,薄膜技術などによる微細配線用に導電性ペーストが検討されている[29]。銀ナノ粒子を使ったインクジェット技術ではLTCC（Low Temperature Co-fired Ceramics）の表層および内層配線でL/S＝30/30μmのパターン形成が報告されている[30]。

今後も,導電性ペーストは新しい金属粉の開発やプロセス技術の選択と組み合わせによりエレクトロニクス製品の発展にさらに貢献していくと思われる。

文　　献

1) P. J. Holmes and R. G. Loasby, "Handbook of Thick Film Technology", p.2, Electrochemical Publications Ltd. (1976)
2) 二瓶公志,柴田進,"最新　ハイブリッドテクノロジー", p.38, 電子材料編集部編,工業調査会 (1986)
3) 馬場則弘,"エレクトロニクス分野における高精度スクリーン印刷技術", p.187, 技術情報協会 (2001)
4) N. Baba, *Materials Integration*, **20**, 8 (2007)
5) 馬場則弘,"最新エレクトロニクス実装大全集＜上巻＞", p.355, 技術情報協会 (2007)
6) 日本マイクロエレクトロニクス協会編,"厚膜IC化技術", p.21, 工業調査会 (1983)
7) 電子材料工業会編,"機能回路用セラミック基板", p.27, 工業調査会 (1985)
8) D. Stauffer and A. Aharony, "Introduction to Percolation Theory, 2nd Ed." Taylor & Francis, London and Philadelphia (1992)
9) 富村哲也,岡本徹志,中村修平,大下昭憲,電学論A, **123**, 76 (2003)
10) 小田垣孝,"パーコレーションの科学", p.61, 裳華房 (1993)
11) 杉村貴弘,井上雅博,山下宗哲,山口俊郎,菅沼克昭,エレクトロニクス実装学会誌, **7**, 147 (2004)
12) 片岡光宗,増子　徹,電学論A, **124**, 337 (2004)
13) 浅田泰司,プラスチックス, **33**, 45 (1982)
14) N. C. Halder and R. J. Snyder, *Electrocomponent Science and Technology*, **11**, 123-136 (1984)
15) 森吉佑介,笹本忠他,"セラミックスの焼結", p.236, ㈱内田老鶴圃 (1998)
16) R. M. German, "Liquid Phase Sintering", Plenum Press, New York and London (1985)
17) 馬場則弘,色材, **72**, 51 (1999)
18) 角田修一,山岡信立,"積層セラミックコンデンサ", p.66, ニューケラシリーズ編集委員会,学献社 (1988)
19) 野村武史,ニューセラミクス, **10**, 7 (1997)
20) ㈱村田製作所,"セラミックコンデンサの基礎と応用", p.117, ㈱オーム社 (2003)
21) T. Otagiri, *Materials Integration*, **20**, 27 (2007)

22) K. M. Nair, R. Pohanka, R. C. Buchananl, "Ceramic transaction, Vol.15 Materials and processes for microelectronic systems", American Ceramic Society, p.313（1990）
23) 坪田一成，電子材料，**7**，60（2007）
24) R. M. German 著，三浦秀士，高木研一訳，"粉末冶金の科学"，p.274，㈱内田老鶴圃（1996）
25) 一ノ瀬昇，尾崎義治，賀集誠一郎，"超微粒技術入門"，p.13，㈱オーム社（1988）
26) 武田利彦，上美谷雅之，小阪陽三，特開 2001-234106
27) http://techon.nikkeibp.co.jp/article/NEWS/20060411/115999/
28) 久米　篤，エレクトロニクス実装技術，**20**，30（2004）
29) 菅沼克昭，エレクトロニクス実装学会誌，**8**，421（2005）
30) 小岩井孝二，MES 2005 第 15 回マイクロエレクトロニクスシンポジウム論文集，p.245（2005）

第3章　塗工法による電磁波シールド材

吉田隆彦[*]

1　電磁波シールド材

　シート状の電磁波シールド材として，今日，広く利用されているのは，ノイズ抑制シートと磁性シートである。ノイズ抑制シートは，電子機器の漏洩電磁ノイズの抑制対策として，広周波数帯域に渡る磁気特性（磁気を集め，それを熱損失させる性質）を有し，かつ電磁波を反射しないという性質を持つシートである。このシートは，電子機器内部の電磁ノイズ発信源の近辺に適宜の形状に加工して貼り付けられるか，もしくは電子機器の液晶画面の電磁ノイズ漏洩や侵入を防ぐために画面の裏面に貼り付けるなどの使用例がある。ノイズ抑制シートは，不要電磁波の漏洩や外部電磁波による電磁干渉を防ぐという目的で，筐体シールドメッキやシールドガスケットと並んで電子機器のEMC対策用品として使用されるものである。他のシールド部材との違いは，ノイズ抑制シートはその電気抵抗値が高いため，シートが配線や回路部分に接しても短絡を生じないという利点を持ち，この特性により電子機器内部での形状や位置の自由度が与えられている点である。

　もう一方の磁性シートは，無線通信改善用途で使用されている。RFID（Radio Frequency Identification）技術による無線通信の普及に伴い，アンテナ通信改善に使用される例が増えている。具体的には，RFID機能を備えた携帯電話やPC，ICタグ（RFIDタグ），非接触ICカード等があり，電子マネーによる決済，トレーサビリティを含む物流管理，認証・識別，貴重品管理，盗難防止等に活用されているが[1]，これらにおいてアンテナの近傍に金属等の導電性部材がある場合の通信改善手段やアンテナが重複して存在する場合の通信改善手段として磁性シートが使用されている[1]。ここでいう電磁波シールドは，従来の導体による電磁波の反射ではなく，アンテナに対する金属等の影響を抑える意味でのシールドである。そして磁性シートは，磁気通信のための磁路をアンテナと金属の間，つまりそこに位置する磁性シートの中に確保する役割を果たす。電磁波をシート内部に通すために，磁性シート自身の電気抵抗値は低すぎることはなく，磁界を反射せずに集める性質を有するが，磁性シート内部で磁界を損失させずに通過させるという性質が

---

[*] Takahiko Yoshida　ニッタ㈱　テクニカルセンター　第4プロジェクト
　　プロジェクトサブマネージャー

第 3 章　塗工法による電磁波シールド材

要求される。

　以上のノイズ抑制シートと磁性シートの全てが塗工法で作成されるものではないが，高性能化のためには塗工法が欠かせなくなっている。この章では，ノイズ抑制シートおよび磁性シートの製造法を中心に，使用例も紹介する。

2　シート配合および分散状態

　ノイズ抑制シートおよび磁性シートの配合は，主成分は多量に含有する扁平形状の軟磁性金属粉と結合材であるが，それら以外に要求特性に応じて難燃剤や難燃助剤等も配合することになり，結合材の比率は一般的に少なくなる[2]。配合上，シートの比透磁率の実数部を増すためには，高透磁率の軟磁性金属粉の含有量を増すことが必要となるが，量を増すと金属粉が接触してシートが導通する場合があるため，軟磁性金属粉同士が接触しないように軟磁性金属粉が結合材に覆われて，シート面方向に配向する分散状態を保ちながら，できるだけ多くの金属粉を配合している。この際，金属粉や添加剤の凝集体をつくらないようにする。シートの分散状態の一例を図1に示す。

　軟磁性金属粉をこのように分散させるのは，絶縁材料である結合材で軟磁性金属粉を包み込むことでシートの絶縁性と柔軟性そして曲げに対する靭性を確保すること，およびシートから金属粉や添加物の凝集体の落下を防止することが理由であるが，さらに扁平形状の軟磁性金属粉がシート平面方向に配向・配列することで，シートに対して垂直方向の電磁波の進入を許してもその方向のままの通過を許さず，水平方向に磁束を通過させ易くするという磁気特性の異方性を与えるためである。

　塗液の場合，このように高い比重の金属粉を多量に配合すると，金属粉が時間と共にどうしても沈降する傾向にある。塗液攪拌から塗工までの時間での沈降（塗液の分離）を防ぐための分散安定剤や沈降防止剤等の添加も必要となる[3]。

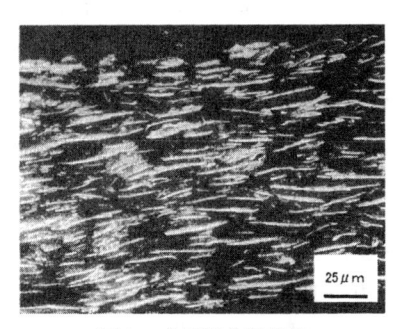

図1　金属粉分散状態

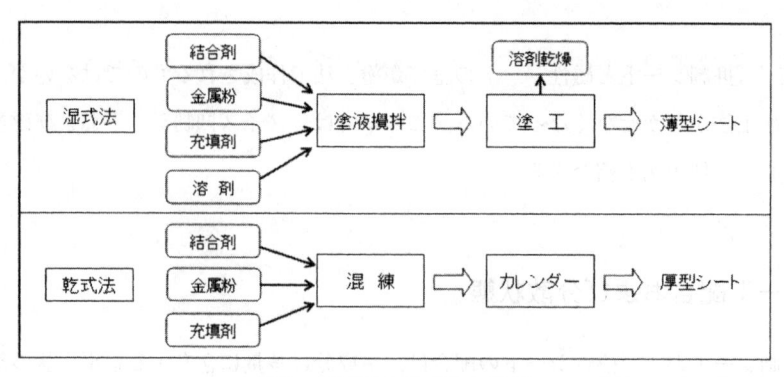

図2 湿式法と乾式法の比較

ノイズ抑制シートと磁性シートは，周波数別に複素比透磁率の実数部（μ'）および同虚数部（μ''）を制御することにより設計を変えて製造される。30 MHz～1 GHz の広い周波数帯域で，μ' および μ'' の共に高いものがノイズ抑制シートに，例えば 13 MHz 帯のような通信周波数帯域で μ' が高く，μ'' は低く抑えたものが磁性シートになる。

3 シート製造法

シート製造法は，一般に扁平形状の軟磁性金属粉を結合材（ポリマー）の分散工程とそれを任意の厚みとするシート加工工程の二つの工程から成る。製造法には，塗工法による湿式法とカレンダー法による乾式法がある。

製造法における湿式法と乾式法を図2に比較する。湿式法は材料を溶剤系の塗液状態にして，塗工機により塗工するのに対して，乾式法は結合材と充填剤を直接ニーダー等の混練機で練り込み，それをカレンダー装置にてシート化する工程である。湿式法である塗工方法には乾燥工程が必要となるため，乾燥が容易な薄型シート製造の場合が適している。これに対して乾式法であるカレンダー工程は，カレンダーロール間の間隙によりシート厚を制御するため，シートの厚みが薄いと精度を出すことが難しくなり，一般に厚さのあるシート（0.3 mm 厚以上）の製造に用いられている。電磁波シールド材用途としては，50 μm 厚未満の薄型シートから 0.5 mm 厚や 1 mm 厚の厚型シートを要求されることがあり，薄型シートは湿式法で，厚型シートには乾式法による製造法などが採用されている。

軟磁性金属粉の含有量を同じとして，湿式法と乾式法で作成した場合のそれぞれの透磁率データを図3に比較する。湿式法の方が 10 MHz 付近の透磁率の実数部（μ'）が高く，同透磁率の虚数部（μ''）が低くなっていて，湿式法の性能が優れていることがわかる。この比較では，同

第3章 塗工法による電磁波シールド材

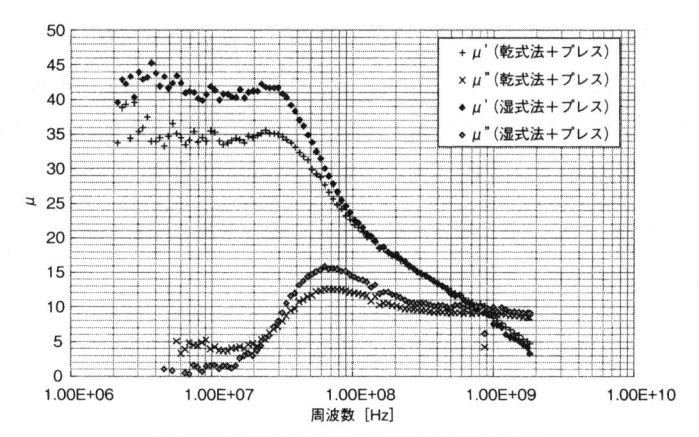

図3 湿式法と乾式法の透磁率挙動の比較

じ厚さに調整するために各工程の後にプレス工程を加えている。プレス工程によりシートのパッキング性が高まり，湿式法と乾式法の差は緩和されるが，それでも有意差は残る。プレス工程前の磁性金属の配向度合いの差が性能に現れている[4]。

シートに多量に混入する軟磁性金属粉は扁平状に加工してあるため，粒径に比べて厚さがなく，粉末自体の剛性は高くない。このため例えば乾式法による混練時のせん断力により，粉末に変形や折れが発生することがある。これら変形や折れにより，軟磁性金属粉の磁気特性（透磁率）は大きく低下する。この低下傾向は，高透磁率の磁性粉ほど顕著であるため，撹拌条件または混練条件はシート性能に影響するところが大きい。塗工法である湿式法の最大のメリットは，結合材と軟磁性金属粉の分散時に溶剤を使用するため，塗液の粘度が下がり，撹拌時にせん弾力で軟磁性金属粉の形状に影響を与えることの少ない条件でありながら高い分散状態が得られることである。

ただし，湿式法では，塗工・乾燥後に磁性粉の形状を保ちつつ，かつ接触しない態様で密にシート内で配向・分散させるために，塗液化に用いた溶剤を乾燥段階でいかにシートから抜くか，という別の課題がある。軟磁性金属粉が扁平状で分散しているため，それらが溶剤の抜け出る際の障害として働き，溶剤（ガスも含めて）がシート内に残りやすい構造になっている。溶剤がシートに残ると乾燥時にそれらが凝集し，空隙部（ボイド）となり，シート比重が低下してしまう。空隙部の存在はシート透磁率も同様に下げる。この場合に溶剤の沸点を上げることで揮発し難くするとシート残留溶剤となり，経時でしみ出すことで装着される電子機器に影響を及ぼすことが懸念される。この乾燥時の課題を克服できないと，塗工工程を選択して薄型化は達成できたとしても，高性能化は達成できないことになる。

塗工工程は，乾燥速度が塗工全体の速度を決めるが，一般に低温で時間をかけて乾燥するために，長い乾燥ゾーンが必要となり，設備として広大なものになる。また溶剤系においては，溶剤

の沸点以上の温度で乾燥させると空隙部の凝集が制御できなくなるため,その沸点未満の温度で乾燥させている。さらに乾燥ゾーンの乾燥温度を上げ過ぎると,シートの表層部分と内部の乾燥状態が不均一となる。表層部分の乾燥が先に進み,この表層に生じる乾燥皮膜が内部からの溶剤排出の抵抗となることがあり,この場合もシート内部に溶剤が残り,空隙部(ボイド)となる。このように乾燥温度は,シートから溶剤を排出するための時間と乾燥皮膜を形成する時間の相対的な関係から最適値が求まることになる。

4 HF帯用磁性シート

塗工品である弊社品の磁性シート(ロール品)の材料特性を図4に示す。13.56 MHz帯の複素比透磁率の実数部(μ')が40以上と高く,同周波数の損失正接 $\tan \delta$(=比透磁率の虚数部(μ'')/比透磁率の実数部(μ'))が0.05未満と低いのに加えて,高い電気抵抗値($10^4 \Omega/□$以上)を有している。複素比透磁率の実数部(μ')の高さにより通信磁界成分を磁性シート内に集めやすく,$\tan \delta$の低さ,つまりμ''の低さにより集めた磁界成分を損失させることなく通過させるという性質を得ている[5]。

磁性シートは,ICタグ(RFIDタグ)と一体化され,金属対応タグとしてHF帯およびLF帯無線通信改善用途に用いられている。このため磁性シートもタグと同じくロール仕様で扱われることが多い。この点,結合剤がポリマー系であるため磁性シートは長尺対応およびロール状供給が可能となる。従来,ノイズ抑制シートはハーフカットにて電子機器内に貼り付けられる工程が主であり,ロールとしての性状やロールでの取り扱い性が要求されることは少なかった。しかし,磁性シートの場合,ICタグ,ラベルタグ及び非接触ICカード等のユーザーの製造工程はロール状資材を貼り合わせて加工されることが多く,この製造工程に適応できるロール品を供給する

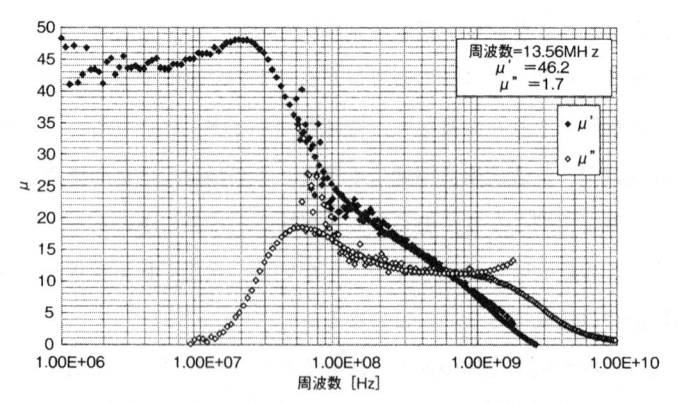

図4 ニッタ磁性シート(ロール品)の材料定数

第3章　塗工法による電磁波シールド材

ことは重要である。ここでいうロール取り扱い性とは，ユーザー貼り合わせ機の金属ロール上を高速走行する際に蛇行発生をどれだけ抑えるか，のような特性である。

5　磁性シートを用いる課題と効果

　HF 帯のアンテナの通信劣化の課題とそれらに対する磁性シートの使用方法を説明する。IC タグシステムの通信手段としては，アンテナコイル同士での磁気結合による通信を行う電磁誘導方式とダイポールアンテナ等による電波方式があるが，磁性シートが用いられるのは電磁誘導方式の場合であり，周波数としては LF 帯（135 kHz 未満帯），HF 帯（13.56 MHz 帯）などである[1,6]。

5.1　［課題1］　近傍金属の影響

　電磁誘導方式のアンテナ通信に対するアンテナ近傍金属の影響回避の課題は古くから提唱されている。それは自由空間におけるリーダーとタグ間の通信距離が，アンテナコイル（タグ，リーダーに関係なく）の近傍，すなわち対向するアンテナコイルの反対側及び周辺の近くに金属が存在するだけで，極端に短くなるというものである。

　このメカニズムは，アンテナコイル間の通信のための磁界が金属に近づいた場合，その金属表面に渦電流が誘導され，そこで渦電流損が起きること，及び金属表面に誘導された渦電流から生じる磁界の向きが通信のための磁界と逆向き（反磁界）であるため磁界同士が相殺されることで説明される。また，金属面が近接することによるアンテナコイルの共振周波数のシフトの問題も発生する。

　これらの対策としては，アンテナと金属の間にできるだけ空間（距離）を設けることや，その間にフェライトあるいは高透磁率のアモルファス金属箔を用いることなどがとられてきた[6~8]。

5.2　［対策1］　磁性シートの使用

　図5に IC タグの共振周波数の挙動を示す。自由空間の場合，金属近傍の場合，金属と磁性シートを用いた場合の各共振周波数を示している。マテリアルアナライザーにて磁気結合特性を評価した。アンテナコイルの共振周波数は自由空間で 13 MHz 付近に設定されているが，アンテナコイルが近傍金属の影響を受けると，コイルの共振周波数が高周波数側にシフトする。今回の場合，28 MHz 付近までシフトした。この結果，リーダーとの共振周波数が異なり，電磁誘導結合が弱くなるため通信ができなくなる。この状態でタグ側アンテナコイルと近傍金属の間に磁性シートを挿入すると，一転して共振周波数が低下する傾向が見られる（図5参照）。この低下分が金属による周波数上昇分とキャンセルできれば周波数のシフトは起きないことになり，無線通

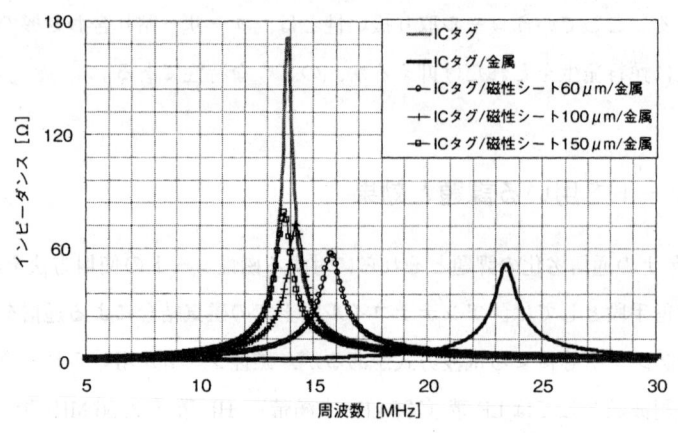

図5　金属対応ICタグにおける磁性シートの厚みと共振周波数シフトの関係

信は改善される。注意を要するのは，磁性シートの比透磁率の実数部を上げるほど，または磁性シートの厚みを増すほどにタグの共振周波数の低下量は増し，ついには13MHz帯よりも低くなってしまうことである。こうなると磁性シートにて得られるはずの通信距離改善効果は得られなくなる。このようにタグの種類や使用条件により，磁性シートの使用量，透磁率，厚さ等にそれぞれ最適値があり，それを確認をした上で磁性シートを選定することを推奨する。このようにタグの共振周波数の調整を整合回路によることなく，磁性シートにて調整可能な点も特徴である。

またこの実験では，共振周波数は回復するものの，通信特性が100％回復することはなく，約60％程度の回復であった。

5.3 ［課題2］　アンテナコイル重複の影響

非接触ICカードの需要の増加に伴い，非接触ICカード同士の干渉による通信障害が増えている。これは，非接触ICカードの種類の増加により，個人が複数枚の非接触ICカードを近接した状態で携帯するケースが増えたためである。電車やバスの乗車券，社員証，食堂チケットなどが，情報の読み取りおよび情報の更新が可能である非接触ICカードに置き換わってきたため，非接触ICカードの統一化の動きはあるものの，一人が複数枚の非接触ICカードを所有することが増えている。とくにカードサイズは同じであるから，カードケース，定期入れ，財布などで重ねて収納されることになり，特有の通信劣化現象が見られている。

非接触ICカードは，カードの中に自由空間にて13.56MHz帯で共振する複数巻きのアンテナコイルを有している。同じ周波数で共振するアンテナコイルを接近させた場合，元の共振周波数が上下に分割して分かれるという双峰性を示し，元の通信周波数での共振が著しく損なわれるこ

第3章　塗工法による電磁波シールド材

とになる。これはアンテナコイル間の干渉が原因である。

5.4　［対策2］　導体板／磁性シートの使用

　磁性シートを重複アンテナコイルの間に挟むことで，双峰に分かれた共振周波数の高い方の周波数を通信周波数域に戻すことができ，通信改善が可能となる。しかし非接触 IC カードの重複の場合は，リーダーと向かいあった IC カードのみを読み取り，そのカードの裏側に位置する IC カードは読み取ってはいけないという，読み取り過誤を防止するという制限があるため，一般に IC カード間に磁性シート／導体板／磁性シートの3層構成が用いられている。

　図6は，重複した IC カードの間に磁性シート／導体板／磁性シート（3層積層体）を挟み，磁性シートの厚さを変化させている。自由空間にて単独で 13 MHz 付近にあった IC カードの共振周波数が，IC カードを重複させると 6 MHz と 24 MHz に分かれ，やはりリーダーとの共振周波数が異なり，電磁誘導結合が弱くなるため通信ができなくなる。この状態で3層積層体を挟むことで，共振周波数が単一になり，磁性シートの種類により最適の通信状態を得られることがわかった。

　この場合，アンテナコイル間に導体板を配置することで，アンテナコイル間の干渉がなくなり，両コイルを貫通する磁路をなくすことができる。結果，共振周波数の双峰性がなくなり，単一ピークとなり，高周波数にシフトした状態にすることができる。これは上記の金属対応の場合と同じ現象であり，この状態から磁性シートにより共振周波数を調整することで，それぞれの磁性シート側にある IC カードがそれぞれの側のリーダーのみと信号の送受信をすることになる。

　この場合に，導体層と IC カードの間に磁性シートを使用しなければ，IC カードの共振周波数はシフトしたままであり，それを利用して IC カードが勝手にスキミングされることのない，ス

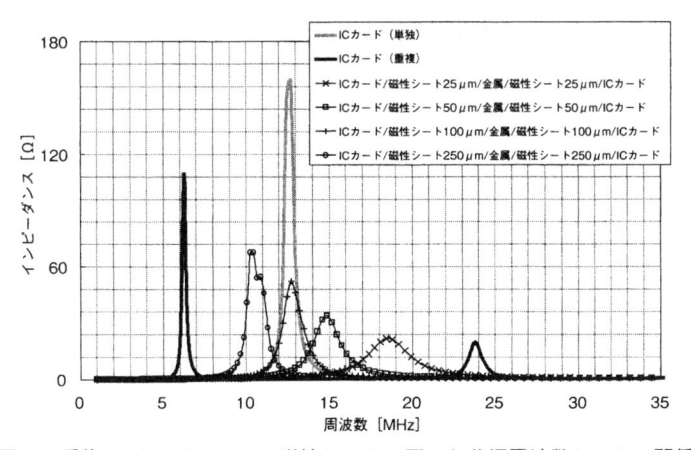

図6　重複 IC カードにおける磁性シートの厚みと共振周波数シフトの関係

キミング防止カードとして使用されることがある。

6 まとめ

塗工法によるノイズ抑制シートおよび磁性シートの製造法と磁性シートの使用法を紹介した。磁性シートはとくにユーザー製品と一体化されるために，供給形態としてはロール品が中心となる。ICタグや非接触ICカードの通信障害への磁性シートによる対応として，金属の影響回避技術および重複アンテナコイルの場合の両側それぞれのアンテナコイルが確実に対向するリーダーのみと通信する技術を紹介した。ここで紹介した手法は磁性シートを用いて，その磁気特性を利用する技術であるが，それだけでなくロール品としての取り扱い性も指摘している。今後はロール品での高性能化が課題となっていくと予想する。

文　　献

1) RFIDテクノロジ編集部，無線ICタグ導入ガイド，p.14　p.102,日経BP社（2004）
2) 西澤　仁，これでわかる難燃化技術，p.61，工業調査会（2003）
3) 桐生春雄ほか，高機能塗料の基礎と物性，p.118，シーエムシー出版（2003）
4) 橋本　修，高周波領域における材料定数測定法，p.11，森北出版（2003）
5) 特許3728320号
6) Klaus Finkenzeller，RFIDハンドブック第2版，p.94,日刊工業新聞社（2004）
7) 実開平6-5000号
8) 特開平8-79127号
9) 島田　寛ほか，磁性材料，p.134，講談社（1990）

第3編　熱的機能

第 3 編　熱中症指針

第1章　太陽熱高反射率塗装

1　太陽熱高反射率塗料

1.1　まえがき

三木勝夫[*]

　国連「気候変動に関する政府間パネル」(IPPC) 第二作業部会（気候変動）で，地球温暖化第四次評価報告書が2007年4月に採択され，全地球での上昇幅「許容レベル」を1990年レベルから約2～3度未満とした。国連安全保障理事会でも地球温暖化に関する初の公開討論が開かれ，気候問題は経済だけでなく，平和や安全保障に対する潜在的脅威（水・食料）であるとされた。国際約束である京都議定書に基づく温室効果ガス削減の第一約束期間の開始が迫っている。日本は，2008（平成20）年から2012（平成24）年の平均値で1990年比6％の削減を約束しているが，2005年度の速報値で8％増加しており，温暖化対策は待ったなしの状況である。環境省のホームページ[1,2]にもいくつかの温暖化対策手法が報告されているが，日射の反射による対策として高反射率塗料が取り上げられた。米国においては Ernest Orlando Lawrence Berkeley National Laboratory の Dr. Hashem Akbari らが研究及び普及活動に貢献している。わが国でも，1997年頃から研究を重ね提案してきたが，近年ようやく理解され話題になるようになった。高反射技術の応用範囲は広いが，本節では，高反射率塗料についてのみ述べる事とする。

1.2　高反射率塗料

　太陽から地球が受け取るエネルギーを塗膜で反射して宇宙へ帰し，地表を暖めるエネルギーを軽減するのが高反射率塗料である。塗料の役割は，保護・美粧・機能である。図1[3]の日射スペクトルに示されるように，太陽放射を反射する機能を付与した塗料を言う。1999年頃までは，塗料設計の機能に反射はほとんど考えられていなかった。白色，シルバー色は暑くなり難く，黒色は暑くなることは分かっていたが，数値化されていなかった。

　顔料メーカー，塗料メーカーは色彩を追求するため，可視光域（380～780 nm）の分光反射率は測定していたが，350～2,100 nm での分光反射率，日射反射率は測定していなかった。可視光域は塗色により支配されるので可視光域（380～780 nm）の反射率はそのままで，近赤外域（780～2,100 nm）の反射率を向上させることによって太陽熱高反射塗料を設計する事ができる。図

---

[*]　Katsuo Miki　三木コーティング・デザイン事務所　所長

図1　日射スペクトル

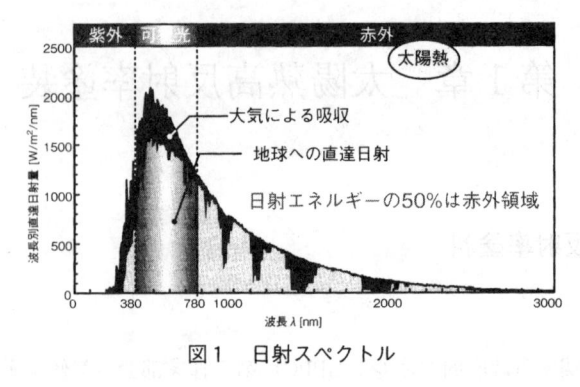

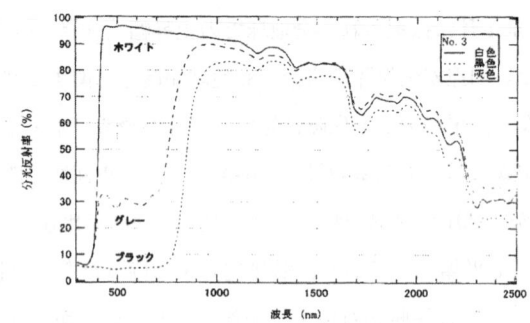

図2　太陽熱高反射塗料：各色の分光反射率
分光反射率測定結果（No.3　日本ペイント㈱　ATTSU 9）
日射反射率測定結果（白色：87.9％，黒色：34.4％，灰色55.4％）

2[4)]に示すように顔料の使い方により，近赤外域（780～2,100 nm）では白色・灰色・黒色の反射率が近似していることがわかる。これが高反射率塗料の基本である。

1.3　高反射率塗料設計のポイント

最も重要なのは高反射率顔料の選定である。これまでは市販されている顔料から反射率の高い顔料を選別し，単独又は混合して塗料化されてきたが，色彩（380～780 nm）を考慮しながら近赤外域（780～2,100 nm）でより高い反射率を示す新しい顔料（有機・無機・複合）の開発も進み，紹介されるようになってきた。

高反射率顔料を包み込む樹脂は，劣化，汚染がし難く，汚染後の洗浄で復元し易い樹脂を選択すべきである。また，塗膜に親水性を付与し，セルフクリーニングする事で高反射率を維持する事も必要である。

1.4　高反射率塗料の性能試験方法

高反射率塗料の特性を把握するには分光反射率と日射反射率を理解する必要が有る。分光反射率は塗膜の分光特性を知るには有用であるが，高反射率機能の指標にはならない。そこで日射反

第1章 太陽熱高反射率塗装

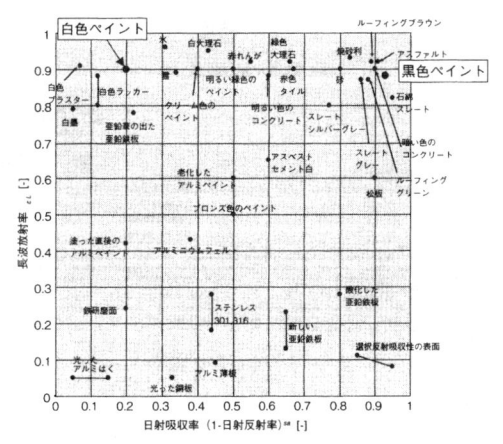

図3 建築材料における日射反射率と色相の関係

表1 高反射塗膜の効果確認計算結果

	従 来	高反射の評価			
		一般(ブラック)	高反射(ブラック)	一般(グレー)	高反射(グレー)
日射反射率※	0.2	0.1	0.6	0.3	0.8
日射吸収率	0.8	0.9	0.4	0.7	0.2
日射量	800 kcal/m²h℃	800 kcal/m²h℃	800 kcal/m²h℃	800 kcal/m²h℃	800 kcal/m²h℃
外気温度	35 ℃	35 ℃	35 ℃	35 ℃	35 ℃
外部熱伝達率	20 kcal/m²h℃	20 kcal/m²h℃	20 kcal/m²h℃	20 kcal/m²h℃	20 kcal/m²h℃
計 算	35+800×0.8÷20	35+800×0.9÷20	35+800×0.4÷20	35+800×0.7÷20	35+800×0.2÷20
相当外気温度	67 ℃	71 ℃	51 ℃	63 ℃	43 ℃
室内設定温度	26 ℃	26 ℃	26 ℃	26 ℃	26 ℃
熱貫流率	3.24 kcal/m²h℃	3.24 kcal/m²h℃	3.24 kcal/m²h℃	3.24 kcal/m²h℃	3.24 kcal/m²h℃
屋根面積	1000 m²	1000 m²	1000 m²	1000 m²	1000 m²
計 算	(67−26)×3.24×1000	(71−26)×3.24×1000	(51−26)×3.24×1000	(63−26)×3.24×1000	(43−26)×3.24×1000
貫流熱量	132,840 kcal/h	145,800 kcal/h	81,000 kcal/h	119,880 kcal/h	55,080 kcal/h

※ JIS A 5759による350〜2,100 nmの日射反射率。

射率が重要になってくる。日射反射率は分光反射率特性を数値で評価する方法で、塗料分野では一般的ではないが、建築分野では熱量計算の際に使われる。図3[5)]に各種建築材料の日射反射率が示されている。白系塗膜は高反射、黒系塗膜は低反射となっているが、太陽熱高反射塗料の出現で黒系物質でも高反射となり、今後この概念が変わる事になる。分光反射率を日射反射率にすることではじめて高反射率塗料の効果が出現する（表1）[6)]。

機能性塗料である太陽熱高反射塗料の重要な機能評価方法は日射反射率測定方法にある事がわ

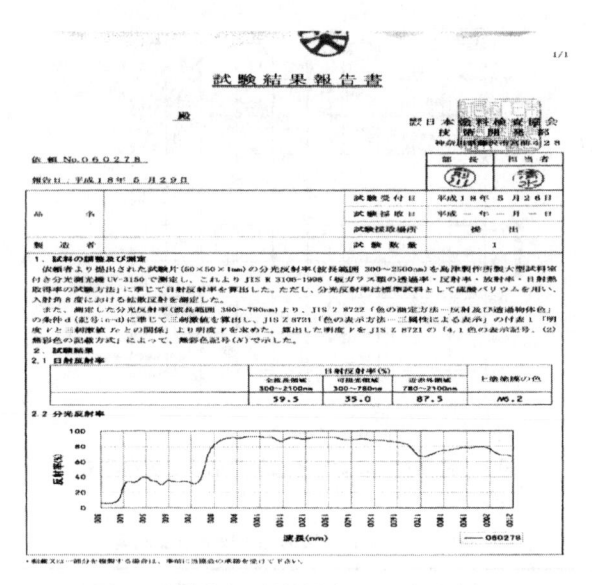

図4 太陽熱高反射塗料試験結果報告書例

かる。これを算出する試験方法はJIS R 3106 板ガラス類の透過率・反射率・放射率・日射熱取得率の試験方法【直達日射】，JIS A 5759 建築窓ガラス用フィルム【全天（直達＋拡散）日射】がある。二つのJIS規格の日射反射率の算出方法は若干異なるが[7]，この方法を用いて塗膜の日射反射率を算出することができる。

初期は反射率測定方法が統一されていなかったため，性能の良し悪しが判断できない状態であった。近年，東京都，大阪府がヒートアイランド対策に高反射率塗料を採用するに当たり反射率を規定した。そのため，現在は暫定的に測定方法を統一し，㈶日本塗料検査協会で測定をしている報告書を図4[8]に示す。これを背景に，㈳日本塗料工業会・㈶日本塗料検査協会[9]で塗膜反射率測定方法のJIS化が進められている。

1.5 高反射率塗料は塗装系と施工が重要

一般の塗料と違い，塗膜に高反射機能を付与させる事が重要である。そのためには，塗料メーカーと施工会社とが一体化し責任施工の体制を取ることが最も重要である。効果に最も寄与するのは最表層に出る上塗塗膜の反射率であるが，塗膜の反射率は，下地の反射率と塗料の顔料濃度，塗装膜厚によって大きく変わる。図5[10]に示すとおり，JIS K 5600-4-1 隠ぺい率試験紙を用い反射率を測定すると，下地の反射率の違い及び塗装膜厚で反射率に大きな違いが有ることが分かる。このことは，塗料のみの高反射化でなく塗料メーカーは塗装系として高反射率塗膜を設計することが重要で，施工会社もどのように施工すれば機能を最大限に発揮するかを理解しなければならない。

第1章 太陽熱高反射率塗装

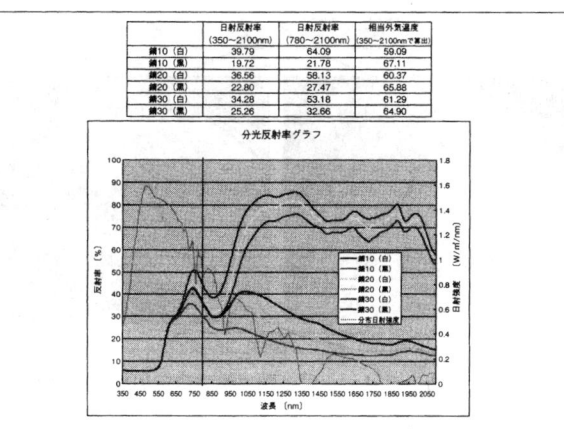

	日射反射率 (350～2100nm)	日射反射率 (780～2100nm)	相当外気温度 (350～2100nmで算出)
鋼10（白）	39.79	64.09	59.09
鋼10（黒）	19.72	21.78	67.11
鋼20（白）	36.56	58.13	60.37
鋼20（黒）	22.80	27.47	65.88
鋼30（白）	34.28	53.18	61.29
鋼30（黒）	25.26	32.66	64.90

図5　膜厚差による白／黒隠蔽紙での反射率測定結果

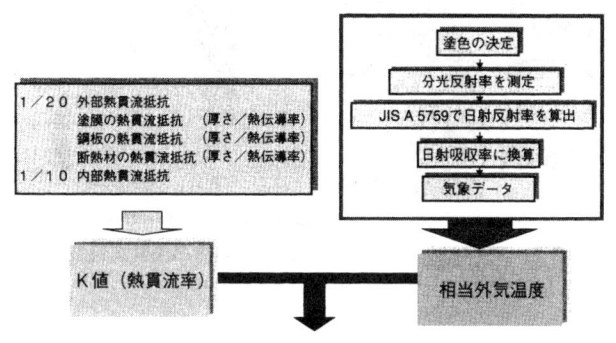

図6　高反射塗膜の効果確認計算方法

1.6　高反射率塗料の効果

① 蓄熱を抑えヒートアイランド対策効果。

② 夏場の冷房負荷を削減。

③ 環境改善。

　高反射率塗膜の日射反射率を上げることが相当外気温度を下げ，建物の蓄熱軽減・冷房負荷削減につながる。ヒートアイランド対策は建物の表面温度低減・蓄熱の軽減である。効果は，塗膜の日射反射率・日射量・外気温度によって変わる。又，冷房負荷削減は室内温度低減である。効果は，塗膜の日射反射率・日射量・外気温度・建物の構造（断熱材の厚さ）・天井高さ（輻射熱）によって変動する。図6[11]，表1に示したとおり，分光反射率から日射反射率を算出し，日射吸収率を算出し相当外気温度を算出する。

　集合住宅の屋上でテストをした事例で，一般塗料の日射反射率30％と高反射率塗料の日射反射率45％を塗装し，外気温度28℃でのサーモグラフィー映像を写真1に示す。表面温度は一般塗料52.3℃，高反射率塗料は46.3℃で約6℃の低減効果が有った。又，ビルの外壁にアルミ

特殊機能コーティングの新展開

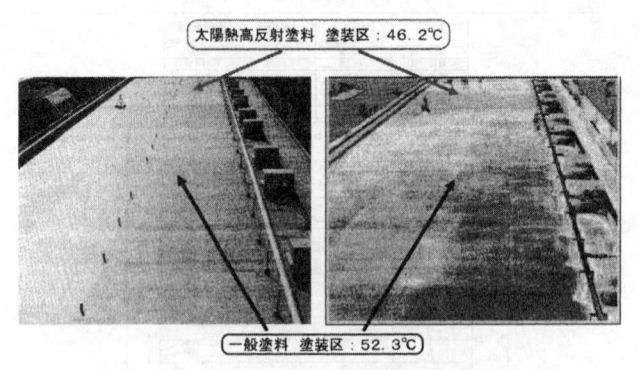

写真1 コンクリート屋上用太陽熱高反射塗料の効果

写真2 アルミカーテンウォール用太陽熱高反射塗料の効果
（撮影：2004.9 13：00）

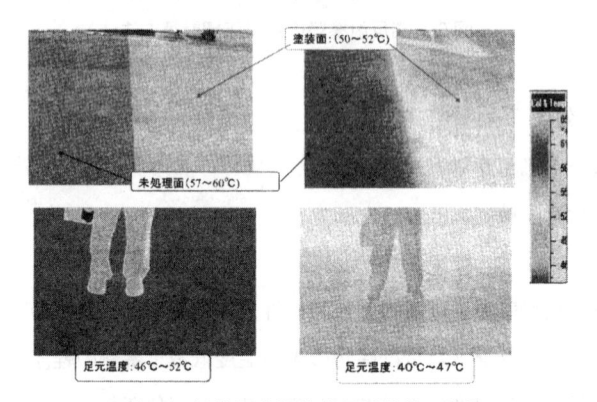

写真3 舗装用太陽熱高反射塗料の効果
場所：N社　東京事業所内　日時：平成16年7月7日　PM1：00　気温：33℃

カーテンウォール施工した事例で，一般塗料の日射反射率12％と高反射率塗料の日射反射率30％を塗装し，外気温度24℃のサーモグラフィー映像を写真2に示す。表面温度は一般塗料38℃，高反射率塗料は33℃で約5℃の低減効果が有った。また，道路・舗装に施工した事例のサーモグラフィー映像を写真3に示す。表面温度は未塗装で57～60℃，高反射率塗料は50～

52℃で約7～8℃の低下効果が有り，足元温度も約6℃の低下効果が有った。更に，夜間の蓄熱軽減及び冷房負荷削減効果が有ると各研究機関の論文で発表されている。

1.7 高反射率塗料の適用例

現場塗装（ポストコート）では，建築物の屋根・壁，一般住宅，自動車（バス），船舶，タンク，鉄骨，道路，舗装，競技場トラック，駐車場，広場，プールサイド，工場塗装（プレコート）では，塗装鋼板（工場屋根・外壁），アルミカーテンオール（ビル外壁），車両，自動販売機などに使われている。今後，乗用車にも採用され，空調効率を上げる事で燃費改善しCO_2削減に寄与できると思われる（写真4）[12]。

写真4 車体用太陽熱高反射塗料の効果
（撮影：2006.1.29 13：00）

1.8 高反射率塗料の適用が少ない集合住宅・一般住宅とその理由

都市のヒートアイランド対策としては効果が有るが，集合住宅では屋上に高反射率塗料を施工しても個人として恩恵を受けるのは最上階に住む人であって，全住民の合意が取り付け難い事がある。又，戸建て住宅の場合，個人が塗り替える際，高反射率塗料で塗り替える件数は増えてきたが，住宅メーカーがメンテナンスをしている場合，顧客との間で効果に食い違いが生じることを避け，積極的に推進しないケースが多い。

1.9 高反射率塗装に対する法制度の支援

㈶建設環境・省エネルギー機構では，建築物総合環境性能評価システム，CASBEE-HI（ヒートアイランド）評価マニュアルに高反射率塗料も一手段として記載している[17]。

東京都[13]・大阪府[14]は補助事業を実施している。東京都は「クールルーフ推進協議会」を設立し，屋上緑化，高反射率塗料による建築物への被覆対策に補助金を出し推進している（2006年

度実績：高反射塗装24件，塗装面積：10,192.7 m^2)。大阪府も，平成19年度大阪府ヒートアイランド対策導入促進事業として民間事業者等によるヒートアイランド対策に対し，その経費の一部を補助する事業を実施し，募集を開始した（2007年6月）。

1.10 高反射率塗料の出荷量

着実に採用例は増えている。しかし㈳日本塗料工業会の調べでは，太陽熱高反射塗料の出荷量は平成16年が約1,400トン（同工業会会員企業を対象とした調査結果），平成17年が約2,423トン，平成18年度予測が約3,000トンである。平成18年度塗料全体の出荷量が192万トンであるため高反射塗料の占める割合は低い[15]。

1.11 高反射率塗料の施工単価

施工単価は（足場別）5,000円～10,000円/m^{2}程度としておく。施工単価は一般塗料と同様，施工面積・塗料種・色相・素材・素地調整・足場など変動要因が多く標準的価格を示し難い。

1.12 今後の課題

塗装完了後，現場での日射反射率測定方法がない。公的機関又は各塗料メーカーが標準化された測定方法で分光反射率・日射反射率を単独塗膜及び塗装系塗膜で測定し出荷出来ても，現場での完成塗膜の反射率測定方法，更には経年（塗膜劣化・汚染）後の塗膜反射率測定方法，洗浄後の復元塗膜反射率測定方法がない[16]。今後標準化を急ぐと共に，塗料メーカー，施工会社の責任も明確にする必要が有る。

すべての標準化が終わった時点で太陽熱高反射塗料が一般塗料に置き換わり標準品になると思われる。顧客も色彩中心から温暖化防止に配慮した高反射率塗色の採用をお願いしたい。

文　　献

1) 環境省「ヒートアイランド対策技術分野における新たな対象技術の方向性」ヒート17-2 資料5
2) 環境省 HP
3) Solar Spectrum used at the World Radiation Center. (1985)
4) 三木コーティング・デザイン事務所
5) 日本建築学会編，建築設計資料集成1，環境，丸善㈱ (1978)

6) 三木コーティング・デザイン事務所
7) ㈶日本塗料検査協会,試験方法シリーズ抜粋
8) ㈶日本塗料検査協会・日本ペイント㈱
9) ㈶日本塗料検査協会,試験方法シリーズ抜粋
10) 三木コーティング・デザイン事務所
11) 三木コーティング・デザイン事務所
12) ㈱産業技術総合研究所,井原智彦,自動車ボデイ反射率向上によるヒートアイランド現象緩和に関する研究,第23回エネルギー・資源学会研究発表会講演文集,10〜11,261〜264(2004.6)
13) 東京都 HP
14) 大阪府 HP
15) ㈳日本塗料工業会 HP
16) ㈶日本塗料検査協会,試験方法シリーズ抜粋
17) ㈶建築環境・省エネルギー機構

2 高反射率舗装

木下啓吾*

2.1 はじめに

　筆者が建築用高反射率塗料に初めて出会ったのは，16年前であった。その機能は物体に塗装され，塗膜の表面で太陽光照射エネルギーを可及的に反射し，その吸収による物体の構成分子の熱運動への励起を抑制，その熱エネルギー変換を少なくし，物体そのものの昇温を防止するものであり，分厚い熱伝導度の低い断熱層を形成し，熱の出入りを遅延する断熱材とは一線を画するものであった。今やその機能も認知され，その開発は大きなブームとなっている。高反射率塗料の用途開発の中で道路への適用は大きな課題となっている。都市部には15％程度以上ものアスファルト舗装体の面積が存在し，夏の強烈な太陽光の照射により温められた熱気が舞い上がり，人体および近年のヒートアイランド現象に代表される都市部の熱環境対策を検討する上では，公共の道路舗装での対策がその改善の一環として極めて重要である。道路舗装分野では従来よりの技術，すなわち水の蒸発の潜熱を冷却に利用する保水性塗装や，新たに塗装による高反射性舗装による舗装体の高温化防止が期待され，国と自治体により実道などにおける試験施工とその性能確認が行われつつある。

　塗装による高反射性舗装の特長を表1に示す。

表1　高反射性舗装の特長

特　長	内　容
路面温度の上昇抑制機能 （路面温度の低減化）	◆路面温度が上昇しにくく，通常のアスファルト舗装よりも路面温度を低減 ◆ヒトには見えない日射の近赤外線波長域を高反射して舗装への蓄熱を防ぐ ◆機能発揮に水分は不要
黒色など濃色化に対応 （区画線視認性の確保）	◆既設アスファルト舗装に近似した濃灰色に仕上げることが可能 ◆例え黒色としても路面温度を低減
効果の持続性	◆真夏に晴天が続いても温度低減効果を発揮 （原理的には無限）
広範な適用性	◆重交通道路から軽交通道路まで，新設・既設を問わず適用可能
機能の両立性	◆低騒音舗装に適用すれば『路面温度の上昇抑制＋低騒音性の向上＋透水性の確保』が可能
舗装耐久性の向上	◆路面温度の低減化により，耐流動性向上など母体アスファルト舗装の耐久性向上につながる
機能管理が不要	◆水分供給など，機能を発揮させるための管理が不要
カラー化も可能	◆視認性や景観性などニーズに応じたカラー化も可能

＊　Keigo Kinoshita　㈱長島特殊塗料㈱　技術本部　顧問

第1章 太陽熱高反射率塗料

特に施工の容易さ，高反射機能の持続性，道路としての機能保持，アスファルト舗装の耐久性向上，色相選択の自由度が大きい等のメリットが見られる。

筆者は既に高反射率塗料についての説明記事を2〜3発表[1~3]しているので，これらと重複する点も多いが，御諒承を賜りたい。

以下高反射率舗装の基本原理から実施例にいたり稿を進める。

2.2 高反射性の基本原理

我々が，さりげなく日常照射されている太陽光中に含まれる各波長領域の電磁波エネルギー分布は，

① 紫外線域：200〜400 nm：3 %

② 可視光域：400〜780 nm：47 %

③ 近赤外域：780〜2,800 nm：50 %

とされている。

2.2.1 日射反射率

対象とする物体表面で入射する太陽光に対する反射光の分数で示される。測定の最適な標準技術は太陽光中に含まれるそれぞれの波長で測定出来る積分球のある分光光度計の使用である。一般に JIS A 5759-1994 が標準規格であり，その平均反射率は，標準太陽光スペクトルの分布による係数を使用して求められる。その測定値のパラメーターは 0〜1 の範囲で示される

日射反射率に関する参考遮熱方程式[4]が，色々な仮定下において次のように提案されている。ただし，後述の長波放射率を 0.9 としている。

$$(1-R) \times I_0 = (h_c + h_r) \times (最高昇温温度℃) + h_r \times 10 ℃$$

ここに，$I_0 = 1,000$ watt/m^2，長波放射冷却での熱交換係数を h_r とし，$h_r = 6.1$ watt/m^2 である。

物体表面での対流による表面での冷却による熱交換係数を h_c とし，$h_c = 1.24$ watt/m^2。

R は日射反射率。また，空中の温度は外気温よりも 10 ℃ 低いとする。

表2[4]に，この方程式により算出した最高昇温温度と，データベース[4]報告を示す。これら2つには，かなりの近似性がある。

実際に，ニーズとしては，いろいろな色相が要求される。そのそれぞれの色相での日射反射率により，その高反射性を予測することができる。ただし実際の昇温温度は，この計算値に外気温を加えた値であり，たとえば 48 ℃ の昇温温度でも外気温が 20 ℃ であれば，実測値は 68 ℃ となる。

その塗膜のもつ日射反射率は，高反射率塗料の開発上もっとも大切な因子であり，特に熱的に

表2　方程式による最高昇温温度と実測値

R	1-R	計算上の昇温温度℃ (絶対温度＝外気温＋昇温温度)	R	1-R	データベース報告による 実物の日中での昇温温度 昇温温度℃
0.05	0.95	48	0.06	0.94	49.9
0.1	0.90	45.3	0.12	0.88	46.1
0.2	0.80	39.9	0.23	0.77	40.0
0.3	0.70	34.5	0.36	0.69	32.7
0.4	0.60	29.1	0.4	0.60	30.5
0.5	0.50	23.7	0.54	0.46	22.7
0.6	0.40	18.3	0.6	0.40	19.4
0.7	0.30	12.9	0.71	0.29	13.3
0.8	0.20	7.5	0.8	0.20	8.3
0.9	0.10	2.1	――	――	――
0.85	――	――	0.85	0.15	5.5

大きく作用する近赤外領域などの日射反射率に注目することである。

2.2.2 長波放射率

長波放射率とは，温められた，あるいは熱い物体の表面から長波長の形で熱が放出される現象で冷却効果を示すものである。その放射の波長の範囲は5～40マイクロメーターであり，測定はJIS A 5759-1994に規定され，測定値のパラメータは0～1の間にあり，日射反射率のきわめて低い黒色物体は1であり，約6.1 watt/m^2の放射エネルギーをもつ。

まとめると，高反射性の塗膜は，高い日射反射率と長波放射率を同時に持つことが不可欠である。図1[5]に現存する各材料類の持つ表面の日射反射率および長波放射率の相関を示す。金属材料を除いて，他の長波放射率は0.8～0.9である。

この図は，高反射率塗膜の概念に大きな示唆を示すものと思われる。たとえば，その光輝性の高いアルミ箔の日射反射率は，0.85～0.95であるが，その長波放射率は0.05と低く，実際に太陽光下ではかなりの昇温を示す。逆に黒ペイント，アスファルトなどは，0.9の高い長波放射率をもつが，日射反射率は0.07～0.08であり，太陽光下で著しい昇温が見られる。日射反射率及び長波放射率が共に高い白色ペイントおよび白色プラスターは昇温が低く保たれている。

更に文献[4]により，太陽光反射エネルギーの照射下で，その材料表面の日射反射率と長波放射率と昇温温度関係を図2[4]に見てみる。

これによると，おおよそ0.9の長波放射率をもつ物体の昇温温度は，その日射反射率に反比例し，ほぼグラフ上に直線上に並ぶが，その値の低いガルバナイズド鋼板は大きく上にずれて昇温温度は高くなる。日射反射率がこれに近い赤レンガとの昇温温度の差違は，長波放射率による冷却効果によるものであると説明されている。

第1章　太陽熱高反射率塗料

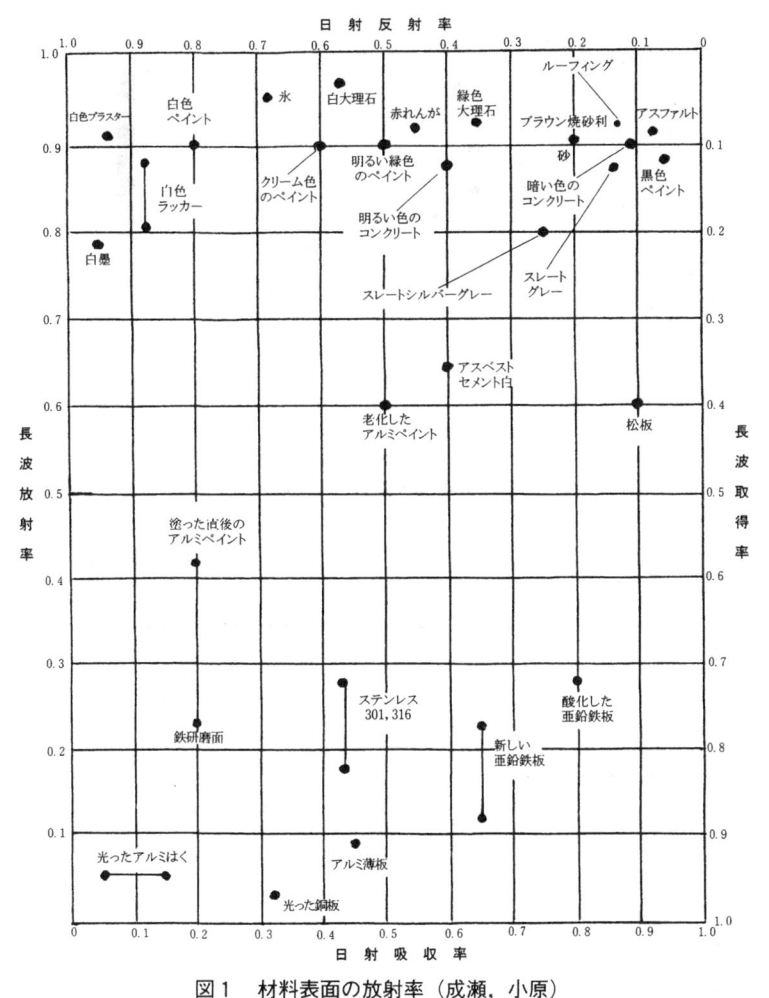

図1　材料表面の放射率（成瀬，小原）
〔出典〕日本建築学会編，建築設計資料集成Ⅰ環境，丸善 p.122（1978）

　高反射率塗料は，このような材料類の表面に塗装され，日射反射率および長波放射率の遮熱効果を改善する。

2.2.3　高反射性の基本的な原理に基づく具体的な手法

　高反射性を与えるには，既に述べたように塗膜の日射反射率および長波放射率をいかに可及的に高められるかである。長波放射率については，図1に見られたように，有機塗膜はおおよそ0.9付近にあり高い値を持つ。しかしながら，日射反射率はその使用する顔料類の種類に支配される。それぞれの原色の色相系でも可及的に，特に近赤外領域における日射反射率の高い種類の選択が大切である。

　この他に中空セラミック微粒子の併用手法が特許化されている。その存在による塗膜の日射反

特殊機能コーティングの新展開

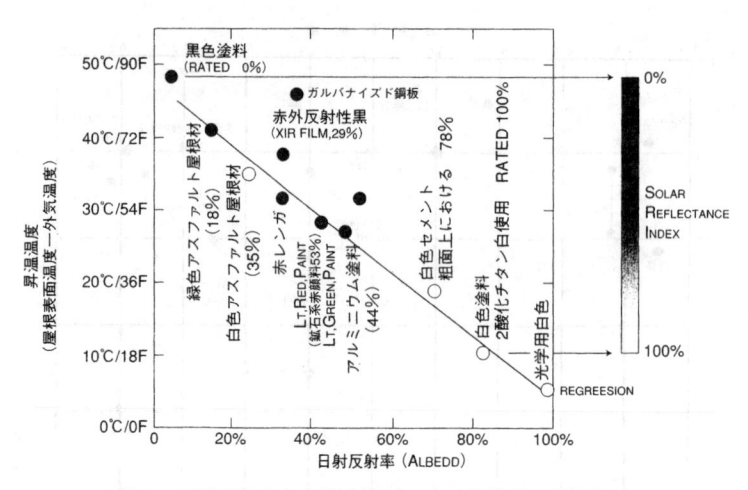

図2 日射反射率と太陽光照射による物体類の昇温温度

表3 セラミック微粒粉の塗膜の日射反射率および長波放射率への効用

種　別　　　　　　　項　目	日射反射率	垂直長波放射率
セラミック微粒子存在白色	0.922	0.991
セラミック微粒子なし白色	0.866	0.928

測定機：
　日射反射率：島津製作所分光光度計（UV-3150）
　長波放射率：PERKIN ELMER 製 FT-1 R 1000

射率および長波放射率への効果を表3に示す。

　白色の場合，日射反射率は5.6％向上し，長波放射率が6.3％高くなる。また，中空セラミックの存在は，その塗膜比重を極めて低下させ，一回塗りで，同一量の塗り付け量の塗膜厚の効率が向上される。

　白色塗膜の場合，特に近赤外領域でその差がみられる。高反射性塗膜の構造例は，図3のよう

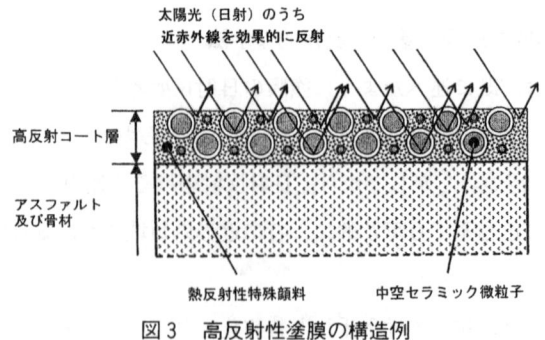

図3 高反射性塗膜の構造例

第1章　太陽熱高反射率塗料

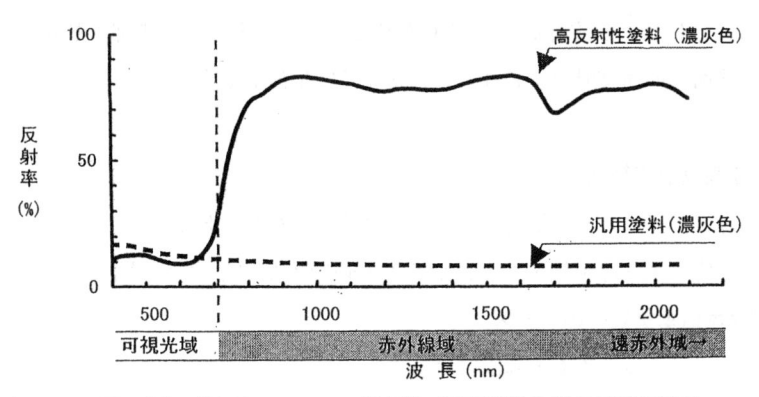

図4(a)　濃灰色についての汎用及び高反射性塗料の日射反射率

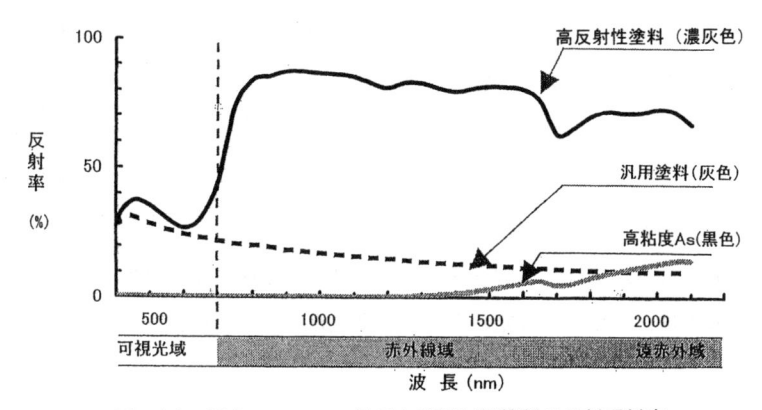

図4(b)　灰色についての汎用と高反射性塗料の日射反射率

表4　汎用および高反射性塗料の日射反射率

明　度（L値）	60		40	
色　相	灰　色		濃　灰　色	
反射率＼種別	汎　用	高反射性	汎　用	高反射性
日射反射率（％）	21.53	56.92	11.48	38.94
近赤外部反射率（％）	17.92	78.58	9.65	61.29

になる。中空セラミック微粒子が塗膜内に均一に分布しているため，塗膜の熱伝導度は，0.25 w/m·k と汎用よりは低くなる。

　ちなみに，もっとも道路用として使用頻度の高い灰色系につき，高反射率塗料および汎用塗料の日射反射率の測定グラフを図4(a)および図4(b)[6]に示す。これによる計算値は表4のようになる。

　高反射率塗料は，汎用のそれと比較し日射反射率の値に大差があるが，特に近赤外部においてその差は著しい。図4(b)でアスファルト舗装体（高粘度 A_s）自体の日射反射率は4％以下であ

り，実際に晴れた日には大きく昇温し，60℃を超えることがあり，都市部の熱環境を悪化する要因となる。道路面への高反射率塗装は，これを大幅に改善する。

2.3 塗装による高反射率舗装

高反射性の原理は前述による。塗料の種類は，水系を含み多くあるが，ここではもっとも実績のあるラジカル反応により速硬化する不飽和アクリル樹脂系に絞って解説する。

2.3.1 道路用高反射率舗装へのニーズ

① 塗膜は，アスファルト表面と強固に付着すること。
② 塗装時に使用される塗料液のアスファルト表面との接触により，これを軟化して塗膜の付着強度を著しく低下する，いわゆるカットバック現象を生じないこと。これは実用時の塗膜の耐久性に多くの影響を与える。特に高温時の夏場に注意。
③ その色相は，交通安全の見知から，基本的に白線表示との色対比からくる視認性で，なるべく明度（L値）の低いものが望ましく，その濃色でも十分な高反射性の維持があること。また高反射性に関連して塗膜の汚染の少ないこと。
④ 排水性舗装の排水透水性，低騒音性の特長を高反射率塗装により低下させないこと。
⑤ 高反射率塗膜は，道路として定められた耐摩耗性，すべり抵抗性を保つこと。安全上大切である。
⑥ その要求される色相に応じて作られるラジカル反応系塗料は，使用に際して配合される硬化剤，または促進剤により，可使時間が著しく短縮されないこと。施工作業性の保持。
⑦ 施工された塗膜は，超短時間に硬化乾燥し，制定された交通規制時間内に余裕をもって開放可能であること。冬場の低温時でも速硬化性があること。
⑧ 密粒舗装。コンクリート舗装にも施工可能なこと。
⑨ 景観性に要求される全ての色に対応しうること。また，重金属類を一切含まないこと。環境問題。

2.3.2 道路における高反射率塗装の施工方法

基本的に道路の高反射率塗装は，図5[6)]に見られるように排水舗装体の表層に施工される。その施工フローは，図6[6)]のようである。

施工フローでの周囲の養生は，塗装後に残す白線表示部のみならず，付近に駐車してある車両類にも及び，高反射率塗料の路面塗装時に飛散する塗料ミストによる汚染を防止するために適切にマスキングされる。塗装2液先端混合型のエアレス吹きつけ装置が使

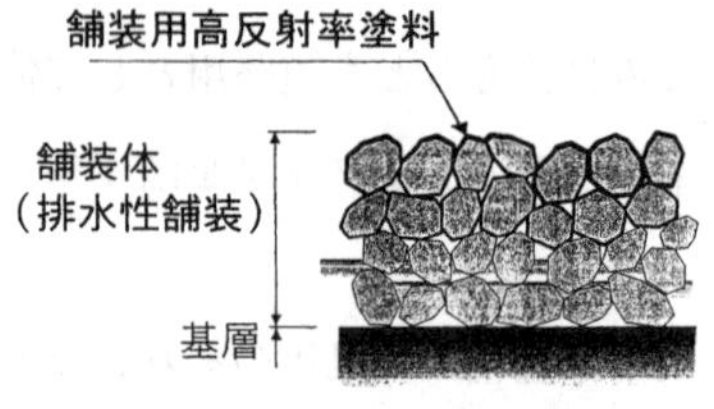

図5　道路高反射率塗装の形態例（排水性）

第1章　太陽熱高反射率塗料

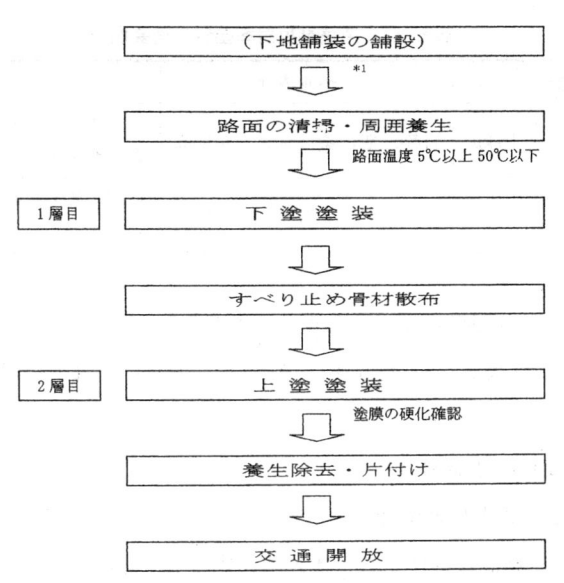

図6　道路の高反射率塗装の施工フロー

備考：道路用高反射率塗料下塗は，特に速硬化性であり塗装されたアスファルト路面のカットバックを防止する。また，車両のハンドル握切りによるタイヤのねじり応力に対しての耐性を与える。

[*1]：新設塗装に適用する場合は，高反射率塗料と舗装路面の接着性を確保するために，一時的に使用した後（理想的には一週間以上）に塗布することが望ましい。

用され，圧送圧 80〜100 kg/cm^2 で吹き付ける。本塗料はラジカル反応による速硬化型の塗料であり，2液型に設計され，その荷姿は表5(c)のようである。塗料液に，硬化剤および促進剤が共存すると，発熱を伴って10分間以内に反応固化してしまう。その反応性により，たとえ低温

表5(a)　道路高反射率塗装の標準施工仕様例

工程		作業内容	使用材料	標準使用量
1層目	道路高反射率塗装	2液先端混合型エアレススプレーで路面に吹付ける	（下　塗） 各　色	0.4 kg/m^2
	骨材散布	上記塗膜の硬化する前に骨材を散布する	選定された滑り止め骨材	0.5 kg/m^2
2層目	道路高反射率塗装	指定色の高反射率塗料を同様に吹付ける	（上　塗） 各　色	0.4 kg/m^2

表5(b)　使用道路高反射率塗料の種類例

品名	種別	細別	備考
下塗	メタクリル樹脂 標準7色	主材／硬化材	配合重量比　1：1
上塗	メタクリル樹脂 標準7色	主材／硬化材	

表5 (c)　道路高反射率塗料の荷姿例

種別	容器	入目	ラベル表記	備考
主材	18 L, 石油缶	15 kg	青枠, 他に蓋に青シール貼布	主材中には, 季節に応じて促進剤が配合されている。
硬化材		15 kg	赤枠, 他に蓋に赤シール貼布	使用に際して硬化剤 BPO-50 を配合する

の冬場夜間の施工でも30分間以内に交通開放が可能である。従ってこの塗料の取り扱いには, 細心の注意が必要である。表5 (a), 表5 (b), 表5 (c) に具体的な施工行程を示す。

2.4　道路用高反射率塗料の性能例

2.4.1　アスファルト路面の温度低減性[7]

実道における灰色系道路高反射率塗料の塗装舗装体の温度低減効果を図7に示す。明度 L-40 の濃色でも 10 ℃, 明度 L-60 の比較的淡彩では 21 ℃ で, 原舗装体表面温度が低減される。

夜間でも 4～5 ℃ の低減がみられ, 熱帯夜の低減に寄与する。この日中での低減効果は, アスファルト舗装体の熱流動性を抑制もして, 車両交通による轍掘れを3分の1の深さに止める効果が多く報告されている。

2.4.2　高反射率塗装路面の物理的性質[8]

施工された舗装体の現場透水性と, 安全に関わる表面のすべり抵抗値を表6に示す。高反射率塗装による路面は, 一般排水性のそれと比較して透水性およびすべり抵抗の機能を保持する。

2.4.3　高反射率塗膜のアスファルトとの付着性[9]

その路面の耐久性は, 高反射率塗膜がアスファルト母体と良好な付着をしていることが前提である。

試験ヤードにおいて, 4種類の塗装系につき最も実用的である実車の前輪による据え切り負荷

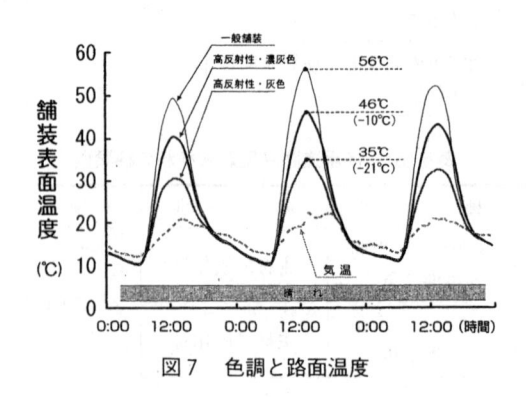

図7　色調と路面温度

第1章 太陽熱高反射率塗料

表6 高反射率塗装舗装の透水性およびすべり抵抗

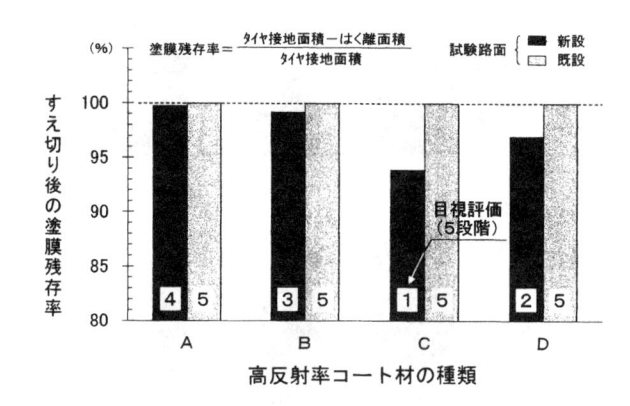

項 目		工区	高反射率塗装舗装	一般排水性舗装
現場透水量（cc/15 sec）			1,129	1,056
すべり抵抗	BPN		64	63
	DF（μ）	20 km/h	0.63	0.67
		40 km/h	0.59	0.61
		60 km/h	0.59	0.56
		80 km/h	0.60	0.54

評価値	優秀 ←				→ 劣
	5	4	3	2	1
評価内容	すえ切りによるはがれが全くなく，理想的な付着性を保持	僅かにはがれが見受けられるもの，優秀	僅かにはがれが見受けられるもの，実用上問題とならないレベル	若干はがれが見受けられ，改善を要する	はがれが生じ，実用上改善が必要

図8 高反射率コート材の付着性結果

により評価した。母体は，新設および既設，いずれも最大粒径13 mmの砕石を使用したものである。試験に使用した車は，市販のバンタイプ，タイヤ地圧約7.4 kNで，その据え切りは，一ヶ所につき往復10回行った。その結果を図8にまとめる。母体が既設で老化している面では，その塗装系で大差は無いが，老化していない新設面では，AおよびBが選択される。

2.4.4 日射反射率の経時的持続性[10]

高反射率塗膜の耐候促進試験（QUV：3,000時間）での日射反射率の変化は表7のようで，初期値の94％を維持する。実道の交通による塵埃などの付着では，3年間で約80％の日射反射率が保持されることが確認されており，高反射特性の持続は十分に可能である。

2.4.5 WBGTによる暑熱環境評価[11]

高反射率舗装の温度低減効果は，日射エネルギーの約半分を占める近赤外領域を高反射させ，

表7 耐候促進試験（QUV）施工後の日射反射率

	試験時間 (h)	日射反射率 (%)	性能保持率 (%)	備考
QUV	0	51.2	—	照射試験前の塗膜
	3,000	48.1	93.9	照射試験後の塗膜

注：QUV は ASTM G-53 に準拠
　　日射反射率は JIS A 5759 に準拠
　　日照時間 3,000 時間は約 12 年間の屋外曝露に相当

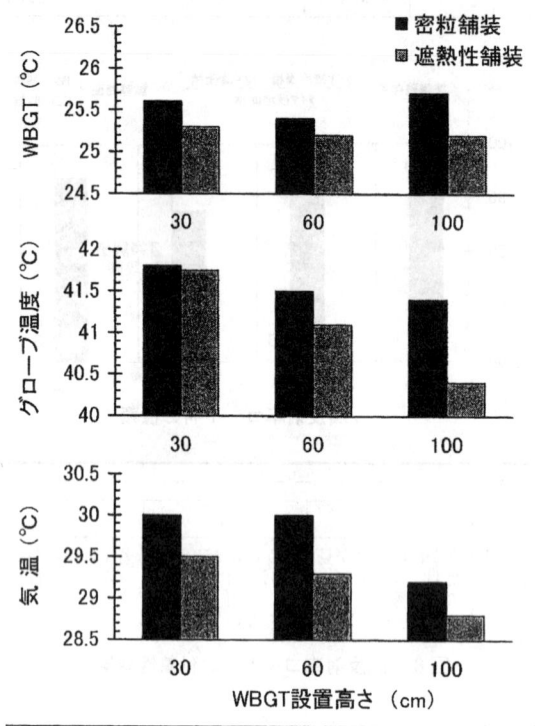

図9　WBGT による暑熱環境の評価結果

舗装体への熱吸収を抑制して得られるものである。反射日射による人体への熱負荷が増加するのではないか，また大気が多く加熱されるのではないかとの点が指摘されている。この点につき WBGT 測定装置により試験した結果を図9に示す。

　WBGT は，Wet-Bulb Globe Temperature（湿球黒球温度）の略で，人体の熱収支に関わる環境因子のうち特に影響の大きい湿度（湿球温度），気温（乾球温度），輻射熱（グローブ温度）の3つを配慮した指標で，熱中症などの暑熱環境の評価に利用されている。測定は土木研究所構内の

第 1 章　太陽熱高反射率塗料

表 8　高反射率塗膜のその他の諸性状

	試験方法	試験結果		試験の概要
耐屈曲性	JIS K5600	高反射率コートに割れ，はがれを認めない		金属板に高反射率コートを吹付け，折り曲げた際の状況を観察する。
耐冷熱繰返し性	JIS K5600	冷熱繰返しに対して割れや膨れ，はがれを認めない。冷熱繰返しに耐える。		アスコン供試体に所定量の高反射率コートを吹付けて，-10℃/5時間～60℃/5時間を20回繰り返し，状況を観察する。
テーバー摩耗量 (g)	舗装試験法便覧別冊	0.29		摩耗試験機を用いて，所定の試験条件(注)における摩耗量を測定する。
		参考値(注)	2.15	

注）・テーバー摩耗量の試験条件：摩耗輪 H-22，回転数 1,000 回，回転速度 60 rpm，試験温度 20℃
　　・テーバー摩耗量の参考値：半たわみ性舗装用超速硬型セメントミルク（7日経過時）

遮熱試験舗装で行った。

　結果的に，高反射率舗装の WBGT は，対照とした密粒舗装に比べて 0.2～0.5℃低下し，グローブ温度は 0.1～1.0℃低下，気温は 0.4～0.7℃低く，舗装上のセンサーの高さに拘わらずいずれも高反射率舗装の方が低い傾向を示した。グローブ温度は，舗装表面にもっとも近接した 30 cm の高さで密粒舗装と同程度の温度で，日射反射の実際の増加による影響は特にみられないと判断された。

2.4.6　高反射率塗膜のその他の性状[10]

　表 8 に高反射率塗膜のその他の諸性状を示す。特に開発された高反射率塗膜のテーバー摩耗量は 0.29 gr に止まり，対照とした半たわみ性舗装用速硬化型セメントミルク（7日間経過時）の 2.15 gr に比較しても強い耐摩耗性がみられる。

2.4.7　被験者実験による暑熱感評価[12]

　被験者実験は，気温が約 35℃で晴天時の正午頃に 20～30 歳代の男女 6 名により密粒の路面温度が 56℃，高反射率舗装体面が 43℃の暑熱環境下で行われた。結果をまとめると，全身で感じる暑さ（温冷感）や足下から感じる暑さ（足温感）に着目すると，密粒は「非常に暑い」と一番厳しい選択肢を選んだ被験者は 29～35 % おり，「やや暑い」まで含めると，ほぼすべての被験者が暑熱的に苦しさを訴えている。一方これに対して，高反射率舗装は全般的に暑熱感が緩和する傾向を示し，「やや涼しい」や「涼しい」を選択する被験者まで現れている。特に足温感は，密粒と高反射率舗装の差は顕著であり，暑いと答えた被験者が密粒では 88 % いるのに対して，高反射率舗装では 45 % と半減した。このことは，表面温度の低減により足へ伝わる熱が変化して足温感に影響を与えたと考えられ，高反射による表面温度の低減が人体への暑熱感を改善する効果が大きい事が判る。

　別に，国営みちのく社の湖畔公園でも，来園者を対象としたアンケート調査（回答者 300 名）

による評価が行われたが，晴天時，回答者の 95 ％は，高反射性透水舗装の方が，通常のアスファルト舗装よりも，「暑くない」と評価している。

2.5 おわりに

現在，道路用高反射率塗料は，国道，地方自治体道路，公園，遊園地など実用的な実績をつみ重ねつつある。屋上緑化，水辺拡大計画などとの複合的な組み合わせにより，少しでもヒートアイランド現象の軽減に寄与できればと期待するものである。また，高反射率舗装に更に排気ガスからの NO_x 除去機能を与えた品種も開発されつつある。

文　献

1) 木下，工業塗装，No 173, P.71, 概説太陽熱遮へい塗料，㈱塗料報知新聞社（2003）
2) 木下，工業塗装，No 192, P.49, 高反射率塗料の展開，㈱塗料報知新聞社（2005）
3) 木下，工業塗装，No 680, P.23, 15 年間における高反射率塗料の変遷，㈱塗料出版社（2005）
4) Lawrence Berkeley National Laboratory, Envilonmental Energy Technologies Division Cool Roofing Materials Database.
5) 成瀬，小原，材料表面の放射率，日本建築学会編　建築設計-資料集成Ⅱ環境，丸善，P.122（1978）
6) ミラクール販売㈱，ミラクールウェイカタログ（2006）
7) 吉中　保，学位論文集，大気熱環境空間の改善を目的とした舗装技術に関する研究，P.58（2005）
8) 吉中　保，学位論文集，大気熱環境空間の改善を目的とした舗装技術に関する研究，P.50（2005）
9) 吉中　保，学位論文集，大気熱環境空間の改善を目的とした舗装技術に関する研究，P.37（2005）
10) 吉中　保，学位論文集，大気熱環境空間の改善を目的とした舗装技術に関する研究，P.39（2005）
11) 吉中　保，学位論文集，大気熱環境空間の改善を目的とした舗装技術に関する研究，P.74（2005）
12) 吉中　保，学位論文集，大気熱環境空間の改善を目的とした舗装技術に関する研究，P.69（2005）

第2章 鉄骨用発泡性耐火塗料

永田順一郎[*]

1 はじめに

近年，アトリウム，スポーツ施設，展示場，駅ビル，露出鉄骨建築等で，鉄骨の骨組そのものを建築デザインに取り入れたいとのニーズが強くなってきており，敷地の有効利用から，通常の厚くて外観の悪い耐火被覆ではなく，無被覆に近い仕上がりを要求されるケースも増えてきている。

その際，鉄骨に要求される機能は，骨組みが細かく，鋼材のシャープさが保持でき，厚い被覆がなく，意匠性があり，着色が自由で，鉄骨で自由な表現が出来る等の事項である。

しかしながら，日本においては，鉄骨造で不特定多数が利用する建物と市街地に建設される建物の主要構造部は，火災時の人命安全，財産保護の観点から一定の耐火性能を保持するよう建築基準法で規定されており，耐火被覆がほどこされているが，ロックウールに代表される従来の耐火被覆材は，吹き付け厚が20～40 mmと厚く，意匠性もないのでボードや石材で隠したりして，鉄骨の骨組そのものを建築デザインには生かせなかった。

発泡性耐火塗料は，通常は1.0～3.0 mmの塗膜であるが，火災時に，20～50倍に発泡し，断熱層を形成し鉄骨を倒壊から守り，鉄骨意匠を生かした設計ができる海外では普及した構法である。しかしながら，日本の古い建築基準法では鉄骨の許容温度が350℃であったので施工膜厚が非常に厚くなり，施工コストが高くなり実用化できなかった。

その打開策として，当初は，一般建築用鋼材と比較して高温耐力が高い建築構造用耐火鋼（FR鋼）と複合化し，建築基準法38条の特別認定で，建築物ごとに評定を受け使用されたが，評定に時間と経費がかかり，建物毎の維持管理と暴露板の管理が必要で，汎用化されなかった。

その後，建設省建築研究所と㈳建築研究振興協会で「ハイブリッド型防耐火材料開発委員会」を設立し，ISO 834に準拠した試験方法での耐火性能評価を行う検討を進め，2000年5月29日に6社が旧法の38条一般認定を「1時間耐火・屋内限定・見え掛り・メンテナンス可能な場所・維持管理必要」という付帯条件付けで取得した。更に，建築基準法の改訂に伴う読み替えで

---

[*] Junichiro Nagata　日本ペイント販売㈱　顧客推進本部　建設塗料部
　　近畿推進グループ　課長

2002年6月に認定を取得し，前述の付帯条件が削除された。また，耐久性試験等の確認により，通常の耐火被覆材では困難であった屋外仕様も確立し，一般の耐火材料と同様に使用できるようになった。

2 耐火塗料とは

耐火塗料は，もともとは，木製ドアの防火用としてヨーロッパで開発された。その後，1970年代にフランスおよびドイツで薄膜の耐火塗料が開発され，鉄骨の耐火被覆材としてBSやDINで規格化され，実用化されている。

イギリスでは30分耐火が有ることと耐火塗料を施工していることにより保険が安くなること

表1 耐火塗料の構成要素

構成要素	原材料
発泡剤	アンモニウム塩：燐酸アンモニウム，ポリ燐酸アンモニウム，燐酸メラミン アミノ化合物：ジシアンアミド，尿素，メラミン そ の 他：塩素化パラフィン
炭化剤	炭水化物　：でんぷん，デキストリン，砂糖 多価アルコール：モノ，ジ，テトラペンタエリスルトール 樹脂状物質
反応触媒	燐酸アンモニウム，ポリ燐酸アンモニウム，燐酸メラミン
結合剤	水　　系：合成樹脂エマルション 溶 剤 系：アルキッド，塩化ビニル，ウレタン，エポキシ樹脂
顔　料	酸化チタン，体質顔料，着色顔料

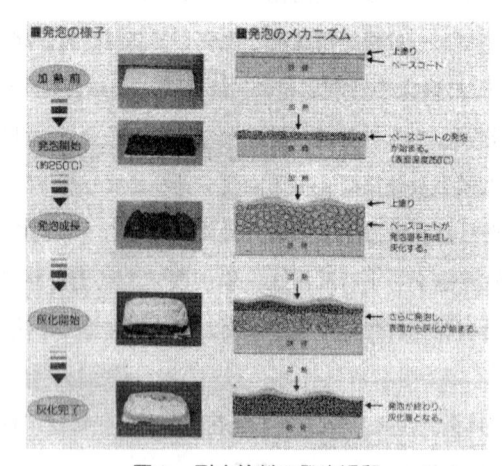

図1 耐火塗料の発泡過程

から，耐火被覆材料の40％以上のシェアーを有している。

耐火塗料は，一般に下塗り塗料・主材（ベースコート）・上塗り塗料で構成され，主材（ベースコート）の構成要素は発泡剤（ポリ燐酸アンモニウム），炭化剤（多価アルコール），結合剤（アクリル樹脂），反応触媒，顔料からなる有機系の塗料である。代表的な組成を表1に示す。

一般の塗料では，熱を受けると燃えてしまうが，耐火塗料は250～300℃で反応触媒が分解し，生成した燐酸塩と炭化剤が結合し，縮合生成物を経て炭化層を形成する。並行反応として発泡剤が分解し，アンモニアガス，水蒸気，炭酸ガス等が発生し，炭化層を初期乾燥膜厚の数10倍に膨らませ断熱層を形成し，鉄骨を倒壊から保護する。発泡過程を図1に示す。

3 耐火塗料耐火性能試験

認定取得までの実験計画を図2に示す。

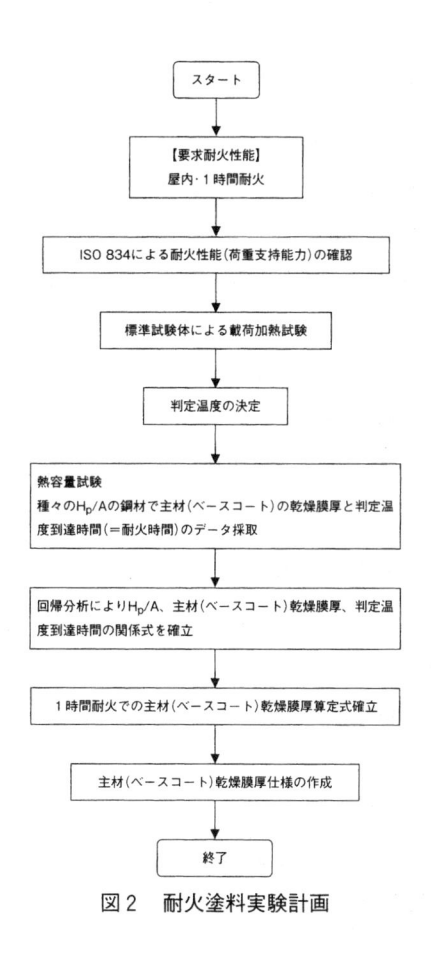

図2 耐火塗料実験計画

4 載荷加熱試験

耐火性能の確認部材に要求される耐火性能（1時間耐火）をISO 834に規定する試験方法で確認する。耐火塗料で被覆された鋼製の柱・梁の荷重支持能力をISO 834に規定する載荷加熱による耐火性能試験法で判定し，載荷加熱試験で要求耐火時間に対する耐火性能が明らかになるとともに，耐火塗料の塗膜の，梁部材のたわみや柱部材の伸び等に起因する変形の追随性が評価される。ISO 834で推奨される部材断面の温度を測定することにより，部材の温度上昇の性状や崩壊時の温度が明確となる。

柱は日本建築総合試験所，梁は建材試験センターで試験を実施した。

膜厚水準は最大膜厚と最小膜厚に2水準とし，試験を実施した。

4.1 載荷加熱試験方法

試験を実施する際の各項目は以下のように設定した。

（1） 加熱温度曲線；ISO 834準拠

$T_f = 345 \log_{10}(8t+1) + 20$

T_f：炉内温度（℃），t：加熱時間（分）

（2） 試験体寸法；ISO 834準拠

柱：加熱長さ3m以上（加熱長3m，高さ3.5m）

梁：加熱長さ4m以上（加熱長4.2m，支点長5.1m）

（3） 載荷荷重；ISO 834準拠

長期許容荷重又は設計荷重（長期許容荷重）

（4） 拘束・境界条件；ISO 834準拠

実際と同等（安全側で設定：柱；上下ピン支持，梁；単純支持）

（5） 加力；ISO 834準拠　　定荷重

（6） 荷重支持能力の判定；ISO 834準拠

柱：変形量　$h/100$（mm），h：支点長さ（mm）

　　変形速度　$3h/1000$（mm/分）

梁：たわみ量　$l^2/400d$（mm）

　　たわみ速度　$l^2/9000d$（mm/分）

（7） 標準試験体；JIS A 1304準拠

柱：断面積120 cm^{2}以下，一辺又は径約30 cm

　　（断面積118.4 cm^{2}又は102.7 cm^2，一辺30 cm）

第 2 章　鉄骨用発泡性耐火塗料

梁：断面積 100 cm² 以下，せい約 40 cm

（8）　耐火塗料膜厚　メーカーが使用する最大，最小膜厚

4.2　載荷加熱試験結果

実施した載荷加熱試験の柱と梁の写真を図 3，図 4 に示す。

崩壊の時点における温度測定結果は，鋼材 SS 400 の規格値（$F = 2.4\ tf/cm^2$）を基に算定された長期許容応力度又は長期許容曲げ応力度を生ずるように載荷した時の値であり，境界条件等から見て安全側の条件で試験した結果である。

判定温度は，載荷加熱試験の試験体材料の高温引張試験結果を勘案し，これらを安全側に丸めて設定した。試験では，丸形鋼管についても角形鋼管の結果が適用できることが裏付けられたため，角形鋼管の判定温度をそのまま丸形鋼管にも採用した。

載荷加熱試験時の温度測定結果をもとに，熱容量試験により耐火塗料の主材（ベースコート）の乾燥膜厚を鋼材の断面形状係数（H_p/A）に応じて決める際の判定温度を次のように設定した。

柱部材（H 形鋼）550 ℃（角・丸形鋼管）500 ℃

梁部材（H 形鋼）550 ℃

試験前　　　　　　　　　　　試験後

図 3　柱の載荷加熱試験

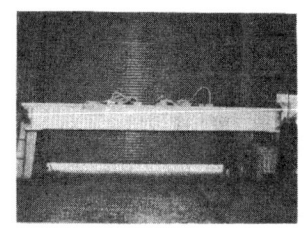

試験前　　　　　　　　　　　試験後

図 4　梁の載荷加熱試験

5 熱容量試験

海外では太い鉄骨は細い鉄骨よりも温度上昇が緩やかであるという熱容量の概念が耐火性能の評価に取り込まれている。本研究では，イギリスのBS 476に基づくYellowBook（建物の構造用鋼材の防火）およびCEN（ヨーロッパ標準化委員会）で規定されている方法を参考に，被覆厚及び鋼材の熱容量をパラメーターとして種々の実験を行い，熱容量の概念の妥当性について検討を行った。

5.1 試験用供試材料

被覆材の厚さは，通常使われる厚さの最大，最少及びその相加平均（最大/2＋最少/2）の3種類とし，鋼材はH形鋼3種類，角形鋼管柱4種類を用いた。鋼材と被覆材の組み合わせは表2，表3及び表4に示す。

表2

H形鋼（柱）	被覆厚		
	max	mid	min
200×200× 8 ×12	○	○	○
300×300×10×15	○	○	○
400×400×13×21	○		○

表3

角形鋼管（柱）	被覆厚		
	max	mid	min
300×300× 6	○	○	
300×300× 9	○		○
300×300×12		○	○
400×400×19	○		○

表4

H形鋼（梁）	被覆厚		
	max	mid	min
350×175× 7 ×11	○	○	○
400×200× 8 ×13	○	○	○
594×302×14×23	○		○

第2章 鉄骨用発泡性耐火塗料

5.2 試験体

試験体は，長さ1mの角形鋼管およびH形鋼を用い上下を珪酸カルシウム板とALC板で断熱し，その鋼材部分に被覆材を施工したものを用いた。なお，鋼材温度は角形鋼管の場合は1断面8点，H形鋼の場合は1断面5点，梁の場合は1断面9点で各2断面についてK熱電対を用いて測定間隔は1分で測定した。

5.3 加熱条件

加熱は，ISO 834の標準加熱曲線に従い行った。

使用した炉は，建設省建築研究所防耐火実験棟内にある梁試験用加熱炉（炉内寸法：6000×2000×2000 mm）である。なお，試験体に一様な加熱を与えるため，珪酸カルシウム板をセラミックブランケットで覆った高さ800 mmの架台を設置した。加熱は，ISO 834の標準加熱曲線に従い行った。

5.4 主材（ベースコート）乾燥膜厚決定のための解析

載荷加熱試験結果と熱容量試験結果の整合を図りながら，1時間の耐火性能の要求を満足するような，H_p/Aに応じた主材の乾燥膜厚算定式を，回帰分析により柱及び梁について作成し，1時間耐火性能を満足する主材の乾燥膜厚算定式を作成する。

主材の乾燥膜厚算定式には先行事例として英国（BS）の耐火被覆認定方法は下記，ユーロコード案があるが，BS（英国規格）は柔軟性に欠け，CENは係数が多く問題がある。

そこで建築研究所・ハイブリッド型防耐火材料開発委員会では本試験結果データの解析を行うに当たり(1)式の係数を試行錯誤法（たとえばニュートン・ラプソン法）による最適化で求める方式を採用した。

$$FR = \alpha_0 \cdot (1/H_p/A + \alpha_1) \cdot (T + \alpha_2) + \alpha_3 \tag{1}$$

$\alpha_0 = a_2 + a_5 \cdot \theta \qquad \alpha_1 = (a_1 + a_4 \cdot \theta)/(a_2 + a_5 \cdot \theta)$

$\alpha_2 = (a_6 + a_7 \cdot \theta)/(a_2 + a_5 \cdot \theta)$

$\alpha_3 = (a_0 + a_3 \cdot \theta) \cdot (a_1 + a_4 \cdot \theta) \cdot (a_6 + a_7 \cdot \theta)/(a_2 + a_5 \cdot \theta)$

FR：平均温度到達時間（分）

T：耐火塗料主材（ベースコート）の乾燥膜厚（mm）

H_p/A：断面形状係数（m^{-1}）

$\alpha_0, \alpha_1, \alpha_2, \alpha_3$：定数

5.5 試験結果

結果を図5に示す。

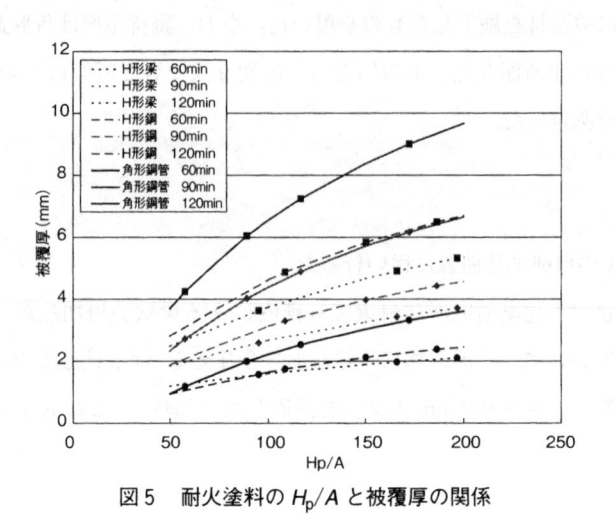

図5　耐火塗料の H_p/A と被覆厚の関係

試験結果を見てみると，計算結果と実験値がよく一致する。ただし角形鋼管とH形鋼を比較すると両者の差は少ないとはいえない。これは被覆が直塗りのため鋼材の形状による差が出たものと思われる。

乾燥膜厚算定式より求めた H_p/A に対応した主材（ベースコート）の乾燥膜厚の数値を安全側で丸めて，柱（H形鋼，鋼管），及び梁（H形鋼）の乾燥膜厚仕様を作成することは合理的であることが確認された。

代表例として，今回国土交通省建設省から認定された日本ペイントのタイカリットS-100の H_p/A と乾燥膜厚の関係を表5に示す。この H_p/A と乾燥膜厚の関係は，各社で異なる。

6　塗装システム

発泡型耐火塗料は，錆止め，耐火層，上塗層から構成される。

6.1　素地調整

発泡型耐火塗料は，通常の塗膜とは異なり，耐火被覆材の扱いなので長期の耐久性を要求され，主として新設面に適用されている。素地調整は，長期の防食性を期待するので，グリッドブラスト，サンドブラストによる1種ケレン（SIS Sa 2.5）以上に除錆することが望ましい。

第2章　鉄骨用発泡性耐火塗料

表5　耐火塗料　タイカリット S-100 H_p/A-乾燥膜厚選定表（1時間耐火）

適用	鋼材種類	H_p/A (m^{-1})			乾燥膜厚(mm)
柱	H形鋼		≦	138.3	0.75
		138.3	<	≦ 158.0	1.00
		158.0	<	≦ 183.3	1.25
		183.3	<	≦ 217.4	1.50
		217.4	<	≦ 265.6	1.75
		265.6	<	≦ 338.9	2.00
		338.9	<	≦ 464.0	2.25
	角・丸鋼管		≦	57.7	0.75
		57.7	<	≦ 63.1	1.00
		63.1	<	≦ 69.5	1.25
		69.5	<	≦ 77.1	1.50
		77.1	<	≦ 86.4	1.75
		86.4	<	≦ 97.8	2.00
		97.8	<	≦ 112.4	2.25
		112.4	<	≦ 131.5	2.50
		131.5	<	≦ 157.6	2.75
		157.6	<	≦ 195.7	3.00
		195.7	<	≦ 256.1	3.25
		256.1	<	≦ 259.3	3.26
梁	H形鋼		≦	28.0	0.75
		28.0	<	≦ 121.8	1.00
		121.8	<	≦ 210.3	1.25
		210.3	<	≦ 293.7	1.50
		293.7	<	≦ 372.5	1.75
		372.5	<	≦ 447.1	2.00
		447.1	<	≦ 464.4	2.06

備考：ここでいう乾燥膜厚は，主材（ベースコート）のみの乾燥膜厚を表す。
H_p/A：鉄骨の断面周辺長（H_p）が同じ鉄骨の場合，火災時の入熱量が等しいと，断面積（A）の大きい鉄骨のほうが，断面積（A）の小さい鉄骨より熱容量が大きいことから鉄骨の温度は低くなり，耐火塗料の膜厚は薄い厚みで同等の耐火性能が確保できる。

6.2　錆止め

鉄骨ブラスト後に鉄骨製作工場で，無機あるいは有機のジンクリッチプライマーが塗装され，工場あるいは現場で2液のエポキシ系プライマーが塗装される。現場での補修・素地調整は，発錆部・劣化部を電動工具を用いて2種ケレン（SIS St 3）以上に除錆し，2液の補修用エポキシ系プライマーで補修を行う。

6.3　耐火層（発泡性耐火塗料）

耐火層の塗料は，粘度が高く，美観を保持しながら厚膜に塗装しなければならないので，特殊なエアレス塗装機を用いて塗装を行う。

6.4　上塗層

耐火層を塗装し，所定の乾燥期間を置いた後，上塗層を塗装する。上塗層は，耐火層を保護す

表6 タイカリット S-100（屋内用）の塗装仕様

工程	塗料名 (一般名称)	標準塗布量 (kg/m²/回) 標準膜厚 (μ/回)	塗装回数	塗り重ね 乾燥時間 (20℃)	シンナー名 (希釈率)
素地調整	ブラストで SSPC SP-10（SIS Sa 2.5）まで除錆する				
ショッププ ライマー	ニッペジンキー 8000 メタルグレー (有機ジンクリッチプライマー)	0.20 (エアレス) 15～20	1	1日以上, 6ヶ月以内	ニッペジンキー 1500 シン ナー (5～15%)
下 塗	ハイポン 20 ロング (インターバル延長形エポキシ樹脂 塗料下塗)	0.23 (エアレス) 50	1	1日以上, 12ヶ月以内	ハイポンエポキシシンナー (0～10%)
補 修 素地調整	発錆部・劣化部は電動工具を主体に SSPC SP-3（SIS St 3）まで除錆する 溶接部は著しい凸部をグラインダーで平滑にしてから除錆する				
鋼面露出損 傷部	ハイポン 20 デクロ (変性エポキシ樹脂塗料)	0.20 (刷 毛) 50	1～2	1日以上, 10日以内	ハイポンエポキシシンナー (0～10%)
耐火層	タイカリット S-100 ベースコート (特殊アクリル樹脂塗料)	1.50 (エアレス) 500	別途	2日以上	タイカリットベースコート 用シンナー (0～5%)
上 塗	ファインウレタン U-100 (ターペン可溶2液形ウレタン樹脂 塗料)	0.15 (刷 毛) 20	2	4時間以上	塗料用シンナー A (5～10%)

要点：・耐火層は認可された耐火性能・鋼材形状により塗装回数が決まる。
　　　・現場継手部の塗装系は別表1による。
　　　・溶接部，現場接合部，下塗塗膜損傷部は，入念な素地調整後，補修塗装する。
　　　・現場塗装時，下塗塗膜を入念に清掃してから塗装する。
　　　・塗膜厚が得られにくいエッジ部は先行塗りする。

る塗膜であり，外部環境にさらされるため，耐水性，耐候性，耐薬品性，耐火層との層間密着性が，意匠性の点から幅広い色相と光沢が要求される。タイカリット S-100（屋内用）は，専用上塗りで幅広い色相選択でき，任意の光沢が選べるターペン可溶2液形ウレタン樹脂塗料（ファインウレタン，ハイポン 50 ファイン）を使用する。それ以外の上塗りを使用したら縮みや密着不良を引き起こす可能性がある。

代表例としてタイカリット S-100（屋内用）の塗装仕様を表6に示す。

7 施工

耐火塗料は国土交通省からの認可の条件が材料メーカーの責任施工となっているので材料販売は行わず，メーカーが責任施工を行い，材工で受注する。耐火塗料は，耐火層から上塗り塗装までの工期が，塗膜の乾燥性と仕上がり外観を確保するため，工期が7日から十数日と一般の塗料よりかなり長くかかり，工程に大きな影響を与える。また，良好な仕上がり外観を得るために

は，特殊技能を有する専門の塗装者で無ければ，ユーザーが要求する仕上がり外観は得られず，塗料の塗着効率が悪いと施工経費も多大となってしまう。又，最終検査時に耐火塗料の膜厚が不足している場合は，上塗り塗料を研磨して，耐火層を再塗装して補修を行わなければならず，大幅な損失を被る可能性がある。そこで，耐火塗料の施工には，建設会社，設計と仕上がり外観，工程等について十分注意確認し合いながら施工する必要がある。

耐火塗料は工期が長期に及ぶので，施工場所の関係から，建設会社の指示により現場で塗装される場合とファブリケーター等のヤードでプレコート塗装される場合がある。

7.1 現場塗装

耐火塗料は鋼材の意匠を保持する為，かなりな平滑面を要求される。耐火層は，弱溶剤系の塗料で，80〜200ポイズと塗料粘度が高く，1〜3mmと厚膜に塗装しなければならず，平滑性を要求されるので，特殊なエアレス塗装機を用いて，1日に1回1000μ程度のウエット膜厚（500μ乾燥膜厚）で塗装し，耐火必要膜厚になるまで塗装を行う。塗装間隔を短くしてしまうと，塗膜中の溶剤が十分抜けきらず，塗膜性能の低下や上塗りの縮みを招く場合がある。

施工条件は，一般の塗料と同様であるが，雨がかりの部分は，降雨時に塗料が雨で流れないように十分な養生を行う必要がある。また，雨がかかった場合は，十分に乾燥させ，その後施工を行わなければ，後日，塗膜異常が発生する可能性がある。

7.2 プレコート塗装

建築現場は，多くの場合，町中にあり，施工場所が狭く，各種の工事が平行して進められるので，ファブリケーター等のヤードで耐火塗料を鋼材にプレコート塗装し，塗膜乾燥後，現場搬入を行い，組み立て後，接合部の補修を実施する工程が取られる場合がある。

プレコート塗装に関しては，ファブリケーターでの塗装場所，工程等に関して建設会社，ファブリケーター，塗装業者で十分に討議を行い，現場施工に対応した管理を実施する必要がある。接合部の塗料施工は禁止されているので養生を行い，ケレン後，現場で補修工程を組む。

プレコート塗装に関しては，耐火層のみ，中塗り，上塗りまで塗装されるケースがあるが，現場塗装と同様に雨がかりに関して十分注意する必要がある。

また，耐火塗料塗装鉄骨搬送，鉄骨建方，塗装以外の工事の際の耐火塗膜の損傷に関しては，十分注意する必要があり，注意を怠ると補修塗装に多大の時間と経費がかかる。

現場搬入後，接合部と損傷部の補修を実施するが，現場養生が出来なかったり，規定膜厚を施工するために多くの塗装回数を要し，現場施工より大幅にコスト高になる。

8 耐火塗料の膜厚管理

耐火塗料は建築物の構造鉄骨に耐火性能を付与させる為，高度な膜厚管理が必要である。

膜厚管理は，塗装時は，各工程毎に施工業者が櫛型ウエットゲージで測定し，メーカーが提供する塗料のウエット厚みと乾燥厚みの換算表を基に，所定膜厚になるよう塗装を行う。乾燥後は，メモリー付き電磁式膜厚計で，再度詳細な膜厚測定で膜厚管理を行い，測定結果を建設会社に提出しなければならない。図6，7に耐火層の膜厚測定写真を示す。

耐火塗料は鋼材の厚さや大きさ，認定条件により認定膜厚は異なるが，認定された塗膜厚を必ず確保しなければならない。

測定個所は，1部材につき1断面（ただし，1部材で$5m^2$を超える場合には$5m^2$につき1断面）とし，円形鋼材と角形鋼材は1断面毎に4箇所，H形鋼材の柱は8箇所，梁は7箇所とする。代表的な測定個所の例を図8に示す。乾燥膜厚は電磁膜厚計を用いて，各個所を5点測定して，その平均値を測定箇所の測定値とする。

測定された値は下塗り塗料と耐火塗料が合計されたものなので，耐火塗料を塗装する前に測定した下塗り塗料の乾燥膜厚を差し引いた値を耐火塗料の乾燥膜厚とする。

耐火塗料の膜厚判定基準は各測定値は，部材ごとに認定膜厚の80％以上，各断面の平均値は，部材ごとに認定膜厚の100％以上とする。

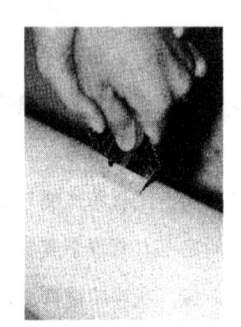

図6　ウエットゲージ測定　　　図7　電磁膜厚計測定

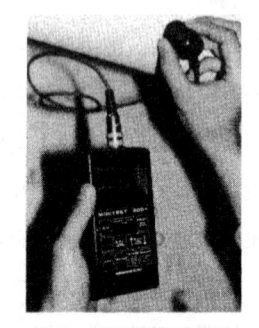

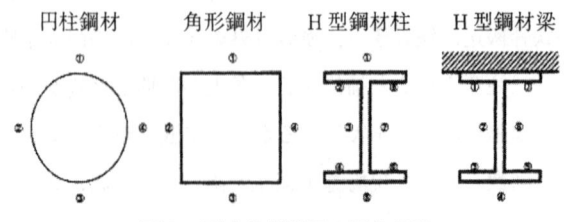

図8　耐火塗料膜厚の測定個所

9 維持管理

　上塗りは屋外で暴露されると，その種類や使用環境などにより劣化が生じる。塗膜の劣化が耐火塗料の塗膜にまで進行しないうちに，上塗りの補修または塗り増しを実施することにより，耐火塗料の耐火性能を長期間にわたり維持することができる。

　維持管理は目視点検を主体に実施し，点検は日常点検，定期点検および臨時点検の3種類とする。

（1）　日常点検は建物管理者による日常的な目視観察とし，耐火塗装された鉄骨部材の周辺環境および耐火塗膜の劣化や損傷を早期に発見することを主目的とする。

（2）　定期点検は耐火塗膜の劣化度を判定するために，目視観察により実施する。点検周期は1年に1回として，必要に応じて耐火塗膜をサンプリングして加熱試験を実施する。

（3）　臨時点検は日常点検により異常が報告された場合や当該鉄骨部材が浸水，地震，火災などにより影響を受けた場合に実施する。

　点検で発見された欠損部は認定膜厚になるように耐火塗料で速やかに補修をして，上塗り塗料を塗付する。

　耐火塗料の耐久性を確保するには上塗りを定期的に塗替えることが重要であり，塗替え周期は上塗り塗料の耐久性によって決定する。

10 まとめ

　欧州でよく見られる，鉄骨意匠を生かした建築デザインは，発泡性耐火塗料の2002年6月の建築基準法の改定で一般の耐火材料と同様に使用できるようになり，設計者が鉄骨デザインを幅広く適用できるようになった。

　耐火塗料は，従来の耐火被覆材に比較して非常に薄膜で，意匠性に優れ，鋼材に対する付着強度も高く，地震等による脱落の問題が発生しにくい。また，建築現場でも従来の耐火被覆材の様な粉塵の発生も少なく，環境に優しい材料である。

　今後，耐火塗料メーカーの努力で施工経費が安くなり，材料の認知度や信頼度が上がれば，日本国内でも広く普及するものと思われる。

文　献

1) ㈳日本鋼構造協会，JSSC テクニカルレポート NO.41 "耐火塗料の実用化に関する調査研究"
2) 遊佐秀逸，茂木　武，発泡耐火塗料の耐火性能，日本建築学会大会学術講演梗概集，(A-2　防火)，pp.127〜128 (1997)
3) 近藤英之，遊佐秀逸，臼井信行，耐火塗料の発泡性状に影響する各種要因の検討，日本建築学会大会学術講演梗概集，(A-1　材料施工)，pp.623〜624 (1999)
4) 臼井信行，遊佐秀逸，近藤英之，熱容量試験をもとにした鋼材寸法に応じた耐火被覆厚さの決定（耐火塗料を用いた場合），日本建築学会大会学術講演梗概集，(A-2　防火)，pp.3〜4 (1999)
5) 南部晶子，近藤英之，原田和典，臼井信行，遊佐秀逸，若松孝旺，耐火塗料を施した角形鋼管柱の温度予測法，日本建築学会大会学術講演梗概集，(A-2　防火)，pp.5〜6 (1999)
6) 岡　義則，遊佐秀逸，耐火塗料-ISO 834, ユーロコード（案）に準拠した耐火性能試験，日本建築学会大会学術講演梗概集，(A-2　防火)，pp.51〜52 (2000)
7) 近藤英之，遊佐秀逸，臼井信行，熱容量から見た鋼構造の耐火性，日本建築学会大会学術講演梗概集，(A-2　防火)，pp.55〜56 (2000)
8) 大貫寿文，遊佐秀逸，河野　守，増田秀昭，大宮喜文，鈴木信行，鈴木淳一，角形鋼管柱の載荷加熱試験及び高温引張試験，日本建築学会大会学術講演梗概集，(A-2　防火)，pp.37〜38 (2002)
9) The Steel Construction Institution, Fire protection for structural steel in buildings (3rd Edition)
10) Test method for determining the contribution to the fire resistance of structural members part 4, Applied protection to steel members
11) 永田順一郎他，"鉄骨用耐火塗料の耐久性評価試験方法に関する研究"，鋼構造年次論文集，5，pp.333〜340 (1997)
12) 永田順一郎，"鉄骨用耐火塗料の耐久性に関する研究　その 1　寝屋川，沖縄での 5 ヵ年の暴露結果"，日本建築学会大会学術講演梗概集 (2001)

第3章　示温塗料

白瀬仁士[*]

1　基礎

1.1　はじめに

　温度測定に用いられる計器には，熱膨張を利用した温度計，熱電対を利用した温度計，熱放射量を利用したサーモグラフィなどいろいろな温度計がある。それらの計器はそれぞれ異なった特徴を持っており，測温にあたってはその対象，目的，測定温度範囲などの条件に応じて，適切なものが選択され使用されている。しかし，これらの計器でも，複雑な装置の内部温度，回転体や可動体の温度あるいは広範囲の温度分布の測定などは困難な場合があり，時には不可能なこともある。このような場合，測温対象物の表面に特定の温度で外観的に明確な変化を生ずる物質を塗布あるいは貼付し，その色変化を観測することにより，容易に測温することができる。

　実施例として，誘電モーター軸受の測温状況を写真1に示す。この例では，変色温度の異なる複数の示温塗料を軸受けに塗布し，温度上昇をより詳細に測温したものである。

　「示温塗料」とは，このような目的に用いられる化学的測温材で，化合物の熱分解あるいは結晶形の転移に伴う色変化や，化合物の溶解による状態変化などを利用して測温するものである。その測温精度は，一般的な他の測定方法に比較して劣るものの，特長として塗布または貼付という簡単な操作によって被検体に完全に密着させることができ，その外観的変化を観察することにより，容易に温度を検知することができる利点を有することから，各種機器装置の測温，温度管理などに簡便かつ有力な手段である[1~7]。

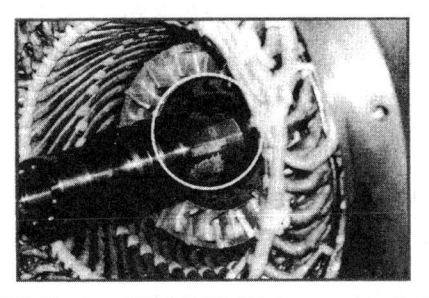

写真1　示温塗料による測温実施例（誘電モーターの軸受温度測定）

---

[*]　Hitoshi Shirase　日油技研工業㈱　研究開発部　第1G　主査

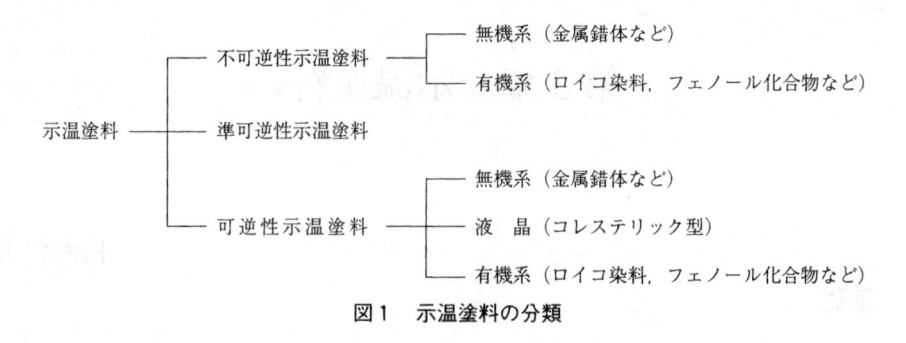

```
示温塗料 ─┬─ 不可逆性示温塗料 ─┬─ 無機系（金属錯体など）
          │                    └─ 有機系（ロイコ染料，フェノール化合物など）
          ├─ 準可逆性示温塗料
          └─ 可逆性示温塗料 ─┬─ 無機系（金属錯体など）
                              ├─ 液　晶（コレステリック型）
                              └─ 有機系（ロイコ染料，フェノール化合物など）
```

図1　示温塗料の分類

1.2　示温塗料の分類

示温塗料を変色特性別に分類すると，一定温度で色変化が起こり温度が元の状態戻っても色が戻らない不可逆性示温塗料，温度が元の状態に戻ると色が戻る可逆性示温塗料および一定温度で色変化が起こり空気中の水分などを取り入れ元の色に戻る準不可逆性示温塗料がある。これら示温塗料の分類を図1に示す。

以下，分類した示温塗料の特性，使用法などについて述べ，測温および温度管理のために参考としたい。

2　評価と応用

2.1　不可逆性示温塗料（無機系）

不可逆性示温塗料（無機系）は，熱分解によって鮮明な変色をする化合物を示温顔料として用い，これにビヒクルとして適切なワニスを配合して作ったもので，あらかじめ測温対象物に塗布しておき，その後の昇温による到達温度を測定するのに用いられる。

この塗料の変色特性は，当然，使用する示温顔料の特性に依存するものであるが，その示温顔料としては，コバルト，ニッケル，鉄，銅，クロム，マンガン，鉛などの塩類が多く用いられ，これらの塩類は組成中にアンモニウム基あるいは炭酸基，しゅう酸基，水酸基を含む物が多い。

一例として，I. G. Farbenindustrie A. G. の特許など[8,9]に記載されている化合物の一部を表1に示す。これらの化合物には温度上昇に伴う変色が一段階のみのものと，二段階あるいはそれ以上の多段階にわたるものがあり，それぞれ単変色および複変色示温顔料として用いられる。

不可逆性示温塗料の変色現象は，アンモニア，炭酸ガス，水などの発生を伴う熱分解によって化合物の組成そのものが変わることに起因しているから，その変色は不可逆性で，いったん変色すればその後温度が下降しても原色に戻ることはない。

上述のように，不可逆性示温顔料の変色は化学変化に基づくものであるため，その変色温度は加熱条件（温度上昇時における加熱速度，恒温加熱時の加熱時間など）や圧力，気流などの外的

第3章　示温塗料

表1　不可逆性示温顔料

化 合 物	変色温度（℃）	色 の 変 化
$CoKPO_4 \cdot H_2O$	140	バラ → 青
NH_4VO_3	150 170	白 → 褐 褐 → 黒
$Cd(OH)_2$	200	白 → 黄
$[Cu(Pyridine)_2](CNS)_2$	135 220	緑 → 黄 黄 → 黒
$[Cr(NH_3)_5Cl]C_2O_4$	260	赤 → 黒褐
$2PbCO_3 \cdot Pb(OH)_2$	285	白 → 黄
$NH_4MnP_2O_7$	400	紫 → 白
$Co(AsO_4)_2 \cdot (Pyridine)_2 \cdot 10H_2O$	50	褐 → 淡青緑
$Co(CH_3COO)_2$	82	ピンク → 紫
$Co(CNS)_2 \cdot (Pyridine)_2 \cdot 10H_2O$	93	うす紫 → 青
$Co(HCOO)_2$	116	ピンク → 紫

因子の影響を受けて変動する。もちろん，測温に際し，これらの諸因子による変色温度の変動は望ましくないが，この示温塗料の変色原理が化学反応に基づく以上，それらの影響を受けることは避けられない。したがって，この相関関係を明らかにする必要がある。前記諸因子のうち，圧力，気流などの因子は特定の使用条件下のみ問題となるのに対し，加熱速度，加熱温度などの加熱条件は，示温塗料の使用に当たって常に付随するものであるから，この加熱条件の変色温度に及ぼす影響を知ることは，不可逆性示温塗料の実用上不可欠な問題である。

次に，この不可逆性示温材塗料の変色温度と加熱条件の関係について，主な製品について検討されているのでこれについて述べる[10,11]。

図2は，サーモペイント®13種類，termocolor 7種を使用して測定した温度上昇時（加熱速度 1～10℃/min）における変色温度である。グラフの横軸に加熱速度の対数を，縦軸に変色温度をとりプロットしたものであるが，これらの点はいずれも直線で結ぶことができる。したがって，各資料とも加熱速度1～10℃/minの範囲では，変色温度 θ ℃と加熱速度 v ℃/minの間に，次式で表される関係式が成立する。

$$\theta = A + B \log v \quad (A, B：定数)$$

また，図3は図2と同じ試料について測定した恒温加熱時（加熱温度1～120分）における変色温度について，グラフの横軸に加熱時間の対数を，縦軸に変色温度をとり作図したものである。

この図から明らかなように，各試料とも加熱時間1～120分の範囲内では，変色温度 θ ℃と加

図2 変色温度と加熱速度の関係

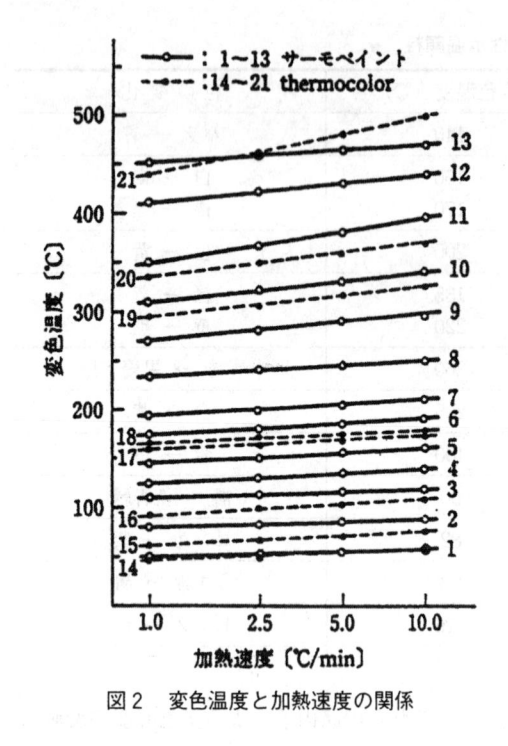

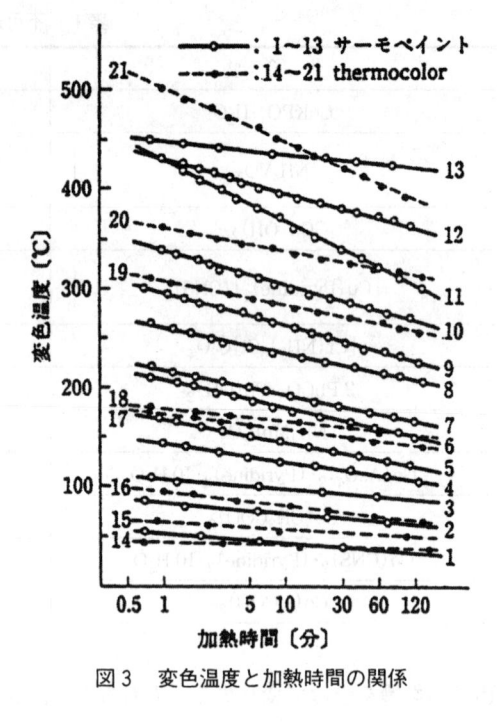

図3 変色温度と加熱時間の関係

熱時間 t min の間に次式の関係が成立する。

$$\theta = a - b \log t \qquad (a, b : 定数)$$

以上のように，不可逆性示温材塗料の変色温度と加熱条件の間には一定の関係があり，加熱条件に対応して変色温度が定まる。一例として図2および図3における試料番号7をとれば，この試料の温度上昇時における変色温度は，加熱速度 1 ℃/min のとき 195 ℃となり，10 ℃/min の場合は 210 ℃となる。また，恒温加熱時の変色温度は，加熱時間 5 分のときに 200 ℃となるが，120 分のときは 165 ℃となり，長時間加熱の場合はかなり変色温度が低下することが分かる。

なお，国内で市販されている不可逆性示温塗料製品の公称変色温度の定義はそれぞれ異なっており，例えば termocolor は加熱時間 30 分，サーモペイント®は速度 2～3 ℃/min のとき変色する温度を公称値として採用している。しかし，この数値は単に使用上の目安にしかすぎないため，正確な測温にはその測定条件にあった適切な変色温度の製品を選択し使用する必要がある。

次に，不可逆性示温塗料においては，塗料化に用いるビヒクルも変色特性に影響を与えることからこれに対する考慮も必要である。すなわち，不可逆性示温塗料の変色は，気体の発生を伴う熱分解に基づくものであるから，ビヒクルと混練して塗料化すると，発生気体の逸出が阻害され，変色がそこなわれる場合が多い。したがって，ビヒクルとしては加熱によって着色しない耐熱性を有し，保存中示温顔料と反応しないものであることはもちろんのこと，それによって示温顔料固有の変色が阻害されないものを選択しなければならない。

配合するビヒクルにはこのような制限があるため使用できる材料は少なくなる。変色温度200℃以下のものにはエチルセルロース系ワニス，また200℃以上のものに対してはシリコーン系ワニスが適しており，ワニスの添加量が少ない通常の不可逆性示温塗料では，ほとんどの顔料化合物はこれらのワニスで塗料化して支障なく用いられる。

なお，不可逆性示温塗料には通常の測温に用いられる製品のほかに，屋外における長期間の使用を目的とした外装用の示温塗料がある。この塗料は，通常の示温塗料よりビヒクルを増量して密着性を強めたもので，その目的に対応し示温顔料としては，屋外ばく露によっても変質しない耐候性を有し，かつ，ビヒクルを増量して強固な塗膜としても鮮明な変色をする化合物を選択して使用している。

主として，石油精製あるいは化学工業の分野において，精製塔，反応塔その他の諸設備の外装に塗布し，装置内の異常反応や，断熱材の劣化あるいは部分的破損によっておこる外壁の異常高温の早期発見などの目的に用いられている。

2.2 不可逆性示温塗料（有機系）

不可逆性示温塗料（有機系）は，有機物の熱分解や昇華現象により不可逆的に色変化を起こす示温染料や，ロイコ染料と酸性物質（顕色剤）の混合物により発色させる感熱変色材料などがある[12]。熱分解や昇華などの現象は，冷却しても元の状態に戻ることがないため，これら変色原理を利用している示温塗料も不可逆性となり，温度上昇履歴を残すことができる。

これら有機系示温塗料も，前述2.1項の無機系示温塗料と同様に加熱速度と加熱時間の加熱条件に影響を受けるため，測温時には注意が必要である。

不可逆性示温塗料（有機系）の実施例として，缶コーヒーなどの乳飲料製品の缶外部に示温塗料がインクジェットプリンターで印刷されたものがある。これらは，飲料メーカーの工程管理用インジケータとして使用され，例えば未殺菌時には赤色だった示温塗料が，レトルト殺菌処理を行うことで緑色に変色する。このインジケータの外観的な色変化により，製品個々のレトルト殺菌処理の有無を管理することができ，未殺菌製品の市場流出を防止することができる。また，同様な缶コーヒー製品において，市場に出た後の加熱販売時の品質低下を管理するインクジェットプリンター対応型示温塗料もある。

2.3 準可逆性示温塗料

準可逆性示温塗料は，一定温度で変色後，温度が下がっても元の色に戻らないが，水や空気中の湿度を与えると元の色に戻る示温塗料である。

準可逆性示温塗料の変色原理は，加熱による化合物中の結晶水の離脱に起因する。加熱後，冷

却しても変色した状態を保つものの，H_2O を吸収すると化合物が水和物に戻り，徐々に原色に戻る。示温顔料としては，コバルトあるいはニッケルのテトラメチテンテトラミン水和物などがある[13〜15]。市販されている製品としては，サーモペイント®No.5〜No.11 などがある。

2.4 可逆性示温塗料（無機系）

可逆性示温塗料（無機系）の変色は特定の温度を境にした可逆的なものであるが，変色温度は温度上昇時と下降時で幾分異なり，温度下降時には温度上昇時の変色温度よりやや低い温度で復色する。しかし，その変色現象が物理的変化に基づくものであるから，化学的変化によって変色する不可逆性示温顔料とは異なり，加熱条件（加熱速度，加熱時間など）が変色温度に影響を与えることは少ない。

可逆性示温顔料は，変色にあたって気体の発生を伴わないから，配合するビヒクルには不可逆性示温塗料におけるような制限はないが，示温顔料自体の耐久性向上の面から配慮が必要である。

すなわち，可逆性示温顔料として用いられる Ag_2HgI_4，Cu_2HgI_4 などのヨウ化水銀錯塩は，加熱中徐々に HgI_2 を昇華して分解するから，実用上この昇華分解を抑制する必要がある。この問題の解決には，ビヒクルとしてメタクリル酸メチル・酢酸ビニル（5：5）共重合樹脂ワニスを用いることが有効であり，このワニスの使用によって可逆性示温塗料の耐久性は飛躍的に向上し，90 ℃恒温加熱の場合，2,000 時間の使用に耐えるようになる。

また，ヨウ化水銀を顔料とする示温顔料は，金属と接触するとこれと反応して変質するから，金属面に塗布するときはあらかじめ下塗りを施し，その塗膜上に塗布して使用しなければならない。

可逆性示温塗料（無機系）の性能，使用法などは以上の通りであるが，この塗料は一度塗布しておけば，長期間にわたり対象物の温度上昇，下降を監視することができることから，適温指示あるいは危険物温度感知のための標識として適している。

2.5 液晶

液晶とは，液体としての流動性を持ちながら，結晶と同様な光学的異方性を持つ物質である。その中で，コレステリック液晶は，ある波長領域の光を選択的に反射する性質があり，この反射波長は液晶の種類・温度・圧力・電界・磁界などによって異なる。1965 年，アメリカのファーガソンにより，コレステリック液晶を物体の表面温度の測定に利用することが創案されて以来，応用・実用化され現代に至っている[16]。

コレステリック液晶は，らせん構造であり，この結晶相のコレステリックピッチが温度によっ

て変化し，これと同じ波長の光を選択的に散乱させるので，その温度による特定の色が見える。

　液晶は，ポリマー被膜でマイクロカプセル化され，示温塗料の顔料として使用される。製品としては，1種類の液晶のみでは変色温度域が狭いため，数種類の液晶を並べて測温用ラベルや玩具類として市販されている。

2.6　可逆性示温塗料（有機系）

　可逆性示温塗料（有機系）は，電子供与体と電子受容体の有極性化合物中の熱平衡による電子授受機構にもとづく可逆的な色変化を行う示温染料を用いている。

　代表的な物質として，ロイコ染料，有機酸と溶融化合物の混合物がマイクロカプセル化されている状態のものがある。変色機構としては，ロイコ染料に有機酸のH^+が付いたり離れたりする工夫がされており，付くと有色になり離れると無色になる。その温度を決定するのが溶融化合物である[17]。

　この示温染料は，昭和47年頃から開発され，昭和52年頃よりメタモカラー®の商品名で製品化されている。この示温染料の特徴は，

① 原料の染料が食品用にも使えるもののため有害性がない。

② 変色温度は溶融化合物を変えることで任意にできる。

③ 変色色調は染料の色を変えることで調整可能になるため，同じ変色温度でも数種類の
　異なった変色をさせることができる。

　この示温染料は，耐久性，特に紫外線に弱い難点があったが，開発が進み耐光性が向上している[18]。

　市販品としては，示温塗料としてよりも，加工された製品で販売されており，主に屋内で使用される玩具類，お風呂用品，包装材料，シールなどがある。

3　課題

3.1　機能向上および機能付与

　液状の塗料を使用できない場合やより簡便に温度検知したい場合は，示温塗料を予め平面基材に塗布し，ラベル形状に加工した市販品もある（製品名：サーモラベル®，サーモテープ™など）。不可逆性示温塗料を塗布したラベル製品（製品名：サーモプルーフ™）は，複数の不可逆性示温顔料を1枚のラベルに塗布しているため（250～330℃または360～450℃付近），最高温度の上昇履歴として利用できる。ただし，この示温ラベルは，前記2.1項の不可逆性示温顔料を用いているため，変色温度は加熱条件などに影響を受けることを留意する必要がある。

また，不可逆性示温顔料をロウで固定化した市販品もある（製品名：シオンクレヨン）。この製品は，チョークのようなスティック形状をしており，被測温部に塗布することにより使用される。このような製品は，屋外や高所作業などで温度管理を必要としているにもかかわらず，液体状の示温塗料を使用できない場合や，大がかりな測温装置を携帯できない場合などに有効である。主な使用用途としては，鉄骨造の溶接継ぎ手のパス間温度の履歴管理に用いられている[19]。

3.2 展望と方向性

特定の温度で，不可逆的または可逆的に変色する示温塗料は，通常の温度計では測定できない場所や平面および立体面の温度分布も測温できるため，今後も継続的に使用されると考えられる。特に，事故防止用の温度管理は有用であり，設備や装置などの異常発熱を簡単に検知し大事故を未然に防ぐことができる。

また，今後は製造工程での品質管理材としての展開も見込まれる。使用例を挙げると，各種メーカーで行われている溶接工程では，何らかの影響で溶接不良が発生する場合がある。そのため，示温塗料を溶接部に塗布しておいて温度管理を行い，誰でも外観的に工程および品質管理を行うことが可能となる。

近年，化学物質排出把握管理促進法（PRTR制度など）や欧州のWEEE／RoHS規制など環境負荷物質に対する関心が高まっている。今後の方向性としては，人体や環境への影響を考慮し，内容成分にクロム，鉛などの重金属を含まない示温顔料，有機溶剤（キシレン，トルエンなど）を使用しない塗料など，より人体や環境に安全な示温塗料が望まれる。

3.3 おわりに

特殊機能コーティング材料として示温塗料について述べたが，示温塗料は他の計器とは全く異なる特徴を持った測温材料である。

その特性，利点を生かして使用するならば，各産業分野において，測温および温度管理の有力な手段となり，危険予知，災害防止，工程管理などに役立つものと考える。さらに，色がカラフルに変化すれば，我々の身近なところで興味深い示温商品が開発されると予想される[20]。

文　献

1) 舟山　勉，堀口義一，示温塗料の研究（第1報），色材協会誌，**34**，415 (1961)

2) 舟山 勉, 堀口義一, 示温塗料の研究（第2報）, 色材協会誌, **34**, 507 (1961)
3) 舟山 勉, 堀口義一, 示温塗料の研究（第3報）, 色材協会誌, **35**, 295 (1962)
4) 舟山 勉, 堀口義一, 示温塗料の研究（第4報）, 色材協会誌, **36**, 473 (1963)
5) 舟山 勉, 橋本正敏, 高圧ガス, **20**(6) (1983)
6) 小林邦昌, 最新・特殊機能インキ, p.37, ㈱シーエムシー出版 (1990)
7) 東田 寛, 製品と安全, **第42号**, p.1 (1991)
8) DRP 665462 (1938), 702959 (1941)
9) J. E. Cowling *et al.*, Temperature-Indicating Paints, *Ind. Eng. Chem.*, **45**, 2317 (1953)
10) 日油技研工業㈱, 示温塗料サーモペイント技術資料
11) 鈴木義男, 機能性インキの開発と応用, p.85, ㈱シーエムシー出版 (1997)
12) 北尾悌次郎, 機能性色素の化学, p.82, ㈱シーエムシー出版 (1981)
13) Kozo Sone, Yutaka Fukuda, *Inorganic Thermochromism*, p.108, Springer-Verlag (1987)
14) 井原良訓, クロミック材料と応用, p.104, ㈱シーエムシー出版 (1989)
15) Yutaka Fukuda, Yoshinori Ihara, *Inorganic Chromotropism*, p.78, KODANSHA-Springer (2007)
16) 鷺谷昭二郎, 機能性インキの開発と応用, p.49, ㈱シーエムシー出版 (1997)
17) 中筋憲一, クロミック材料と応用, p.108, ㈱シーエムシー出版 (1989)
18) 例えばパイロットインキ特許, 特開2001-9660, 特開2003-118044, 特開2004-98385
19) ㈱内外コーポレーション, 示温材によるパス間温度管理の手引き, p.46, ㈱きかんし (2001)
20) 仁田智之, クロミック材料と応用, p.262, ㈱シーエムシー出版 (1989)

第4編　化学的機能

第 1 编　化学中键能

第1章　光触媒コーティング

1　光触媒によるNO$_x$除去・脱臭・抗菌コーティング

石田則之[*]

1.1　光触媒技術

　現在，光触媒酸化チタンの多方面への技術応用が進められている。光触媒を用いた技術は，大きく「超親水性化」と「光分解活性」にわけられると考えられる。

　例えば，防曇技術などは「超親水性化」が，NO$_x$などの大気浄化，排水処理，VOCや抗菌・抗カビなどの有害物分解，さらにはガン治療など医療技術は，「光分解活性」が利用されている。また，防汚（セルフクリーニング）に関してはそれら両方の技術から成り立っていると思われる。

　平成18年11月に光触媒工業会から発表された「2005年度版　光触媒事業市場調査」によると，2005年度は前年度と比べ，売上金額が35億円増加し，13％の伸びを示しており，年毎に増加，減少の分野があるが，総じて伸びの傾向を示していると報告されている[1]。

1.1.1　大気浄化

　自動車排ガスが原因の大気汚染は1992年に施行された，「自動車から排出される窒素酸化物の特定地域における総量の削減等に関する特別措置法」（自動車NO$_x$法）に基づいて，発生源対策，総量規制，車種などの対策がなされている。平成17年度の二酸化窒素に係る有効測定局数は，一般環境大気測定局（一般局）が672市町村・1,424測定局，自動車排出ガス測定局（自排局）が268市町村・437測定局で，年平均値は，一般局0.015 ppm，自排局0.027 ppmで，一般局ではほぼ横ばいであり，自排局では緩やかな改善傾向が見られる[2]。

　これまで，大気分野における脱硝技術は窒素酸化物（NO$_x$）濃度が非常に低濃度であり，拡散しやすいため困難であると考えられてきた。しかし，㈱産業総合技術研究所の竹内浩士らは，光触媒酸化チタンを用い，太陽光（エネルギー）を利用するNO$_x$を除去技術に関する研究を行い，NO$_x$の除去効果があると報告している[3~5]。

　この方法の優れた特徴は「太陽光を利用するため，自然エネルギーだけで浄化し，人が作り出した人工エネルギー源が不要である」ということである。

　光触媒製品では，ほとんど全ての場合，光触媒として二酸化チタン（TiO$_2$）が利用されている。

---

　[*]　Noriyuki Ishida　大日本塗料㈱　技術開発部門　新事業創出室　副主任研究員

表1　自治体による沿道試験の結果（パネル開放暴露）

機関	NO$_x$除去速度	除去能力の持続性	流下水のpH	防汚効果	備考
大阪府	(30～35 mg-NO$_2$/ppm・m^2・h)^a	15ヶ月後85％，2年後に65％の能力を維持。しかし，半年ほどで低下が目立つ建材も	平均6.8～7.8(範囲4.3～9.1)	2年後の白色度低下率2～8％	建材表面での濃度低下を確認。硝酸ガスの発生は検出されず。ベンゼン等の分解も確認
愛知県	0.06～0.10 mmol/m^2・d	6ヶ月でも変化なし	6.1～7.3 (対照試料より0.4～0.8低下)	検討せず	セラミック系試料の場合
東京都	1.38～1.62, UVランプで3.2 mmol/m^2・d	紫外線強度が高いとほぼ初期の除去率を示し，19ヶ月後も顕著な低下なし	6～7.5(範囲3.2～8.3)	対照シートでは5ヶ月で脂膜汚れ目立つ	浄化材料として最も能力の高いふっ素樹脂シートを使用
東京都板橋区	0.02～1.07 mmol/m^2・d	3年を経過してもほぼ特性を維持	報告なし	変化小。毎週洗浄により退色あり	降水で洗い流される影響を除いた除去速度は0.5 mmol/m^2・d
板橋区^b	0.13～0.61 mmol/m^2・d	検討せず（季節ごと4週間の試験）	検討せず	検討せず	散水器からの飛沫による損失あり
千葉県	反応器を用いた除去率でのみ評価	洗浄すれば5ヶ月後も性能維持。NO$_2$の生成は増える傾向	6.5～8.0 (初期降水は高めの傾向)	7ヶ月後，目視色差測定で明瞭な変化無し	酸化チタン脱落量1.5～36.5 mg/m^2・30週は無視できるレベル

^{a} 独自の浄化係数（除去量がNO$_x$濃度に比例することから，NO$_x$濃度で割り付けた時間あたりの除去量。反応器を用いた通気試験法で測定）。
^{b} 建設省東京国道工事事務所（当時）を中心とする大和町交差点環境対策効果検証委員会

その理由は，①光触媒活性が高い，②物理的，化学的に極めて安定である，③無害，無毒である（白色顔料や食品添加物として安全性が確認されている），④さほど高価ではなく，さらに安くなる可能性がある，など，環境中で大量に使用できる条件が揃っているためである。

局地的な大気汚染に悩む東京都，大阪府などの自治体は，1996年から2002年にかけて，交通量の多い自動車道路沿道で大規模かつ長期的な評価試験を実施した。各地における試験結果の概要を表1にまとめて示す[6]。

1.1.2　脱臭

従来，脱臭に最も多く利用されてきた活性炭方式では，吸着能力に限界があり，かつ条件により悪臭成分の脱離が起きることがあった。これに対し，光触媒方式では低濃度であっても，光触媒酸化チタンに吸着されれば，光により分解するという性能を発揮し，低濃度領域での性能低下は起きないとされている[7]。

光触媒方式は高濃度や負荷変動に弱い面があるため，活性炭やゼオライトと併用する形で家庭用空気清浄機などに採用されている。これは脱臭の吸着過程を，活性炭の極めて比表面積が大きく，幅広い吸着能力を持つ物質に依存し，活性炭から脱離，移動した悪臭成分を光触媒で除去分解する方式が採用されている。フィルター構造としては，流入ガスや光との接触面積を増加し，処理ガスとの圧力損失を小さくするためハニカム構造をとっているケースが多い。

また，内装建材用途にも広く商品開発が進められている。例えば，天井材，壁材，床材に塗布するコーティング材に光触媒酸化チタンを配合することで，タバコ臭，トイレ臭やVOC（揮発性有機化合物）などを吸着し，分解する機能を持たせた商品が上市されている。このほか，光触

第1章　光触媒コーティング

媒を塗料化することにより，紙，不織布，布，フィルムなど，さまざまな素材へ光触媒を加工できるようになったため，照明器具やホットカーペット，障子紙，ブラインド，壁紙など幅広い用途が考えられる。特に，最近では縫製まで終了した段階での繊維製品に，光触媒を加工できるようになっており，少量多品種への対応も可能である。

1.1.3　抗菌

既存の抗菌剤は，薬効成分を蒸散などにより放出し，それによって菌の発育を阻止，あるいは死滅させるのに対し，この光触媒酸化チタンの抗菌作用は，光があたることによる活性酸素種（OHラジカル，スーパーオキシドアニオン）の発生や起電力などによると考えられている。これは銀系抗菌剤と比べて永続的な抗菌効果が期待でき，エンドトキシンなどの毒素も分解できることに特徴がある。これらを利用した商品としては，病院用抗菌タイル，カーペット，また内外装建材へのコーティング材などがある。

1.1.4　汚れ防止

光触媒酸化チタンは，有機物汚れを分解できるため，セルフクリーニングの材料をつくることができる。特に少しずつ付着してくる，自動車排煙油分汚れやタバコのヤニなどに対して効果が大きい。さらに光触媒コーティング膜が太陽光などの光照射により親水性になると，コーティング膜上に未分解の油分汚れが残っていても，雨や散水により油分の下に水分が入り込み，油分が光触媒層から離脱する現象が起こる。この親水性作用を利用した商品としてビル用窓ガラス，車用ボディーコート，建築外装材への適用化が進められている[8]。

また，土木構造物を美しい状態に維持するための材料開発を目的として，平成7年度から平成9年度に建設省土木研究所（現，(独)土木研究所）と民間17社からなる，官民連帯共同研究「土木構造物の防汚技術の開発」が実施された。共同研究終了後，平成10年度から同研究所と民間10社からなる「土木用防汚材料普及委員会」を結成し，引き続き活動を行っている。この委員会において，「光触媒を用いたNO_x低減材料」の道路沿道暴露による，自動車等からの排気微粒子等の自浄性効果について検討もされている[9,10]。

1.2　材料の機能と設計

白色着色顔料として使用される酸化チタンは，比較的触媒活性の弱いルチル型酸化チタンを，さらにアルミナやシリカ等でその表面をコーティングし，安定化させて使用している。一方，光触媒に使用する酸化チタンは，光活性の強いアナターゼ型酸化チタンを使用している。

二酸化チタンの結晶構造には
① 　ルチル型　　　：正方晶系・高温型
② 　アナターゼ型　：正方晶系・低温型

表2 ルチル型とアナターゼ型の比較

物　性	ルチル型	アナターゼ型
結　晶　系	正方晶系	正方晶系
格子定数 a	4.58Å	3.78Å
格子定数 c	2.95Å	9.49Å
比　　　重	4.2	3.9
屈　折　率	2.71	2.52
硬度（旧モース）	6.0〜7.0	5.5〜6.0
誘　電　率	114	31
融　　　点	1,858℃	高温でルチル型へ転移

③　ブルッカイト型：斜方晶系

の3種類がある。

　このうち一般的なのは正方晶系の2つの結晶系で，その中でも塗料などの工業材料に使われているのは，ルチル型酸化チタンである。ルチル型とアナターゼ型の比較を表2に示す[11]。

　アナターゼ型の方がルチル型より光活性が高い理由の一つとしては，エネルギー構造の違いが挙げられる。アナターゼ型のバンドギャップは3.2eV，ルチル型のそれは，3.0eV。アナターゼ型の方が伝導帯の位置が，0.2eVだけ高いことが指摘されている[3]。

　二酸化チタン光触媒の場合，バンドギャップ以上のエネルギーを持つ光を当てると，マイナスの電荷を持った電子と，プラスの電荷を持った正孔が生成する。この電子は非常に強い還元力を，正孔は非常に強い酸化力を持っており，水と溶存酸素などとの反応により，OHラジカル（水酸ラジカル）やスーパーオキシドアニオン（O_2^-）等の活性酸素を生じる。その中でもOHラジカルは特に酸化力が大きく，約120kcal/mol相当のエネルギーを持っている[12]。

　有機物を構成する分子中の水素-炭素結合，酸素-炭素結合，炭素-炭素結合の結合エネルギーは，それぞれ100kcal/mol前後なので，OHラジカルのエネルギーは，これよりはるかに大きいわけである。

　そのため，これらの分子間結合を簡単に切断でき，最終的には炭素は炭酸ガスに，水素は水に完全に酸化分解することができる。

　さらにOHラジカルの酸化力は，殺菌や消毒に一般に広く使用されている，塩素，過酸化水素，オゾンに比べても大きく，塩素の2倍の酸化能力を持っていることから，殺菌や消毒にも使用することができる。

　一例として，光触媒酸化チタンの表面で起きる，大気中の窒素酸化物の除去機構を図1[13]に示した。活性酸素がNO（一酸化窒素）をNO$_2$（二酸化窒素）に酸化し，さらにHNO$_3$（硝酸）にまで酸化させる。生成する硝酸は，光触媒表面に保持されるが，その蓄積はNO$_x$除去性能を低

第1章 光触媒コーティング

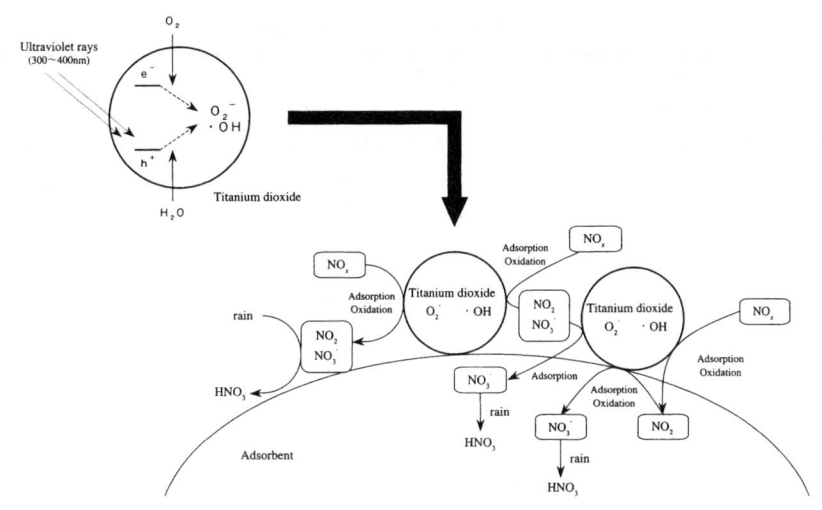

図1 光触媒酸化チタンを用いた大気中の窒素酸化物の除去機構

下させる。しかし定期的な水洗（降雨）により，除去性能は再生される。ただNO_2の状態で一部が光触媒表面から離れることもある。そこで，これを抑制するため吸着剤を併用している[8]。

また，光触媒反応による酸化分解は，酸化チタン表面に吸着されたものに限られるため，酸化チタンの表面積をできるだけ大きくする必要がある。このために酸化チタン粒子は，従来塗料に使用している白色顔料用途の酸化チタンに比べ，超微粒子（約20分の1の大きさ）のものを使用しているケースが多い。

1.3 コーティング材料の設計と考え方

光触媒酸化チタンの優れた機能を有効に活用するには，塗料のように広い範囲に塗布することが最も効果的である。しかし，酸化チタンは光を受けると，接触している範囲の有機物質を分解するので，塗料のバインダーとしては分解をされない耐久性のある樹脂の選択が必要となる。塗膜しての耐久性を維持しながら，光触媒酸化チタンを高濃度に保持することが要求される。

従来のコーティング技術と全く異なる点は，有機バインダーを適用できないことである。通常の塗料用樹脂をはじめ，耐候性があるとされているふっ素樹脂でさえ光触媒酸化チタンと共存すると分解されてしまう。そこで塗料用バインダーとしては分解劣化を受けにくい，無機樹脂（例えば，ケイ酸塩系，リン酸塩系，金属アルコキシド，無機コロイド等）が使用されている。無機バインダーはその種類により，一定温度以上で加熱硬化させるものや，常温付近で硬化させるものがある。いずれも一長一短があるが，常温硬化可能なバインダー成分としては，金属アルコキシド系が主流である。無機塗料と一般的な有機塗料の比較を表3[14]に示す。

光触媒作用を利用したNO_x浄化塗料においては，その塗膜表面は，NO_xガスと光触媒酸化チ

表3 無機塗料と有機塗料の比較

	アルカリシリケート系無機塗料	金属アルコキシド系無機塗料	有機塗料
光　　沢	一般に高光沢は得られない	高光沢〜低光沢	高光沢〜低光沢
硬　　度	高硬度，9H以上	比較的高硬度，3〜6H	3H程度が最高
成 膜 性	クラックが多い	連続被膜が得られる	連続被膜が得られる
耐摩耗性	ほとんど摩耗しない	ほとんど摩耗しない	摩耗が多い
耐 熱 性	良　　好	比較的良好	一般に可燃
燃 焼 性	不　　燃	不燃〜難燃	可　　燃
耐紫外線性	ほとんど劣化しない	ほとんど劣化しない	経時的に劣化
可とう性	一般に不良	中　　間	一般に良好
透水,通気性	透水，通気量が多い	比較的少ない	透水，通気量が少ない
耐エフロ性	一般に劣る	中　　間	一般に優れる
塗装作業性	塗装方法，基材や素地調整等の条件がかなり限定される	いくぶん限定される	一般に幅広い適用ができる

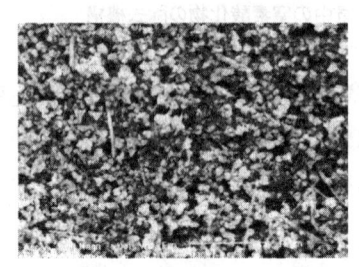

写真1　塗膜表面SEM写真

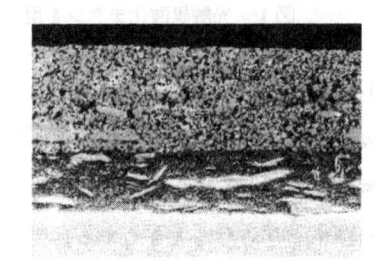

写真2　塗膜断面SEM写真

タンとの接触面積を増やすため，光触媒酸化チタンを高濃度に分散し，多孔質構造にしている（写真1，2）。

また，有害物を効率良く分解するためには，塗膜中の多孔質層にそれらを確実にしっかりと吸着させる必要がある。そこで，吸着能力の高い無機系吸着剤を併用している場合が多い。吸着された有害物質は，すぐに表面拡散によって光触媒酸化チタン表面に移動して光分解される。分解生成物は光触媒，吸着剤表面に保持され蓄積される。その蓄積はNO_x分解除去性能を低下させるので，定期的な水洗による再生作業が必要となるが，屋外の場合降雨などで流れ落ちることにより，塗膜の自然再生が可能となる。

これ以外に光触媒酸化チタンの有する強い酸化力を利用して，室内汚染の原因であるホルムアルデヒドの分解除去を始め，抗菌・脱臭・防かび・防汚・水処理等を行うことができる。しかし，一つの光触媒酸化チタン塗料に全ての働きがあるわけではなく，それぞれの用途に応じて最適な塗料（塗膜）設計が必要である。

以下に光触媒コーティング材（NO_x浄化塗料）の設計ポイントをまとめてみると，

① 光触媒酸化チタンによって分解・劣化を受けない耐久性のある樹脂の選定

② 光触媒反応は酸化チタン表面で起こる表面反応であるため効率の良い，窒素酸化物の塗膜上での分解除去性
③ 分解過程において発生する，より有害な二酸化窒素の発生量の抑制
④ 最終生成物である硝酸，あるいは硫酸の周辺環境への影響
⑤ 塗膜としての一般的な性能（基材保護等）を保持していること
⑥ 塗装作業性（現地施工性，製造ライン適正）

等が挙げられる。

1.4　大気（NO_x）浄化性能評価の標準化[15)]

光触媒材料は，汚染物質の分解除去・脱臭・抗菌・防汚などの多くの機能を発揮し，近年その応用範囲が拡大している。屋外に設置する大気浄化用光触媒材料については，建築材料や道路関連資材として，太陽光を利用する省エネルギー，省力的な大気浄化が可能となることから，局地的な高濃度汚染に悩む大都市域での適用が検討されている。

近年，その効果は目視等によって直接確認することが出来ないが，客観的かつ容易にその性能を評価できる性能試験方法が標準化されている。

1.4.1　大気浄化材料の性能試験

大気中のNO_x浄化試験方法については，2002年1月に経済産業省からTRZ 0018「光触媒材料—大気浄化性能試験方法」として公表されていた標準情報（TR）をベースとして，追加試験を実施し，日本工業規格R 1701-1「ファインセラミックス—光触媒材料の空気浄化性能試験方法—第1部：窒素酸化物の除去性能」として2004年1月に制定された。

1.4.2　(独)土木研究所共同研究「NO_x低減材料の土木への適用技術研究会」[16,17)]

平成9年度から平成14年度まで「NO_x低減材料の土木への適用技術研究会」として土木研究所と民間14社で共同研究を行った。本研究会では，光触媒を用いた被覆材料のNO_x低減効果評価方法の確立することを目的として，室内での評価試験方法及び沿道での評価試験方法の検討を行い，「光触媒材料のNO_x低減性能評価試験方法（案）」「沿道における光触媒を用いたNO_x低減材料の性能評価試験方法（案）」を提案した。また，光触媒を用いた被覆材料の暴露試験を大気汚染の著しい東京都品川区南大井の大井陸橋下で実施し，その耐久性を評価した。さらに，道路構造物へ光触媒を用いた被覆材料を適用した場合のNO_x低減効果のシミュレーションも行った。

(1)　光触媒を用いたNO_x低減材料の性能評価試験方法（案）

試験装置は，光触媒試験片の光照射による大気汚染物質（NO_x）低減能力を試験するものである。従って，模擬汚染空気であるNOを連続的かつ定常的に供給できる部分（NO_x供給部分），

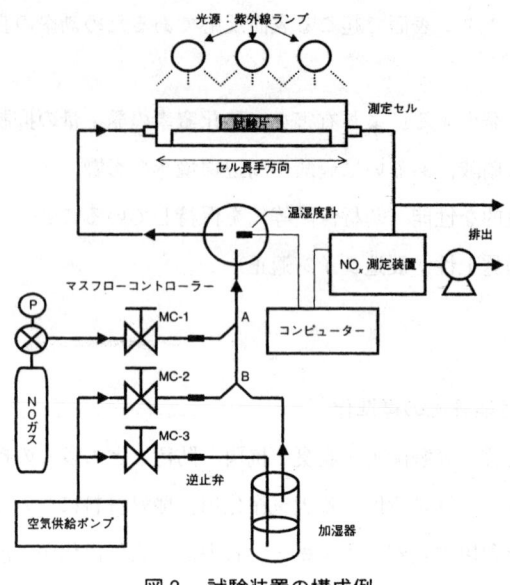

図2　試験装置の構成例

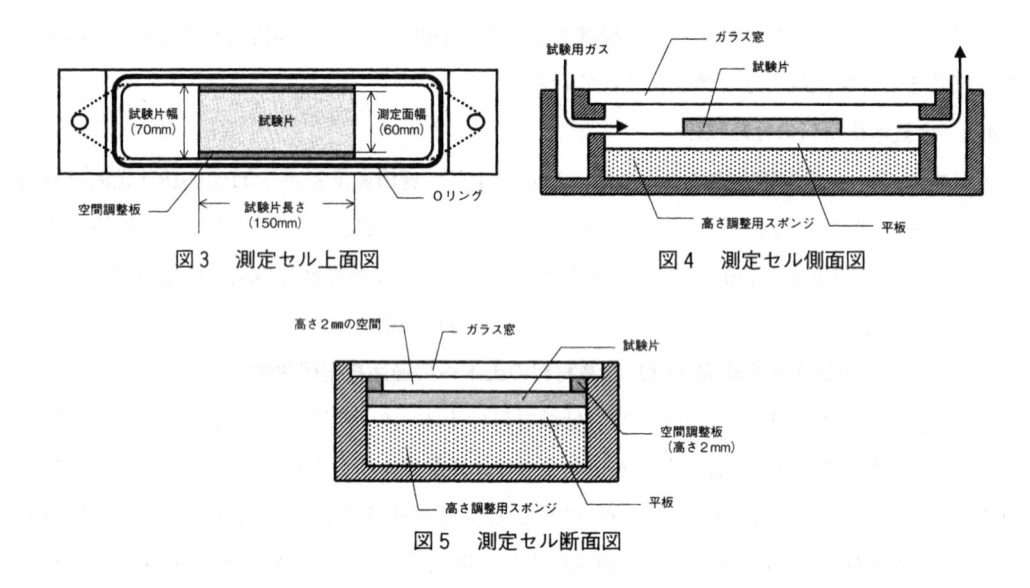

図3　測定セル上面図

図4　測定セル側面図

図5　測定セル断面図

機能発現に必要な光を定量的に受光出来る密閉容器（測定セル），光源，NO_x測定装置からなる。

なお，極低濃度のガスを扱うため，上記装置の材質には，吸着や微量ガスの放散など測定誤差を生じる要因に配慮しなければならない。

試験機器の構成例を，図2に示す。また測定セルの上面図，側面図，断面図をそれぞれ図3，図4，図5に示す。

性能試験の手順として，試験片に吸着している有機物を分解し，NO_x低減性能の測定に影響

を及ぼさないように，試料の前処理としてブラックライト照射（10 w/m^2：5時間以上），精製水浸漬（2時間），60℃乾燥（1時間）を行った。

　測定方法として，試験片を測定セル内に設置し，遮光用の覆いを取り付けて測定用ガスを流す。測定用ガスは，NO濃度 1.0±0.1 ppm，湿度 50.0±10.0％，温度 25.0±5.0℃になるように，空気で希釈して設定する。測定用ガスの流量は，試験片に対する流速（線速度）が 1.0 m/sec になるようにする。測定セル内の測定用ガスの温度・湿度が規程値になり，NOガス濃度変化が 0.05 ppm/分以下になった後，その状態で30分間測定用ガスを流通させる。30分経過後，遮光していた覆いを取ると同時に測定を開始し，30秒毎にデータを30分間採取する。データは NO，NO_2，NO_x，温度，湿度を記録する。

1.5　今後の光触媒技術の展開[15]

　大気浄化材料並びにそれを利用した浄化装置の開発に際して，これまでに多くの努力が払われてきたが，実用化に向けては，更なる検討改善が必要である。汚染物質の分解，除去能力が高いだけでなく，各種の用途に対応できる多様なものでなければならない。

　現在のところ，セメント系材料や無機系塗料が多いが，沿道用途から景観向上用まで幅広いラインナップが求められている。また，色彩・表面形状などの自由度，吸音機能など，その他の機能との複合化技術も併せて開発する必要がある。

　現在の光触媒技術の問題点を洗い出してみると，
① 反応速度が遅い・効率が悪い
② 特定物質だけの処理ができない
③ 汚染物質の分解速度が次第に低下する（長期暴露により性能が低下する）
④ 光触媒材料の固定化技術が難しい
⑤ 太陽光（紫外線）がないと機能が発揮しない
などが挙げられる。

　これらの問題点を解決する策として，機能性アップの研究は，あらゆる角度からなされているが，その主な方法は，
① ハイブリッド化による性能アップ
② 比表面積の拡大などの検討
③ 目的別選択ハイブリッド化の研究
④ 基材の構造・通気性・通水性の向上
⑤ 二酸化チタンの超親水性・超撥水性の性能研究
⑥ 光源，光波長との関係

⑦ 溶射法による NO_x の吸着率の向上

などである[18]。

光触媒の基礎研究は，光化学・物質化学（化学反応論，電気化学）・触媒化学・固体物理学などの分野で行われてきたが，応用研究段階では材料や個別の用途分野へと拡大している。

また，浄化材料にとって最も知りたい情報は，ある面積の浄化材料を，特定の場所に設置した場合に，その浄化効果はどれほどかという効果予測技術である。

浄化材料の能力は，風や日射のような気象条件や，交通量，道路構造によって大きく影響されるが，空気の流れやその他の諸条件を設定して，計算機シミュレーションを行うことによって，事前の効果予測は可能であるとしている。条件を詳しく設定して，予測の精度を上げるとともに，今後は，パターン化した条件設定により，簡便に効果を予測する手法が必要となろう[5]。

最後に，最近相次いで報告されている可視光応答型光触媒についてふれてみたい。現在，光触媒反応は太陽光の全エネルギーの内，わずかな紫外線部分を利用しているだけである。そこで，可視光が利用できれば，現レベルより最大一桁くらい能力を高められる可能性がある。

表4　不均一系光触媒の可視光化の試み

光触媒	研究者	調整方法	原理・効果
Pt-ルチル型 TiO_2	大阪市大 小松晃雄教授	Pt錯体のコロイド焼成法	ルチルの E_g （=3.0 eV）から420 nmまでを利用，ナノサイズ Pt 坦持によりアナタース並の活性
遷移金属イオン-TiO_2	大阪府立大 安保教授	イオン注入 (10～1,000 keV)	金属イオンの深さ方向分布制御した高分散ドープにより，電子－正孔対の再結合を防止。Crなどが Ti 原子と置換し，相互作用が発現
TiO_{2-x}	エコデバイス㈱	水素プラズマ処理／湿式法	酸素欠陥による色中心の生成。新たな準位の形成が推定されるが，活性発現機構は未解明
TiO_{2-x}	宇都宮大 吉原教授	X線照射	X線による色中心（=酸素欠陥）生成。上記と同様に可視活性が発現
TiO_{2-x}	大阪府立大 安保教授	スパッタリング	薄膜は傾斜構造を有し，内部は還元状態。上記と同様に可視活性が発現
Ti_2O_3	東北大 佐藤次雄教授	TiO_2/Ti 固相反応，1,100℃	酸素欠陥のない固有の結晶構造／電子状態で可視光活性を示す（Na_2S 水溶液からの水素形成）
他の酸化物など		CdS, WO_3, …	光溶解・活性低下などの問題も
層状化合物	東工大 堂免教授ほか	$RbPb_2Nb_3O_{10}In_2O_3(ZnO)_m$, …	光触媒の探索や修飾方法に自由度。特殊な反応場による電荷分離・選択性などの向上
色素増感	Gratzel ほか	TiO_2 焼結体＋色素	色素（遷移金属錯体など）の励起電子を TiO_2 などに移行させて利用
無機化合物による増感	東大藤嶋・橋本教授	W溶液 or WO_3→TiO_2/WO_3	色素増感と類似の効果を無機化合物で。防食効果も

第1章　光触媒コーティング

　環境汚染物質は一般的に低濃度であるので，屋外では紫外線だけで十分と考えられている。しかしながら，状況によっては，必ずしも日照が十分でない場合があり，これまでの酸化チタンと同等に使用できる可視光応答型光触媒があれば，その価値は高い。また，室内空間での抗菌・防汚・脱臭などの分野においては，より能力を発揮するであろう。

　光触媒の可視光応答化のために，これまで多くの試みがなされてきたが，いずれも紫外活性を失うなどのデメリットを生じていた。しかし，この数年間は特に精力的に研究開発が行われている。表4に不均一系光触媒の可視光化の試みを示す。環境浄化用途に限ってみると，いずれも酸化チタンをベースにしたものであり，酸化チタンの利点を受け継いだ，酸化チタンの機能拡張が狙いであることがわかる。従来品に比べて反応の効率が数倍以上になるので，市場の展望がいっそう明るく開けてくる[15]。

　この方向の技術開発が今後さらに熱心に進められ，光触媒を使ったすばらしい技術や製品が数多く生み出されることを期待したい。

文　　献

1) 光触媒工業会, 2005年度版　光触媒事業市場調査（2006）
2) 環境省, 平成19年版環境・循環型社会白書
3) 竹内浩士, 工業材料, **44**(8),（1996）
4) 竹内浩士, 化学と工業, **46**(12), 1839（1996）
5) 竹内浩士, クリーンテクノロジー, 日本工業出版（2001.1）
6) 橋本和仁, 大谷文章, 工藤彰彦編著, 光触媒　基礎・材料開発・応用, エヌ・ティー・エス（2005）
7) 吉田　隆, 最新光触媒技術, エヌ・ティ・エス（2000）
8) 橋本和仁, 藤嶋　昭, 酸化チタン光触媒のすべて―抗菌・防汚・空気浄化のために―, シーエムシー出版（1999）
9) 守屋進ほか, ㈳日本鋼構造協会, 第28回鉄構塗装技術討論会要旨集, 5（2005）
10) 守屋進ほか, ㈳日本道路協会, 第26回日本道路会議論文集, 論文番号20060（2005）
11) 藤嶋　昭, 橋本和仁, 渡部俊也, 光クリーン革命, シーエムシー出版（1997）
12) 藤嶋　昭, 橋本和仁, 渡部俊也, 光触媒のしくみ, 日本実業出版社（2000）
13) 石田則之, 中山俊介, *JETI*, **47**(13)（1999）
14) 江見　真, 塗装技術, 155, 1998年10月増刊
15) ㈱産業技術総合研究所, 竹内浩士, 指宿堯嗣, 光触媒ビジネス最前線, 工業調査会（2001）
16) 土木研究所資料第3853号「光触媒を用いたNO_x低減材料の適用に関する試験調査報告書―光触媒を用いたNO_x低減材料の評価試験方法―, 平成14年2月

17) 土木研究所資料第3886号「光触媒を用いたNO_x低減材料の適用に関する試験調査報告書（Ⅱ），平成15年3月
18) 秋山司郎，垰田博史，光触媒と関連技術，21世紀起業のキーテクノロジー，日刊工業新聞社（2000）

2 イオン工学的成膜法による可視光応答型酸化チタン薄膜光触媒の創製

竹内雅人[*1], 松岡雅也[*2], 安保正一[*3]

2.1 はじめに

酸化チタン光触媒の大規模な実用化を考えると、粉末状のままでは使用範囲が限られるため、酸化チタンを各種の基材に固定化する必要がある。特に、幅広い応用が可能な形態である薄膜状にコーティングする技術が不可欠である[1〜5]。しかも、酸化チタン薄膜は光触媒として高活性であるだけでなく、光照射により水滴が広く濡れ広がる光誘起超親水化現象が見出され、光機能性材料としても注目を集めている[4〜6]。

元来、可視光を吸収せず光透過性に優れた無機材料である酸化チタンは、粉末状では高い光屈折率のために白色である[7]のに対して、薄膜状にコートすると透明度が高いことも特徴のひとつである。つまり、建築材やタイルにコートしても元の素材のデザインや質感を損ねることがないため、従来製品の表面に光触媒機能を後から付与することが可能である。現在、酸化チタン薄膜コーティングは、ディップコーティングやスプレーコーティングなどのウェットプロセスで成膜されることが多く、そのコーティング溶液には有機溶媒が大量に使用されている。作業環境の安全性を考えると、水系のコーティング溶液が望ましい。また、薄膜の形成プロセスに高温での加熱処理が必要であるため、耐熱性の低いプラスチック基材などへの成膜が困難である。この問題を解決するため、低温で固化するコーティング剤も開発されているが、薄膜の機械的強度、基材との密着強度、高い光触媒活性をあわせ持つ酸化チタン薄膜を得るためには熱処理は不可欠なプロセスである。これに対して、ドライプロセスによる成膜法は有機系の溶媒を用いないことから、グリーンケミストリという観点からも望ましい手法である。ドライプロセスは、化学的気相蒸着法（Chemical Vapor Deposition；CVD）と物理的気相蒸着法（Physical Vapor Deposition；PVD）に大別されるが、総じて抵抗加熱、電子ビーム照射、イオンビームスパッタ、マグネトロンスパッタなどにより取り出したイオン源材料の蒸気、クラスターイオンなどを基板上に堆積させて薄膜を形成する方法である[8,9]。本節では、ドライプロセスであるイオン工学的手法による、透明な酸化チタン薄膜、可視光応答型の酸化チタン薄膜光触媒の創製について概説する。

2.2 ドライプロセスとしてのイオン工学的技術

イオン工学技術は日本が世界に誇る技術の一つであり、半導体分野に広く用いられている。特

---

* 1　Masato Takeuchi　　大阪府立大学大学院　工学研究科　助教
* 2　Masaya Matsuoka　　大阪府立大学大学院　工学研究科　准教授
* 3　Masakazu Anpo　　　大阪府立大学大学院　工学研究科　教授

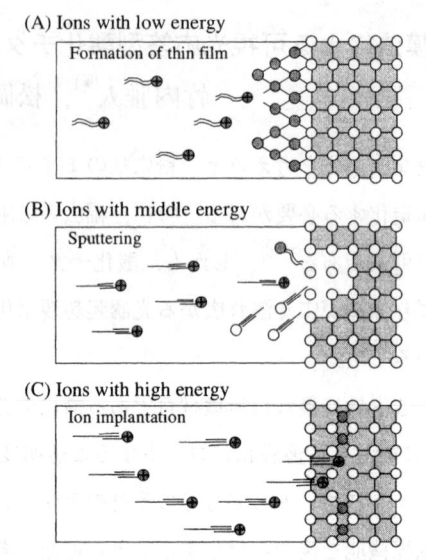

図1 各エネルギーで加速したイオンビームと固体表面との相互作用

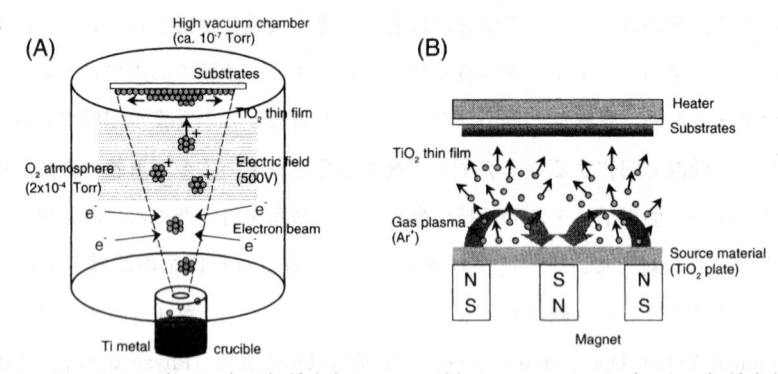

図2 クラスターイオンビーム（ICB）法(A)とRF-マグネトロンスパッタ（RF-MS）法(B)の概念図

に，イオン注入はシリコン半導体の結晶構造や電子状態を改質するための重要な技術である[8,9]。図1には，エネルギー状態の異なるイオンビームと固体表面との相互作用についての模式図を示す。数百eV以下の低いエネルギーをもったイオンビームは固体表面に堆積することで薄膜を形成する。数百eV～数十keVの中程度のエネルギーを有するイオンビームが固体表面に照射されると，イオン衝撃により表面の原子を弾き飛ばすスパッタリング現象が起こる。数十keV以上の高エネルギーに加速されたイオンビームは，固体表面にほとんどダメージを与えることなく奥深くに注入される（イオン注入）。このように，イオンビームの加速エネルギーを適切に制御することで，薄膜形成から表面モルフォロジーや結晶状態の制御，イオン注入による電子状態の改質など，多岐にわたる応用技術がすでに確立されている。

図2には，イオン工学的成膜法のうち，代表的なクラスターイオンビーム（Ionized Cluster

第1章 光触媒コーティング

Beam；ICB）法とRF-マグネトロンスパッタ（RF-magnetron sputtering；RF-MS）法の模式図を示した。ICB法は，酸素雰囲気にした真空チャンバー内にチタン蒸気を導入することで得られる酸化チタンクラスターを電子ビーム照射によりイオン化した後，電場で加速し基板に衝突させることで酸化チタン薄膜を成膜する手法である。一方，RF-MS法は，電場と磁場により発生させたArプラズマで酸化チタンターゲットの表面をスパッタすることで得られるTi^{4+}とO^{2-}イオンを基板上に再配列させることで，均質な酸化チタン薄膜を形成する手法である。いずれの成膜法も高真空チャンバー内で成膜を行うため，薄膜中への不純物の混入を抑制できる，薄膜の結晶構造や表面モルフォロジーの制御が容易であるなどの利点があり，高機能を有する薄膜光触媒の作製手法として非常に興味深い。

2.3 紫外光に応答する透明な酸化チタン薄膜光触媒の作製

クラスターイオンビーム（ICB）法により，透明な酸化チタン薄膜を作製した[10]。膜厚が100 nm以上の薄膜は，XRD測定よりアナタースおよびルチル構造が混在していることが確認できたが，膜厚100 nm以下の薄膜試料は明瞭な回折パターンが得られなかった。しかし，XAFS測定の結果から，膜厚が20 nmと極めて薄い試料においてもアナタース構造に帰属できるpreedgeピークが観測され，所々で酸化チタンクラスターが島状に蒸着されているのではなく均一な酸化チタン層が形成されていることが確認できた。これら酸化チタン薄膜のUV-Vis吸収スペクトル（図3）では，透明薄膜に特徴的な干渉縞が明瞭に観測され，均一な酸化チタン薄膜が形成されていることがわかる。また，膜厚の減少にともない吸収端が短波長側にシフトし，酸化チタンの一次粒子サイズに起因する量子サイズ効果が見られた。

作製した透明な酸化チタン薄膜光触媒に，NOの存在下で紫外光（$\lambda > 270$ nm）を照射すると，NO分解反応が進行しN_2，および，N_2Oが生成し，反応が光照射時間に比例して進行したこ

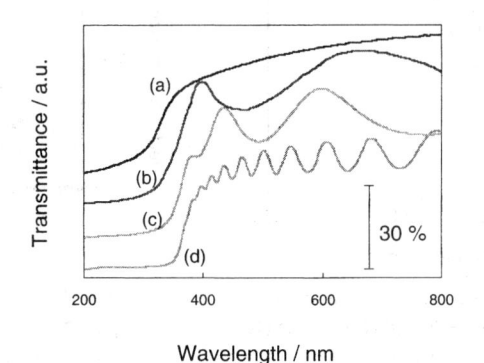

図3 ICB法で作製した酸化チタン薄膜のUV-Vis吸収（透過）スペクトル
膜厚：(a) 20，(b) 100，(c) 300，(d) 1000 nm

とからも，ICB法で作製した酸化チタン薄膜が光触媒として高効率に機能することが確認できた。

2.4 可視光に応答する酸化チタン薄膜光触媒の作製

2.4.1 遷移金属イオン注入法による酸化チタン薄膜光触媒の電子状態改質

我々は，酸化チタン粉末にCr, V, Mn, Fe, Niなどの遷移金属イオンを高エネルギーに加速したイオンビームとして注入すると，可視光に応答する光触媒を作製できることを見出してきた[2,3,11~14]。そこで，上記のICB法で作製した透明な酸化チタン薄膜においても，金属イオン注入法による可視光化を検討した[15]。その結果，粉末酸化チタンと同様，Crイオンの注入量に依存して酸化チタン薄膜の吸収端が長波長側にシフトすることが確認できた（図4）。図5に示すように，Crイオンを注入していない酸化チタン薄膜や化学的にCrイオンをドープした酸化チタン薄膜が可視光応答性をまったく示さなかったのに対し，Crイオンを注入した酸化チタン薄膜は可視光の照射時間に比例してNOの分解反応が効率よく進行した。これらの結果は，半導体の電子状態を改質する技術である金属イオン注入法が，半導体光触媒である酸化チタンの電子状態の改質にもきわめて興味深い結果をもたらし，可視光に応答する酸化チタン光触媒の作製に有用な指針を与えたと言える。

注入した金属イオンと酸化チタンが電子的な相互作用を持つことで可視光吸収が可能になったと考えられたので，酸化チタン薄膜に注入したCrイオンの局所構造に関する知見を得ることで光触媒の可視光化発現機構を検討した。詳細は成書を参考にされたいが，酸化チタン格子中の

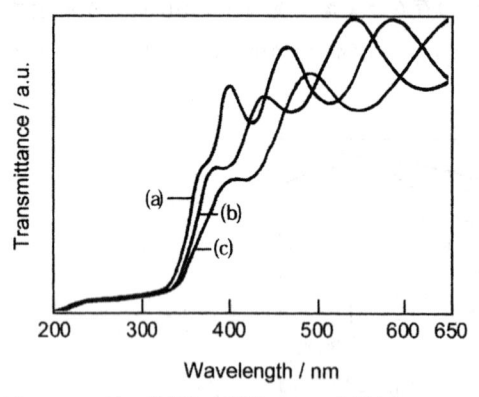

図4 ICB法で作製した酸化チタン薄膜(a)とCrイオンを注入した酸化チタン薄膜(b, c)のUV-Vis吸収（透過）スペクトル
Crイオン注入量：(a)0, (b) 3×10^{16}, (c) 6×10^{16} ions/cm^2

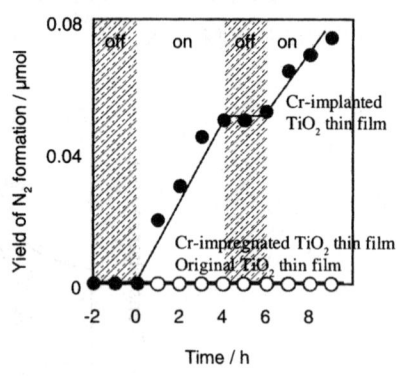

図5 ICB法で作製した透明な酸化チタン薄膜，Crイオン注入酸化チタン薄膜，Crイオン含浸酸化チタン薄膜による，可視光（$\lambda>450$ nm）照射下でのNOの光触媒分解反応の経時変化

第1章 光触媒コーティング

Ti^{4+}がCr^{3+}で置換した構造がXAFS測定の結果から示唆された。このような特異的なCrイオンの局所構造が，化学的にCrをドープした酸化チタン薄膜には観測されなかったことからも，酸化チタン格子中に高分散状態で存在する六配位のCr^{3+}イオンが，酸化チタン光触媒の可視光化に重要な役割を果たしていると言える[16,17]。

イオン注入法は高い運動エネルギーを有したイオンを狭い空間へ瞬間的に散逸し静止させることが可能であるので，通常のプロセスでは達成できないような高温状態が局所的に実現する。このため，イオンの低原子価状態を比較的容易にバルク内部に導入してやることが可能であり[18]，我々の見出した酸化チタン光触媒の可視光化発現に寄与している要因のひとつとして，イオン注入法によってのみ形成され得る酸化チタンの格子の位置に置換した低原子価状態の金属イオン種の存在が重要であると考えられる。

2.4.2 RF-マグネトロンスパッタ法による可視光応答型酸化チタン薄膜の一段階成膜

上述した遷移金属イオン注入法による酸化チタン薄膜光触媒の可視光化は，成膜とイオン注入の二過程を要した。しかし，我々はマグネトロンスパッタ法における成膜条件（スパッタガスの圧力や基板温度など）を厳密に制御することで，可視光に応答する酸化チタン薄膜光触媒を一段階プロセスで作製できることを見出した[19,20]。この方法で作製した酸化チタン薄膜のUV-Vis吸収スペクトルを図6に示す。200℃程度の低温条件で作製した酸化チタン薄膜は可視光領域において明瞭な干渉縞と高い透過率を示したのに対し，600℃付近の高温条件で成膜した酸化チタン薄膜は可視光領域に明瞭な吸収を示すことがわかる。低温（200℃）で作製した酸化チタン薄膜が高い透明性を示したのに対し，高温（600℃）で作製した酸化チタン薄膜は黄色に呈色していたことからも可視光を吸収しているのは明白である。ターゲット材料に使用した酸化チタン焼結体に含まれる不純物は0.1％以下で，また，成膜条件により吸収が変化することから不純物の混入が可視光化発現の原因であるとは考えられない。

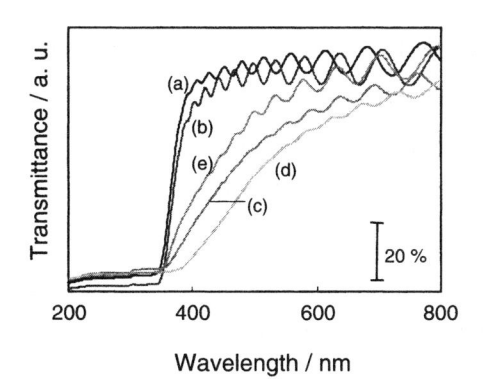

図6 RF-マグネトロンスパッタ法で作製した酸化チタン薄膜のUV-Vis吸収（透過）スペクトル
成膜温度：(a) 373，(b) 473，(c) 673，(d) 873，(e) 973 K

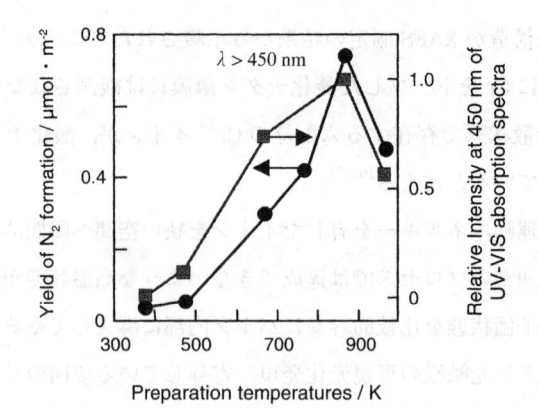

図7 RF-マグネトロンスパッタ法で作製した酸化チタン薄膜による可視光照射下でのNOの光触媒分解反応活性とUV-Vis吸収スペクトルの450 nmにおける吸収強度との相関関係

　実際に，これら酸化チタン薄膜光触媒を用いてNOの分解反応を検討したところ，透明度の高い薄膜は紫外光照射下で高い分解活性を示したが，可視光活性は示さなかった。これに対し，可視光領域に吸収を示した高温条件で作製した酸化チタン薄膜は，可視光の照射のみでNOを効率よく分解できることがわかった。図7に示すように，可視光照射下での光触媒活性がUV-Vis吸収スペクトルにおける450 nmの吸収強度によく一致することからも，これらRF-マグネトロンスパッタ法で作製した酸化チタン薄膜が可視光の照射下で光触媒として機能していることは明らかである。また，NOの光触媒分解反応だけでなく，酸素共存下でのアセトアルデヒドの完全酸化分解反応においてもそれぞれ紫外光，可視光の照射下で光触媒として機能することも確認している。本方法では可視光応答型の酸化チタン薄膜光触媒を一段階プロセスで作製でき，遷移金属イオンの注入による酸化チタン光触媒の可視光化に比較しても，より低コストで可視光応答型の酸化チタン薄膜を量産することが可能となり，実用化に向けた大きなブレークスルーになると期待できる。

　可視光応答性の発現機構を検討するために，紫外光および可視光に応答する酸化チタン薄膜の断面SEM観察を行った結果を図8に示す。紫外光に応答する透明な酸化チタン薄膜は酸化チタン微粒子がランダム，かつ，密に焼結した構造をとっているのに対し，可視光に応答する酸化チタン薄膜は直径が約100 nm程度の柱状結晶が整然と並ぶ構造をとっていることがわかった。また，表面からバルクにおける元素組成の深さ分布をオージェ電子分光法により測定した。その結果，紫外光に応答する酸化チタン薄膜では表面からバルク内部にいたるまでO/Ti原子比がほぼ2.0となり，化学量論的なTiO_2の組成であった。これに対し，可視光応答型の薄膜は表面近傍ではO/Ti比がほぼ2.0で，バルク内部に至るにつれてその比が徐々に小さくなり約1.933という値を示した。つまり，薄膜の表面近傍は化学量論的なTiO_2組成を有しているが，バルク内部

第1章　光触媒コーティング

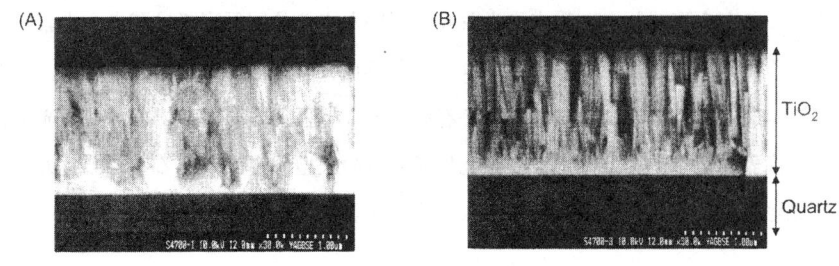

図8　紫外光応答型(A)および可視光応答型(B)の酸化チタン薄膜光触媒の断面SEM像

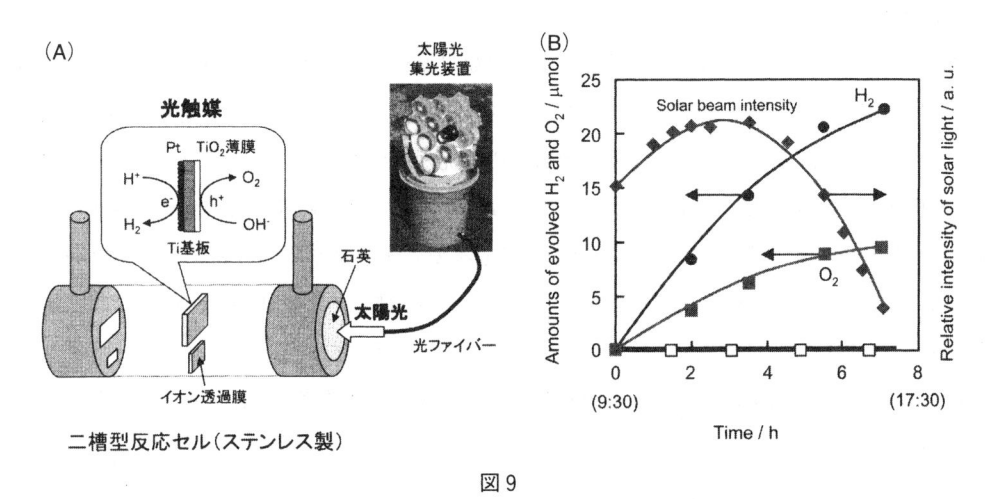

図9
(A)　二槽型反応セルの模式図（白金側：1 N H_2SO_4 水溶液，酸化チタン側：1 N NaOH 水溶液）
(B)　可視光応答型酸化チタン薄膜光触媒による太陽光照射下での水からの水素と酸素の分離生成反応の経時変化（太陽光照射時間：9：30～16：30）

では酸素が傾斜的に減少する特異的な構造を有していることが明らかとなった。さらに，可視光応答性を有する黄色い酸化チタン薄膜を空気中，高温で焼成処理を行っても黄色い呈色は消えず，最表面の安定な TiO_2 層が可視光応答性を示すバルク領域の保護層として働いていると考えられる。このような特異的な柱状結晶構造とO/Tiの傾斜組成構造をあわせ持つ酸化チタン薄膜は，前述のICB成膜法や電子ビーム蒸着法では得られなかったことから，RF-マグネトロンスパッタ成膜法において，金属チタンではなく酸化チタンターゲットを，酸素を共存させないArプラズマ中でスパッタするという成膜条件が，可視光応答型の酸化チタン薄膜を一段階プロセスで作製するためのブレークスルーになったと言える。

最近では，図9(A)に示すような二槽型反応セルのセパレータ部分にRF-マグネトロンスパッタ法で作製した可視光応答型の酸化チタン薄膜とプロトン透過膜であるNafionを挟み込んだセルを設計し，水からの水素と酸素の分離生成を検討している[20～30]。酸化チタン薄膜側に1 NのNaOH水溶液，白金側に1 Nの H_2SO_4 水溶液を入れ，12個のレンズで集光した太陽光を酸化チタン薄膜側に照射すると，図9(B)に示すように，酸化チタン薄膜側に酸素，白金側に水素が分

離して生成することを確認した。粉末系光触媒を用いた水の分解反応では酸素と水素が混合気体として生成するため，透過膜による分離プロセスが不可欠であることを考慮すれば，本方法は低コストでの水素製造システムとしてきわめて有利であると言える。現在では，可視光応答型酸化チタン薄膜の高表面積化や反応セルと太陽光集光装置の大型化を検討することで，太陽光と酸化チタン薄膜光触媒による高効率水素製造システムの開発を目指している。

2.5 まとめ

現在，実用化が始まりつつある酸化チタン光触媒は紫外光の照射が必要不可欠であり，紫外光が十分に利用できない居住空間などでは酸化チタン光触媒の大規模な応用展開は期待できない。そのため，可視光のみの照射で機能する光触媒の開発が切望されている。我々は，半導体の電子状態を精密に制御するために用いられてきた金属イオン注入法を駆使した酸化チタン光触媒の可視光化を見いだした。その際に蓄積した可視光応答型の光触媒に関する知見をさらに発展させて，RF-マグネトロンスパッタ法による，可視光応答型の酸化チタン薄膜を一段階プロセスで製造する方法を見いだし，大規模実用化に向けた検討段階に入っている。このように，イオン工学的手法は新規でより機能的な薄膜光触媒材料を創製する上で興味深い手法である。今後の大きな発展に期待したい。

文　献

1) "高機能な酸化チタン光触媒～環境浄化・材料開発から規格化・標準化まで～"，監修：安保正一，高機能光触媒創製と応用技術研究会編，エヌティーエス (2004)
2) M. Anpo and M. Takeuchi, *J. Catal.*, **216**, 505-516 (2003)
3) M. Anpo, *Bull. Chem. Soc. Jpn.*, **77**, 1427-1442 (2004)
4) "TiO$_2$ Photocatalysis Fundamentals and Applications", Eds., A. Fujishima, K. Hashimoto and T. Watanabe, BKC, Inc., (1999)
5) A. Fujishima, T. N. Rao, D. A. Tryk, *J. Photochem. Photobiol., C: Photochem. Re V.* **1**, 1 (2000)
6) R. Wang, K. Hashimoto, A. Fujishima, M. Chikuni, E. Kojima, A. Kitamura, M. Shimohigoshi, T. Watanabe, *Nature*, **388**, 431 (1997)
7) 清野　学，「酸化チタン　物性と応用技術」，技報堂出版 (1991)
8) "イオン工学ハンドブック―薄膜合成・加工・イオン注入・表面改質・デバイス応用・マイクロマシン等―"，監修：水野博之，イオン工学研究所編 (2003)
9) "プラズマ・イオンビームとナノテクノロジー"，監修：上條榮治，シーエムシー出版，

（2002）
10) M. Takeuchi, H. Yamashita, M. Matsuoka, T. Hirao, N. Itoh, N. Iwamoto, M. Anpo, *Catal. Lett.*, **66**, 185 (2000)
11) M. Anpo, *Catal. Survey Jpn.*, **1**, 169 (1997)
12) 安保正一，竹内雅人，岸口悟，山下弘巳，表面科学，**20**, 60 (1999)
13) M. Anpo, H. Yamashita, S. Kanai, K. Sato and T. Fujimoto, *US patent*, **No. 6, 077**, 492 (June 20, 2000)
14) M. Anpo, M. Takeuchi, K. Ikeue and S. Dohshi, *Current Opinion in Solid State & Mater. Sci.*, **6**, 381 (2002)
15) M. Takeuchi, H. Yamashita, M. Matsuoka, T. Hirao, N. Itoh, N. Iwamoto, M. Anpo, *Catal. Lett.*, **67**, 135 (2000)
16) H. Yamashita, Y. Ichihashi, M. Takeuchi, S. Kishiguchi, M. Anpo, *J. Synchr. Rad.*, **6**, 451 (1999)
17) "SPring-8の高輝度放射光を利用した先端触媒開発"，監修：安保正一，杉浦正洽，永田正之，SPring-8触媒評価研究会編，エヌティーエス (2006)
18) 細野秀雄，まてりあ，**37**, 261 (1998)
19) 竹内雅人，安保正一，平尾孝，伊藤信久，岩本信也，表面科学，**22**, 9, 561 (2001)
20) M. Kitano, M. Takeuchi, M. Matsuoka, J.M. Thomas, M. Anpo, *Chem. Lett.*, **34**, 616 (2005)
21) M. Matsuoka, M. Kitano, M. Takeuchi, M. Anpo, J.M. Thomas, *Topics Catal.*, **35**, 305 (2005)
22) M. Kitano, K. Tsujimaru, M. Anpo, *Appl. Cat. A-General*, **314**, 179 (2006)
23) H. Kikuchi, M. Kitano, M. Takeuchi, M. Matsuoka, M. Anpo, P.V. Kamat, *J. Phys. Chem. B*, **110**, 5537 (2006)
24) K. Iino, M. Kitano, M. Takeuchi, M. Matsuoka, M. Anpo, *Curr. Appl. Phys.*, **6**, 982 (2006)
25) M. Kitano, K. Funatsu, M. Matsuoka, M. Ueshima, M. Anpo, *J. Phys. Chem. B*, **110**, 25266 (2006)
26) 北野政明，植嶌陸男，安保正一，マテリアルインテグレーション，**19**, 8, 35-40 (2006)
27) M. Matsuoka, M. Kitano, M. Takeuchi, K. Tsujimaru, M. Anpo, J. M. Thomas, *Catal. Today*, **122**, 51 (2007)
28) M. Kitano, M. Takeuchi, M. Matsuoka, J. M. Thomas, M. Anpo, *Cat. Today*, **120**, 133 (2007)
29) M. Kitano, M. Matsuoka, Michio Ueshima a, Masakazu Anpo b,* *Applied Catalysis A: General*, **325**, 1-14 (2007)
30) M. Kitano, T. Kudo, M. Matsuoka, M. Ueshima, M. Anpo, *Mater. Sci. Forum*, **107**, 544-545 (2007)

第2章 耐酸性雨コーティング

柴藤岸夫*

1 はじめに

　1980年代に入り酸性雨（pH 5.5以下の雨）の被害が世界各地で相次いで報告され，地球規模での大きな社会問題となった。最近では国内外においてSO_x，NO_xなどの酸性排出物の削減努力が払われ，pHの低下傾向には歯止めがかかってきているが，地球全体で見た場合にはエネルギー消費量の増加のため未だ改善には至っておらず，pH 4～5の降雨が日常化しているのが実情である。酸性雨の実態は各国の環境機関（日本では環境省の定期調査），各地方自治体や市民団体などできめ細かく継続調査されているので，インターネット等により参照されたい[1]。

　本章では酸性雨によるコーティングへの被害のメカニズムおよび耐酸性雨コーティングの設計思想について概説する。

2 耐酸性雨コーティングの必要分野

　酸性雨によるコーティングの被害は，主にメラミン硬化剤の使用された屋外塗装物品に集中している。例えば自動車や建材パネルなどにおいて，酸性雨により塗膜が侵食され見苦しいシミを呈する。酸性雨による塗膜の侵食は，日照により温度の上がりやすい濃色で，かつ水の溜まり易い水平部位で顕著である。図1はアクリル／メラミン系の自動車塗膜をフロリダで一夏水平に放置して生じたシミの3次元表面粗度形状であり，塗膜が侵食されているため洗っても回復することはできない。侵食の形状は，水滴の乾燥するときの水の残り方によって大きさや深さはまちまちであるが，小さいもので数mm，大きいものでは数cmに達する。また侵食の深さは，その輪郭部分が最も深く，$0.1\mu m$から深いものでは$5\mu m$程度のものまで存在する[2]。新車に図1のようなシミが生じると，1台あたり10万円以上の補修費が必要であるため，例えば数千台の自動車が一時保管されるストックヤードなどで酸性度の強い雨が降ると，たった一度の雨で数億円の被害が発生することもあり得る。従って酸性雨に対しては，自動車上塗クリヤーの分野で早くから取り組みが進んだ。

---

　* Kishio Shibato　BASFコーティングスジャパン㈱　研究開発本部　塗料研究所　所長

第2章　耐酸性雨コーティング

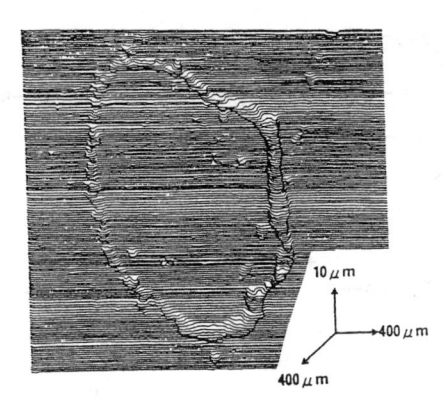

図1　酸性雨によりエッチングされた塗膜の三次元表面粗度形状

特に北米東海岸では，以下の4つの理由から酸性雨の被害が早くから顕在化したため，各国の自動車メーカーは，北米向け輸出車から積極的に耐酸性雨クリヤーを導入した。
① 陸揚げ港の近くなどに自動車のストックヤードが多く存在する。
② 自動車の絶対数量が多く，かつ濃色比率が高い。
③ 特に夏場，降雨後すぐに晴れて高温になるため，容易に酸が濃縮されやすい気象条件にある。
④ 北米では溶剤の削減目的からハイソリッド塗料が義務付けられ，他国に比べメラミン樹脂を多用していた。

3　酸性雨による塗膜侵食のメカニズム

通常のアクリル／メラミン硬化塗膜では，架橋点のアミノエーテル結合が酸による加水分解反応を受け易く，塗膜バインダーを形成する網目構造が切断され侵食を生ずるものと考えられている。Bergeらによれば，メラミン硬化塗膜の酸による加水分解は図2のように示される[3]。図中の1，2，5式の反応により塗膜の架橋点が切断し，3，4，6式の反応によりメラミン分子骨格の水溶化が進む。これらの加水分解反応は温度依存性が高く，図3に示すようにBauer[4]のIR測定から推算すると，40℃から50℃になると加水分解速度は3倍に，60℃になると約10倍にも大きくなることが分かる。

図4に夏場における各塗色の自動車ボディの表面温度を示す。白系塗膜の最高温度が43℃であるのに対して，黒系では70℃まで達する[5]。Bauerの結果と照らし合わせると，黒系塗膜は白系よりも約30倍速く加水分解反応が進むことになる。濃色で酸性雨の被害が多発していることは，これらの考察からも頷けるものである。

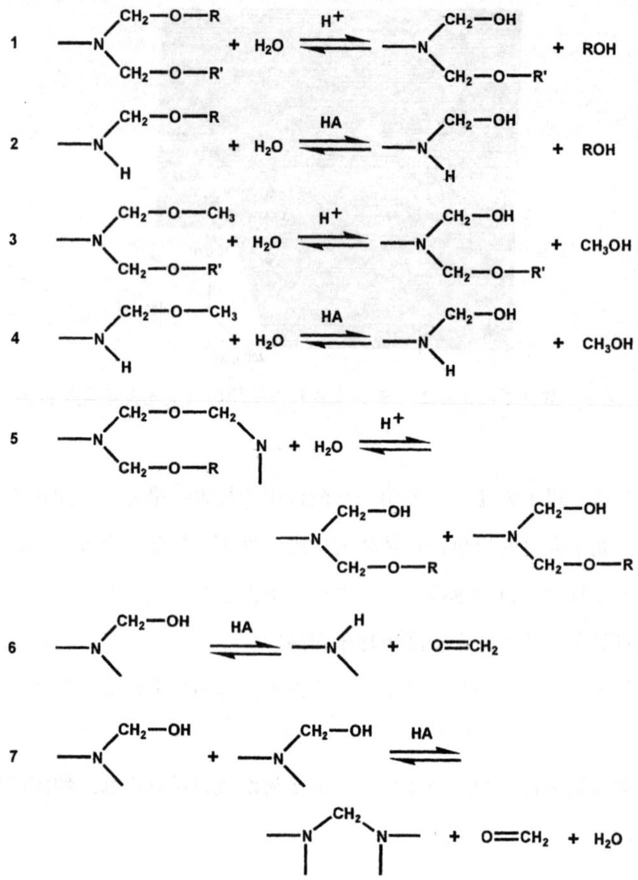

図2 メラミン樹脂の加水分解反応

4 耐酸性雨コーティング

　耐酸性雨性を改良するには，メラミン硬化系から酸に対し抵抗力のある硬化システムに置き換えることが最も効果的な方法である。しかしながら自動車上塗塗膜に対する要求性能は多岐にわたっており，それらを満足させるためにメラミン樹脂が長年にわたり使用されてきた経緯がある。単に耐酸性が優れるからといって，安易に置き換えられるものではない。あくまでメラミン硬化系と同等の物理性能，化学性能，耐候性および仕上がり外観性を保持した上で，耐酸性雨性に優れるものでなければならない。酸性雨の問題により1990年頃から新規な架橋システムが各方面で進められ，国内では以下の3つのシステムを代表例として揚げることができる。

第2章　耐酸性雨コーティング

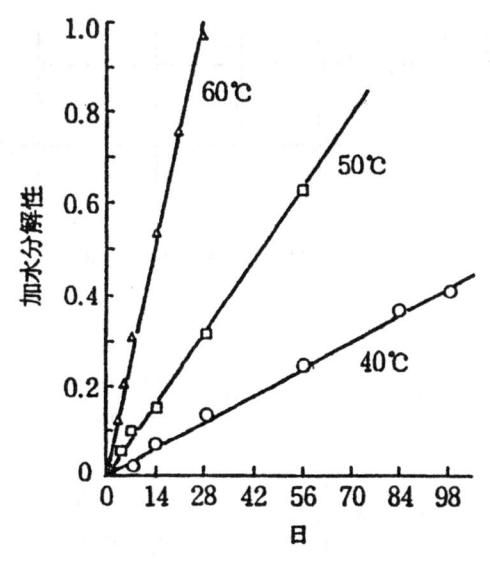

図3　メラミン硬化塗膜の各温度における加水分解性

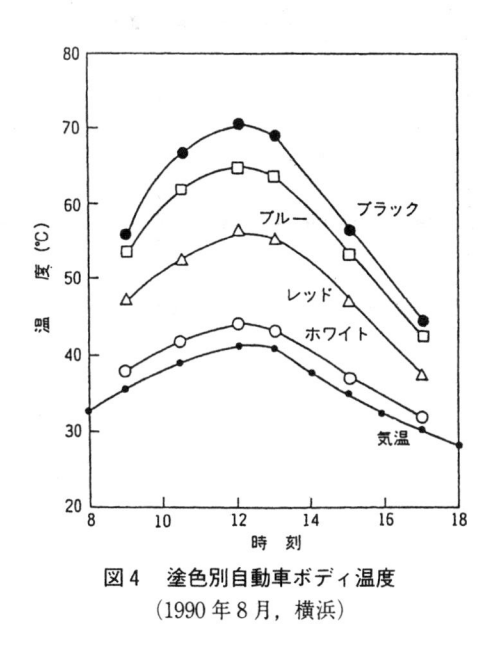

図4　塗色別自動車ボディ温度
（1990年8月，横浜）

4.1　エポキシ基／シラノール基／水酸基複合硬化システム

　図5に示すように，シラノール基含有シロキサンマクロマー，脂環式エポキシ基含有アクリルモノマーおよび水酸基から構成される共重合体を用いた硬化システムである。硬化機構は，①エポキシ基とシラノール基の付加反応，②エポキシ基と水酸基の付加反応，③シラノール基同士の縮合反応，④シラノール基と水酸基の縮合反応，⑤エポキシ基のカチオン重合の5つの反応が複

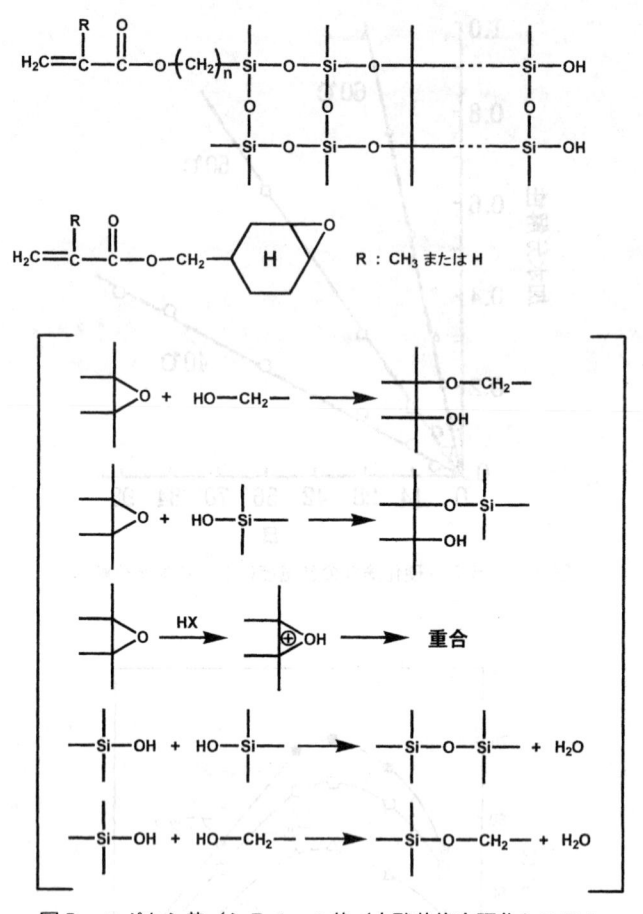

図5 エポキシ基／シラノール基／水酸基複合硬化システム

合化されたものであるため，高度に架橋された塗膜を得ることができる。ブロック化された金属キレート触媒を用いることによって低温硬化性と塗料の一液化を両立し，耐候性，耐酸性，耐傷付き性および塗膜外観性に優れることが報告されている[6]。

4.2 ハーフエステル基／エポキシ基／水酸基硬化システム

カルボン酸とエポキシ基のエステル化反応を基本とする硬化システムである。2種類の樹脂から構成されており，一つは水酸基とエポキシ基を有するアクリル樹脂であり，他方はカルボン酸無水物基をアルコールでハーフエステル化したセグメントを側鎖として持つアクリル樹脂である[7]。

図6に示すように硬化機構は，最初にハーフエステル基が加熱により脱アルコール反応してカルボン酸無水物基を生成する。続いてこのカルボン酸無水物基が，他方の樹脂中の水酸基と反応

第2章 耐酸性雨コーティング

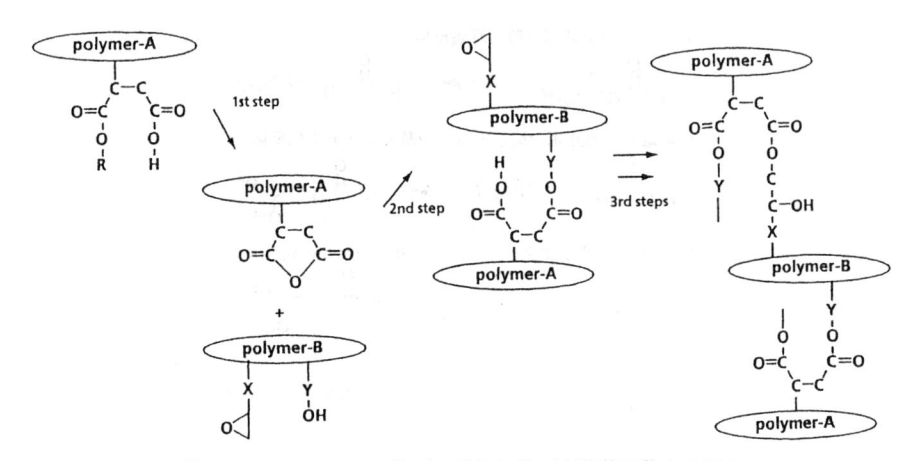

図6 ハーフエステル基／エポキシ基／水酸基硬化システム

してフリーのカルボン酸基を生成すると同時にエステル架橋を形成する。そしてさらにエポキシ基が，上の反応で生じたカルボン酸および最初のハーフエステルでカルボン酸無水物を形成しなかったものがエステル化反応する。

第3成分としてソフトセグメントに連結した水酸基をブランチしたカルボン酸ポリマーを用いることによって，耐酸性雨性に加えて耐擦り傷性を付与できることが報告されている。

4.3 ブロックカルボン酸基／エポキシ基硬化システム

カルボン酸とエポキシ基のエステル化反応を基本とする架橋システムであるが，用いられる官能基および硬化後に形成される塗膜構造に工夫が施されている。通常カルボン酸とエポキシ基のエステル化反応は室温でも進行するため，塗料は高温に曝されたり長期間貯蔵されると粘度増加やゲル化により使用できなくなる。しかし本硬化システムでは，カルボン酸がビニルエーテル基でブロックされ1-アルコキシエステル体に変化されており，架橋相手であるエポキシ基との反応が抑えられている。このため塗料は貯蔵条件下では粘度増加やゲル化は起こさず，完全一液型塗料として取り扱うことができる。

焼付け時の硬化メカニズムを図7に示す。1-アルコキシエステル体は，自動車塗料の通常の焼付け温度である140℃程度に加熱されると，容易にもとのカルボン酸とビニルエーテルに解離する。次に再生したカルボン酸がエポキシ基とエステル化反応し架橋する。さらに架橋によって生じた水酸基に，解離して生じたブロック剤のビニルエーテルが付加し，アセタールエステル体を形成する[8]。

本硬化システムの特徴としては，焼付け時に解離したブロック剤が，カルボン酸とエポキシ基との反応で副生した親水性の高い水酸基を封鎖し塗膜中に組み込まれるため，耐酸性はもとより

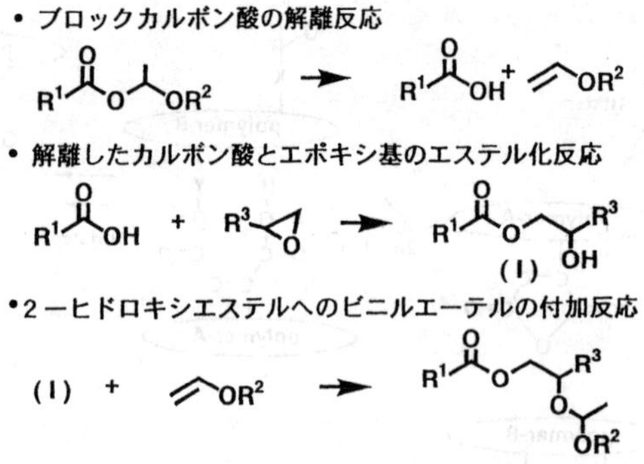

- ブロックカルボン酸の解離反応

- 解離したカルボン酸とエポキシ基のエステル化反応

- 2-ヒドロキシエステルへのビニルエーテルの付加反応

図7 ブロックカルボン酸基／エポキシ基硬化システム

耐水性および耐汚染性が通常のカルボン酸／エポキシ硬化システムに比べ大幅に向上する。また架橋反応に基づく外排出成分がほとんど存在しないことから、塗料の高固形分化および安全衛生面においても優れている。

図8に本硬化システムの耐酸性試験結果を示す。本硬化システムは従来のメラミン硬化システムに比べて、40％硫酸水溶液をスポットした際、高温に曝されても塗膜が侵食されることはなく、優れた耐酸性を示すことが分かる。また北米フロリダのジャクソンビルにおける酸性雨曝露試験でも優れた耐酸性雨性が証明されている（図9参照）。

5 塗膜親水化剤による耐酸性雨性の向上

酸性雨による侵食は、塗膜表面で酸成分が特に水滴の輪郭部で濃縮されることによって生じる。従って塗膜が撥水性の場合には、水滴は丸くなって小さくなるため、酸成分は一箇所に濃縮されやすくなり結果として深い侵食を数多く生ずることになる。ところが塗膜が親水性の場合には、水は塗膜上に薄く広がるため酸成分は濃縮されにくくなる。

塗膜親水化剤を塗布すると、降雨により汚れが洗い落とされやすくなるため塗膜の耐汚染性が向上するが、同時に耐酸性雨性も向上できることが確認されている[9]。表1に試験結果を紹介するが、従来のアクリル／メラミン硬化塗膜でも親水化処理を施すことにより、新架橋方式を用いた耐酸性雨コーティングと同レベルの耐シミ付き性が得られる。

6 おわりに

耐酸性雨コーティングと称せられるもので、最も実用化が進んでいるものは自動車上塗であ

第2章　耐酸性雨コーティング

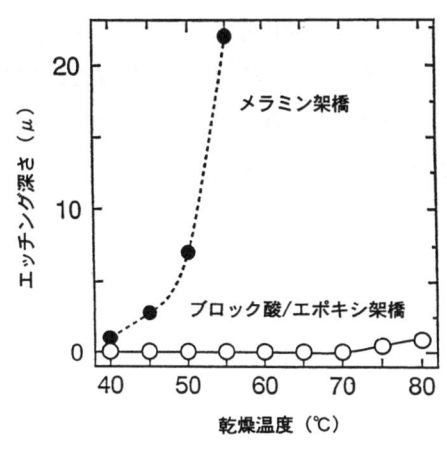

図8　ブロックカルボン酸／エポキシ硬化塗膜とメラミン硬化塗膜の耐酸性
（40％硫酸水溶液のスポットテスト）

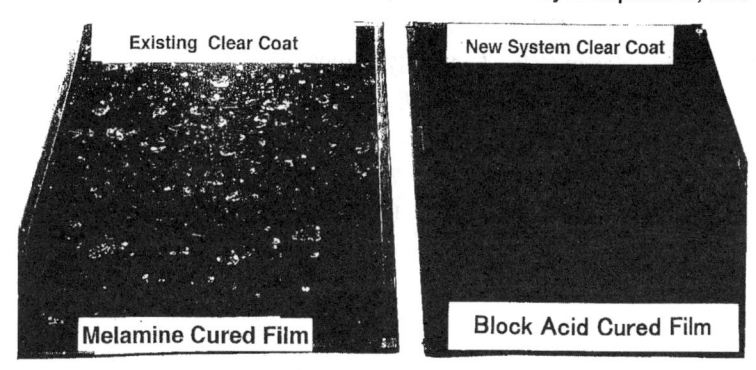

図9　自動車塗膜の酸性雨曝露試験結果

表1　塗膜親水化処理剤の効果

	未　処　理	親水化処理
水の接触角	80°	40°
耐汚染性[1]	×	○
耐酸性雨性[2]	×	○

[1] 屋外曝露1ヶ月後の汚れを目視評価（白色塗膜）
[2] 屋外曝露4ヶ月後のシミを目視評価（黒色塗膜）
　　いずれもアクリル／メラミン硬化塗膜

る。国内では従来のアクリル／メラミン硬化方式に変わり，カルボン酸とエポキシ基のエステル化反応を基礎とする硬化方式や，シリコンを応用した硬化方式が市場展開されている。一方海外ではウレタン硬化が主に用いられている。酸性雨の日常化により耐酸性雨コーティングの需要は高まっており，建材や屋外機などにも展開が広がっている。

文　　献

1) 例えば平成16年環境省報道発表資料，http://www.env.go.jp/press/press.php?serial=5052
2) K. Shibato, S. Besecke, S. Sato, 4th Asia–Pacific conference, Advance in Coatings, Inks & Adhesives, Paper 4 (1994)
3) A. Berge, B.kraeven, J.Vegelstad, *Eur. Polym. J.*, **6**, 981 (1970)
4) D. R. Bauer, *J. Applied. Polym. Science*, **27**, 3651 (1982)
5) 佐藤茂和，塗装と塗料，**477**(**4**), 35 (1991)
6) O. Isozaki, *Polymer Paint Color J.*, **180**, 471 (1990)
7) 奥出芳隆，色材協会主催「塗料講座」最近の新架橋システムの動向について，講演要旨集，P 20, 10月 (1992)
8) 中根喜則，石戸谷昌洋，色材，**69**(11), 735 (1996)
9) 柴藤岸夫，中根喜則，塗装工学，**3**(**5**), 179 (1999)

第5編　光学的機能

第5編　光学的構造

第1章　蓄光塗料

青木康充[*]

1　蓄光性材料とその特性

1.1　はじめに

　工業材料として実際に蓄光性材料が使用され始めたのは20世紀に入ってからで，その用途は主に軍事用として使われ発展してきた。当時から1993年位までは，主に硫化物系材料である硫化亜鉛蛍光体（ZnS：Cu），硫化カルシウム系蛍光体（CaS：Eu, Tm, CaS：Bi）などである[1]。しかし，これらの材料は化学的安定性が悪く，発光輝度が低いことなどからその用途については限られており，また一部の用途については，この蓄光材料にラジウムやプロメチウムなどの放射性物質を加えそのエネルギーによって発光させ欠点を補って使用されていた。1993年になって漸く放射性物質を含まなくても一晩中発光を持続するような蓄光性材料が出現し，1995年に化審法の許可を得て量産が始まり一般に広く使用できるようになった。この新しい蓄光性材料はその優れた特性によって用途が拡大し現在に至っている。

1.2　蓄光性材料

　表1に現在市販及び文献に掲載されている蓄光性材料の一覧を示す。

表1　各種蓄光性材料

蛍光体組成	発光色	発光ピーク (nm)	残光特性
$CaAl_2O_4$：Eu, Nd	紫青	440	中～長残光性
CaSrS：Bi	青	450	短残光性
$Sr_2MgSi_2O_7$：Eu, Dy	青	460	長残光性
$Sr_4Al_{14}O_{25}$：Eu, Dy	青緑	490	長残光性
$SrAl_2O_4$：Eu, Dy	黄緑	520	長残光性
$SrAl_2O_4$：Eu	黄緑	520	長残光性
ZnS：Cu	黄緑	530	短残光性
ZnS：Cu, Co	黄緑	530	中～短残光性
Y_2O_2S：Eu, Mg, Ti	赤	625	中～長残光性
CaS：Eu, Tm	赤	650	短残光性

---

　*　Yasumitsu Aoki　根本特殊化学㈱　蛍光体事業部門　蓄光材営業グループ　マネージャー

1993年以降に開発された長残光性蓄光材料は，それまでの硫化物蛍光体とは全く化学組成の異なる物で，希土類元素を賦活剤としたアルミン酸塩，珪酸塩及び酸硫化物系蛍光体である[2~5]。

本章では，その中でも現在長残光性蓄光材料としてもっとも利用が進んでいる $SrAl_2O_4$：Eu, Dyについてその特性と応用を述べる。

1.3 長残光性蓄光材料の特性

1.3.1 発光特性

蓄光性材料を発光させるためには，外部からの光の照射が必要である。発光に寄与する光の波長範囲を示すのが励起スペクトルで，その波長は蓄光性材料により若干異なるが概ね250～450 nmの範囲にある。従って紫外線を多く含む光を良く吸収し発光することになる。

発光スペクトルは，外部からの光の照射を遮断した後の発光色である。

図1に人間の視感度に良く合い，黄緑色に発光するもっとも一般的な新旧2種類の蓄光性材料について励起，発光スペクトルを示す。

1.3.2 残光輝度特性

蓄光性材料として最も重要な特性は残光輝度特性である。残光輝度が高いほど，また残光時間が長いほど蓄光性材料として評価される。表2に現在最も多く市販されている蓄光性材料の残光輝度と残光時間を示す。表2中の残光輝度は蓄光性材料をJISZ 9107に規定する常用光源蛍光ランプ D_{65} の200ルクスの光で20分間照射した後の20分と60分後の残光輝度を示し，また残光時間は，残光輝度が $0.3\,mcd/m^2$ に減衰するまでの経過時間を示している。残光輝度は，時間の経過とともに次第に減衰していくが，減衰の程度は蓄光性材料の種類によって大きな差がある。図2に3種類の蓄光性材料の残光輝度と残光時間の関係を示す。その関係は図2のように両対数グラフで表すとほぼ直線で示され，その直線の傾きから何時間後の輝度がどのくらいになるか推

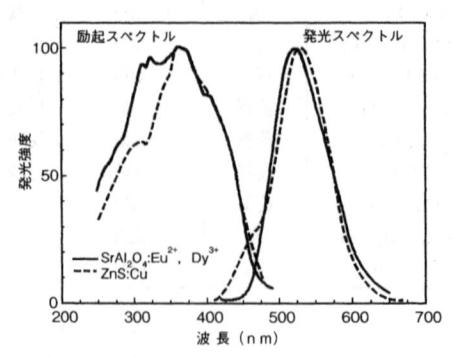

図1 励起スペクトルと発光スペクトル

定することが出来る。

　残光輝度は励起する光の強さと励起時間に影響される。図3にSrAl$_2$O$_4$：Eu, Dy長残光性蓄光材料を常用光源D$_{65}$の光で照射し，10分後の残光輝度を測定して励起光照度と照射時間の関係を示した。このように照度が高いほど，また照射時間が長いほど残光輝度は高くなるが次第に飽和することがわかる。直射日光のように強い光の照射では数十秒で飽和する。

表2　主な蓄光性材料の残光特性

蛍光体組成	発光色	発光ピーク (nm)	残光輝度 (mcd/m^2)		残光時間 min
			20 min 後	60 min 後	
Sr$_4$Al$_{14}$O$_{25}$：Eu, Dy	青　緑	490	112	36	2000 以上
SrAl$_2$O$_4$：Eu, Dy	黄　緑	520	116	37	2000 以上
ZnS：Cu	黄　緑	530	20	2.2	約 200

照射条件：D$_{65}$　200 lx，20 min

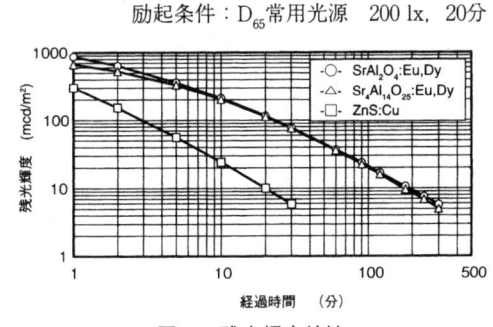

図2　残光輝度特性

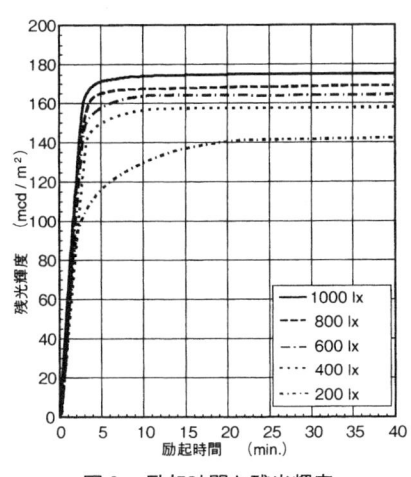

図3　励起時間と残光輝度

1.3.3 耐光特性

長残光性蓄光材料が従来の硫化物系蓄光材料に比較し優れている特性の一つが耐光性である。従来の $ZnS:Cu$ は，300 W 水銀灯下の紫外線暴露 100 hr で黒変し残光輝度が 35 % に減退するのに対し $SrAl_2O_4:Eu, Dy$ 長残光性蓄光材料は 1,000 時間の暴露においても変化が認められていない。

1.3.4 耐水性，耐湿性

蓄光性材料の中には，耐水性，耐湿性に弱いものがある。アルミン酸系蓄光材料の中では，$SrAl_2O_4:Eu$, $SrAl_2O_4:Eu, Dy$, $CaAl_2O_4:Eu, Nd$, 硫化物系では，$CaS:Eu, Tm$ などである。これは，水との接触によって化合物の一部が水和し輝度が減退する現象であるが，最近の表面改質及び処理技術により 40 ℃の水中で数十日間放置しても何ら輝度の減退を起こさないものが出来ている。

1.3.5 耐熱特性

蓄光性材料は無機材で 1,000 ℃以上の高温で焼成されたものであり，一般的に耐熱性は高い。ただし，500 ℃以上の高温で長時間加熱されると酸化により輝度が減退する。一般的に使用されるインキ，塗料の乾燥では全く問題にはならないが，ガラス，セラミクスへの加工においては加熱時間を短くするなどの考慮が必要となる。

1.4 発光のメカニズム

従来の $ZnS:Cu$ の発光メカニズムは，励起によって発光中心の Cu がイオン化し，生じた電子は伝導帯に上げられて捕獲中心に捕らえられる。そしてその電子は室温による熱エネルギーによって経時的に解放され，再び伝導帯に戻り発光中心の正孔と再結合して発光すると説明されている。これに対して長残光性蓄光材料である $SrAl_2O_4:Eu, Dy$ の残光は図 4 に示すエネルギー準位図によりその発光メカニズムが説明される。この場合，Eu が発光中心を Dy が捕獲中心を形成していて励起によって発光中心の Eu^{2+} イオンの基底準位に正孔が生じ，その正孔は直ちに価電子帯に移って捕獲中心の Dy^{3+} イオンに捕らえられる。その結果，Dy^{3+} イオンは Dy^{4+} イオンとなる。励起停止後，捕獲中心に捕らえられている正孔は経時的に室温の熱エネルギーに解放され，発光中心に戻って電子と再結合し，4 f-5 d 遷移による発光を生じさせる。Dy^{3+} イオンの捕獲中心のエネルギー準位が 0.65 eV であることは室温で残光を一晩中持続させるのに極めて適切な値であるため高輝度，長残光の特性を発揮しているものと考えられる[6~8]。

第1章　蓄光塗料

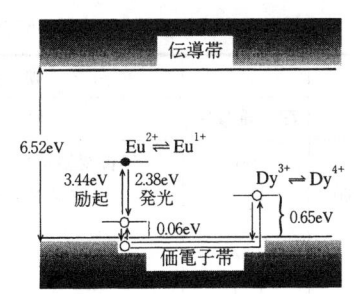

図4　SrAl$_2$O$_4$：Eu^{2+}，Dy^{3+}蛍光体のエネルギー準位

2　蓄光性材料の塗料化と塗装

前節で述べられた蓄光性材料の塗料化について記述する。

2.1　蓄光塗料の具備すべき条件

① 溶剤系，水性系及び粉体系などその用途に応じて塗料設計が可能なこと。
② 塗装する条件に適合した乾燥条件を備えること。常温乾燥，強制乾燥及び焼き付け乾燥等。
③ 塗料液中での蓄光性材料が保存中ハードケーキ状に沈降し，攪拌によっても容易に元に戻らない現象を生じさせないこと。蓄光性材料は，比重が3～5と他の一般顔料に比較し大きく，また展色材による表面濡れ性面からもこの傾向が大きいため特に留意する点である。
④ 塗膜の形成過程において均一に蓄光性材料を分布させることが発光性を良好にするため，塗料中の分散状態を良くすること。
⑤ 蓄光塗料は，塗膜中の単位面積あたり重量によってその発光輝度が変わるため要求する輝度，塗装膜厚などを考慮の上配合を行うこと。
⑥ 対象とする被塗装材に塗装した塗膜が良好な付着性であること。
⑦ 塗装した塗膜が耐候性，耐水性に優れること。

2.2　蓄光塗料の製造上特に注意すべき点

アルミン酸，珪酸塩系の蓄光性材料の表面硬度は硬い部類に属するため，その塗料化の分散工程において金属類を使用すると工程中にこれらの表面が削り取られ塗料の色相が著しく変色する。このような塗料の状態では蓄光性材料の発光輝度も低下するため理想的には磁性ボールミル（ペブルミル）の使用が望まれる。

表3 無黄変アクリルウレタン塗料の配合例

主材		硬化材	
原料名	配合重量比	原料名	配合重量比
蓄光顔料	56	無黄変型イソシアネート化合物	40
ウレタン用アクリルポリオール樹脂	13.5	ウレタン用混合溶剤	60
有機ベントナイト	2		
脂肪酸アマイド液	4		
消泡剤	0.1		
ウレタン用混合溶剤	24.4		
合計	100	合計	100

表4 無黄変アクリルウレタン蓄光塗料の恒数

項目	数値
主材の比重（25℃）	1.68
主材の加熱残分	72 %
塗膜比重（25℃）	2.3
塗膜*P/B 重量比	3.2／1
塗膜*P/B 容積比	1.1／1

* P/B：顔料／バインダー

2.3 蓄光塗料の配合例

2.3.1 無黄変アクリルウレタン塗料（2液型）

　主に金属類あるいはABSプラスチック類に使用される例であり，熱硬化型の塗膜を与える2液型の塗料である。その配合例を表3に表わす。塗装使用時の主剤：硬化剤の配合重量比は100：10で可能使用時間は20℃で8時間である。配合から見た各数値は表4のように一般塗料のそれと比較してかなり大きい。従って単位面積に対する塗料の塗布量も必然的に増大する。例えば100μmの塗膜厚を得るには，計算上平方メートル当たり322grの塗料が必要となる。配合上特に注目する点は，塗料中の蓄光性材料のハードケーキ状の沈降を防止するため有機ベントナイト及び脂肪酸アマイドを併用していることである。この方法によると2年間塗料を貯蔵しても正常な状態に保たれる。P/B容積比も約1であり塗膜物性上望ましい点にある。

2.3.2 水性塗料（1液型）

　特にVOCの少ない塗料系で環境面及び安全性に優れる。
　配合面での蓄光性材料は，特別な表面改質及び処理技術による耐水性を付加させた材料を使用する。水性の場合は，特にいろいろな助剤が使用される。エマルジョン液の安定性のためそのpHをアンモニア水で8～9の範囲に調整される。表5は水性塗料の配合例である。

表5　水系蓄光塗料の配合例

原　料　名	配合重量
蓄光顔料	35
水系顔料分散剤	3
水系消泡剤	0.1
防腐剤	0.3
造膜助剤	2.5
水系増粘剤	2
水系有機ベントナイト	0.5
微粒アクリルエマルジョン樹脂液（固形分＝45％）	40
脱イオン水	16.5
5％アンモニア水	0.1
合　　計	100

表6　ラッカー型蓄光塗料の配合例

原　料　名	配合重量
蓄光顔料	44
硬質アクリル樹脂	7
軟質アクリル樹脂	3
有機ベントナイト	2
脂肪酸アマイド液	4
消泡剤	0.1
メチルイソブチルケトン	12
酢酸エチル	4
ブチルアルコール	8
イソプロピルアルコール	8
ダイアセトンアルコール	8
合　　計	100.1

　適切な蓄光性材料及び塗料配合により，蓄光性材料の沈降に対する安定性，残光輝度は40℃，6ヶ月間の促進条件においても維持される。

2.3.3　ラッカー型塗料（1液型）

　溶剤が蒸発すれば塗膜を形成するラッカー型の配合例を表6に示す。特に溶剤作用に弱いプラスチック素材に適するもので隠蔽性が大きく刷毛などで小面積の表示に効率的な配合である。熱

表7 下地色による残光輝度に与える影響

下地色	塗厚			
	85μm	155μm	220μm	280μm
白	100	100	100	100
銀色	76	81	81	81
黄色	44	55	62	62
緑色	35	43	49	52
青色	35	36	38	41
赤色	15	21	27	31
黒色	15	19	23	28

各数値は、白下地の残光輝度を100としたときの相対輝度(%)

可塑性の塗膜である。

2.3.4 その他の塗料

蓄光性材料は，アミノ，アルキッド，粉体塗料，不飽和ポリエステル，エポキシ樹脂塗料などその用途に応じてすべてに塗料化が可能である。各種の蓄光塗料が市販されている。

2.4 塗装工程

表7のように蓄光塗料は白色の素材上でもっともその発光性能を発揮する。下地色に黒や赤などの色を使用すると蓄光性材料の光の吸収及び発光に大きく影響し発光性能が著しく落ちる場合がある[9]。従って十分なその機能を発揮する塗装系は，下塗りとして白色塗料を使用し上塗りに汚染防止，耐候性の向上を目的としてクリアーで保護するのが望ましい。

図5に単位面積あたり蓄光性材料の重量と輝度の関係を示す。このように蓄光性材料の塗布量によって輝度が大きく変化することがわかる。この図は，$SrAl_2O_4 : Eu, Dy$ 蓄光性材料をそれぞれ単位面積重量でシート化しJISZ 9107における照射条件で10分後の輝度を測定したものであるが300 gr/m² 近辺までは輝度がほぼ比例して高くなり400 gr/m² 近辺で飽和する。飽和するのは励起光が到達する深さに限度があるため蓄光性材料の粒径，励起光源の違い（太陽光，蛍光灯，白熱電球等）やその照度，照射時間によって飽和輝度，飽和塗布量が変化する。

表8に無黄変アクリルウレタン塗料による塗装工程例を示す。塗装方法は，その標示方法が点であるか線なのかあるいは面であるかにより選択される。本工程例は，鉄鋼，アルミニウム，ABSあるいは既存塗膜を対象とする。既存塗膜がある場合には，その耐溶剤性や塗られる塗膜との付着性を事前に調査することである。塗料系が変わっても原則的に本工程が基準となる。いずれにせよ蓄光塗料による良い塗装は，

第1章 蓄光塗料

常用光源D_{65} 200l×20min励起 10分後の輝度

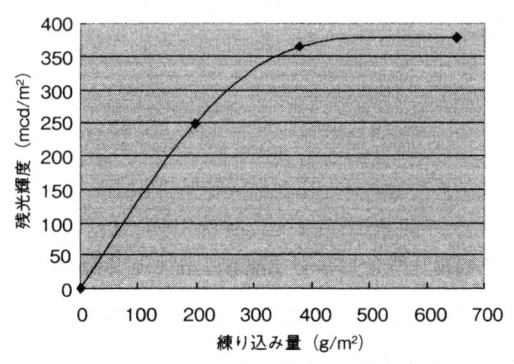

図5 単位面積あたりの蓄光材料塗布量と輝度の関係

表8 無黄変アクリルウレタン蓄光塗料の塗装仕様

表中配合比は重量比

No	工程	使用塗料と処理	塗装方法	塗り付け量 (gr/m^2)	塗装厚 (μm)	塗装間隔 (20℃)
1	素地調整	表面の清掃 場合によっては、#400ペーパーで研磨	—	—	—	—
2	養生	塗装不要部分、エッジをマスキングで養生する	—	—	—	—
3	下塗り	ポリウレタン下塗り白色 主　剤：80 硬化剤：20 シンナー：10～20	刷毛 ローラー スプレー	120	15	16 hr
4	上塗り（1回目）	ポリウレタン蓄光塗料 主　剤：80 硬化剤：20 シンナー：10～20	刷毛 ローラー スプレー	150	40	0.5 hr
5	上塗り（2回目）	ポリウレタン蓄光塗料 主　剤：80 硬化剤：20 シンナー：10～20	刷毛 ローラー スプレー	150	40	16 hr
6	オーバーコート	ポリウレタン下塗り 主　剤：80 硬化剤：20 シンナー：10～20	刷毛 ローラー スプレー	120	15	1 hr程度
7	養生テープ除去	—				

① 良い塗料の選択
② 適切な塗装工程の決定
③ 塗装工程の管理

等によるものである。

2.5 おわりに

　蓄光性材料は，近年その輝度と残光特性が飛躍的に向上し安全防災の分野等で積極的に使用されることになった。しかし蛍光ランプやLED等の電気を使用する光源に比較すればその輝度は微少であり視認する環境や吸収する光の種類，時間等によってその見え方が大きく変わってくる。これらの特性を良く認識して頂き有効的にこの蓄光性材料を活用して頂けることを切に願うものである。蓄光性材料は，これからも時代の要請に応じてさらに一層の研究が進み，より優れた特性を持つものが今後生まれてくるものと考えられる。そして各種の光源や太陽エネルギーを光として蓄えることのできる蓄光性材料が将来の地球環境保全に一役を担うことを期待している。

文　　　献

1） 蛍光体同学会編,"蛍光体ハンドブック", p.349　オーム社（1987）
2） 松澤隆嗣，青木康充，竹内信義，村山義彦,"第248回蛍光体同学会予稿集"（1993）
3） 村崎嘉典，荒井清隆，一ノ宮敬治,"第278回蛍光体同学会予稿集", p.27（1999）
4） 公開特許公報，特開平9-194833（1997）
5） 公開特許公報，特開平11-302641（1999）
6） T. Matsuzawa, Y. Aoki, N.Takeuchi, Y. Murayama, *J. Electrochemical. Soc*, **143**, 2670（1996）
7） 松澤隆嗣，青木康充，竹内信義，村山義彦, *DENKIKAGAKU*, **65**, 547（1997）
8） 村山義彦, *Journal of the Society of Inorganic Materials, Japan* **8**,（2001）
9） 岩本亨，小林正雄, *Jounal of Society of Automotive Engineers of Japan* **5**, p 70,（2006）

第2章　反射防止膜用コーティング

木村育弘[*]

1　はじめに

　反射防止コーティングは，レンズ等の光学部品に蒸着やスパッタといった手法で行われてきており，技術としては必ずしも新しいものではない。近年，ディスプレイの大型化に伴い表面の反射防止処理の必要性が顕在化し，フラットCRTの出現によりディスプレイの表面処理用途として反射防止フィルムの使用が始まり，大型フラットパネルディスプレイ（FPD），とりわけプラズマディスプレイパネル（PDP）の本格普及に伴って，ディスプレイの視認性を高めるために広く用いるようになってきている。フィルム表面に連続的に反射防止加工を施した反射防止フィルムは，対象物の表面に貼合するだけで反射防止効果を付与することができるため，特に大画面のPDPの普及に伴い顕在化した市場に急速に浸透し，現在も成長を続けている。本章ではディスプレイ用反射防止フィルムについて，特にPDP用途に対する特性を交えて解説する。

2　反射防止の原理

　光が屈折率の異なった媒体に入射すると，その界面では必ず反射という現象が発生する。例えば空気層（屈折率 n_0）から屈折率 n_1 の媒体へ入射する時には，

$$R = (n_1 - n_0)^2 / (n_1 + n_0)^2$$

で表されるような強度の反射が発生する。空気から屈折率1.5の媒体に光が入射すると，

$$R = (1.5 - 1.0)^2 / (1.5 + 1.0)^2 = 0.04$$

となり，約4％の反射光が発生する。板状のフィルターでは両面でこの現象が起こるため，8％近い反射となり視認性を阻害する要因となる。この必ず発生する反射という現象に対して，基材の表面に屈折率の異なる層を設けることにより，最表面での反射光と基材との界面での反射光の位相を逆転させ打ち消し合わせて反射光を軽減することが反射防止の考え方である。

　図1に示したような単純な単層反射防止膜では，表面反射光（R_1）の強度は新たに設ける最表面層の屈折率（n_1）に依存し，界面反射光強度（R_2）は基材の屈折率（n）と n_1 の差に依存する。

---

[*]　Yasuhiro Kimura　日本油脂㈱　化成品研究所　AC2グループ　グループリーダー

表面反射光
$R_1 = (n_1 - n_0)^2 / (n_1 + n_0)^2$

入射光

界面反射光
$R_2 = (n - n_1)^2 / (n + n_1)^2$

反射防止膜(屈折率n_1,厚さd)

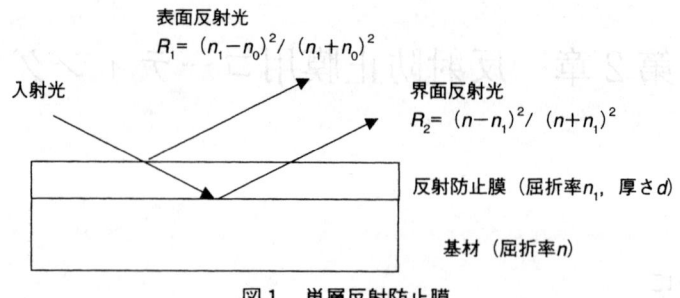

基材(屈折率n)

図1　単層反射防止膜

また,両反射光の位相を逆転させる必要性から,反射防止能は基材と反射防止層の屈折率および反射防止層の厚みに依存する。単層型反射防止層では波長λにおいて,

$n_1 = (n_0 \times n)^{1/2}$

$d = \lambda / (4 \times n_1)$

で与えられる条件が満たされる時に反射率最低値が0となる。式から明らかなように,反射防止能には波長依存性があり,単純な系では全ての可視光波長域の反射を0にすることはできない。このため,通常は人間の視感度の高い550 nm前後の波長で最低値になるように設計するが,その膜厚dは100 nm前後と非常に薄いものである。また,基材としてよく用いられるポリエチレンテレフタレート(PET)の屈折率1.65に対して最低反射率を0にするために必要な屈折率は1.28程度,トリアセチルセルロース(TAC)の屈折率1.49に対しては1.22程度と非常に低いものとなり,現在の材料においても実現困難な領域である。このような材料制約の中で,より光学性能を向上させるために2層以上の層を積層して反射界面を増やしたマルチコートという手法をとる。表面反射光との干渉に利用できる界面反射光を増やすことにより低反射率化するということであるが,発現原理や膜設計については多くの書籍[1]にて紹介されているので,ここではシミュレーション結果のみを述べる。図2に屈折率1.50の基材を用いて屈折率1.40の低屈折率層を用いた単層型,屈折率1.70の高屈折率層を中間層とした2層型,屈折率1.60及び1.70の中間層を設けた3層型の反射率を示した。基材のみの反射率は4％であるため,単層型では反射が半分程度に押えられているだけであるが,中間層を設けた2層型では特定波長においてはほぼ0になっている。しかしながら全波長域で低反射化しているというわけではなく,可視光波長域の両端部分ではむしろ単層よりも高反射率となってしまう。さらに1層加えて3層型にすることにより2層よりも広い波長範囲で単層よりも低い反射率とすることができ,層数を増やしていくことによりさらに高性能化は可能である。ただし,反射防止フィルムに求められる大量かつ低コストでの供給という観点からは単純に層数を増やすことが得策とはいえない。このため,許容されるコストや使用目的に応じた設計を行う必要がある。また,ここでのシミュレーションでは単純化するために材料の屈折率波長分散特性を考慮していないが,屈折率も波長依存で変化するため

第2章　反射防止膜用コーティング

図2　シミュレーションによる反射率スペクトル

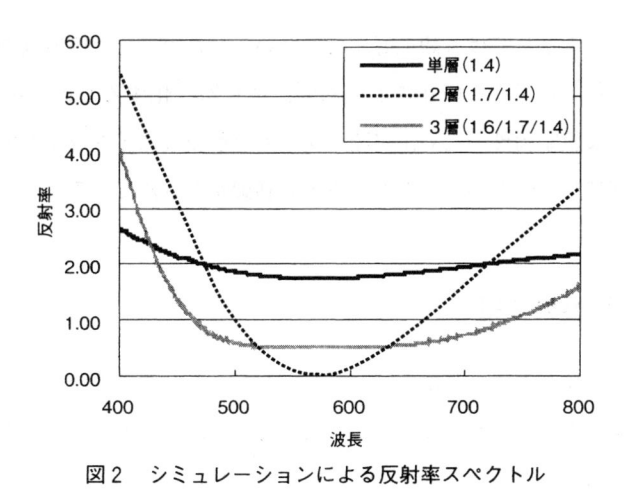

厳密に設計するには考慮が必要である。

3　ウエットコーティングによる製造

　フィルム表面へのコーティングによる反射防止が広く使用されるようになった理由の一つに，ウエットコートでの製造技術が確立されたことが挙げられる。バッチ加工で高真空を必要とするため生産性の面で不利な蒸着等のドライコーティングに比べて，塗膜材料を溶液として塗布，製膜するウエットコーティング法では，大面積対応，大気圧下での連続加工が可能であるために高い生産性と低コストを両立することとなった。材料に関しては，低屈折率材料として含フッ素化合物やアルコキシシラン，シリカ微粒子，高屈折率材料としては金属酸化物微粒子や高屈折率モノマー等が使用されており，溶液を塗布して乾燥した後に熱や活性エネルギー線照射により重合硬化する手法が主流である。塗布による製膜といえば簡単に聞こえるが，近年までウエットコーティングによる製造が行われてこなかった理由は，反射防止層が極めて薄い膜厚であることに起因している。前述のように，反射防止層1層の膜厚は100 nm程度であり，意匠等に使用するペイント塗膜の約$10\mu m$，ハードコートの$5\mu m$前後といった膜厚に比べ，極薄膜を高精度で塗布する必要がある。単層型の反射防止層で屈折率1.4の低屈折率層を用いて550 nmで最小反射率となるように塗布する際に求められる膜厚は約98 nmであるが，この膜厚に±5 nmの偏差があったとすると，最小反射率を与える波長は550±28 nmとなる。可視光領域において反射率差があると反射光が有色になるということであり，最小反射率波長が520 nm付近にくると反射光が赤みを帯び，580 nm付近に来ると青みを帯びてくる。こうした反射率の差は視感度という観点からの反射光強度の差だけでなく，色ムラとして認識されるため，ディスプレイ最表面に使用

される反射防止フィルムとしては外観上好ましくない。したがって，膜厚制御に許容される公差としては5nmでも大きすぎるということであり，より均一化するための技術開発が重要となる。このように高度な膜厚制御のため，実際の塗工では製膜後にインラインで膜厚測定を行い，変動に応じて塗工部にフィードバックをかける等の制御がなされている。

4 反射防止特性の変遷

何よりも反射防止性能が求められるのは言うまでもないが，要求特性は様々に変化してきた。まず反射防止フィルムの普及初期ではとにかく反射防止性能の向上，特に最小反射率をいかに低反射率化していくかという方向性で開発が行われた。弊社におけるリアルック®2200からリアルック®8200への性能向上がこれにあたり，図3に示したように反射スペクトルの波形をそのままスライドさせた設計となっている。両フィルムともにTACベースであったがコスト低減のためにリアルック®8200の光学性能をPETベースで実現してリアルック®7700を開発した。PDPの普及初期にはこういった数値を追いかける形であったのに対して，普及期ではコスト低減と表面強度向上が大きく叫ばれるようになり，光学物性を犠牲にしての低コスト化と高強度化を進めることになった。その後，PDPの画質向上という目的のためにより広波長域での低反射率化が進むことになり，現行のリアルック®7800を開発した。図4のスペクトルのように最小反射率は高くなっているものの，可視光域全体で平均的に低反射率化を図ることでPDPの色再現性の向上に寄与している。現在はこの波形を維持してより低反射率化を狙った製品開発を行っている。

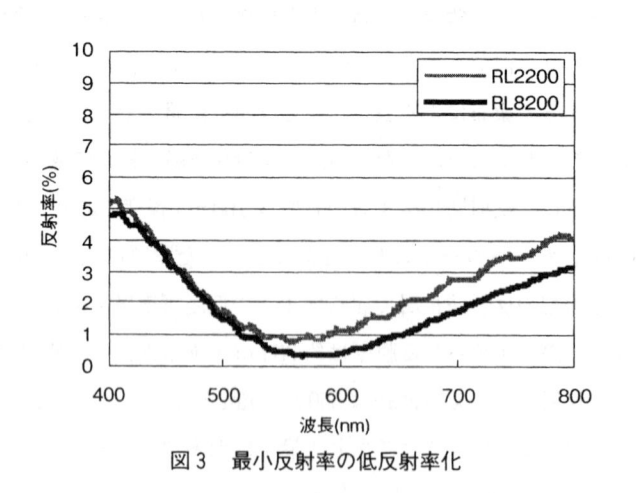

図3 最小反射率の低反射率化

第2章　反射防止膜用コーティング

図4　広波長域での低反射率化

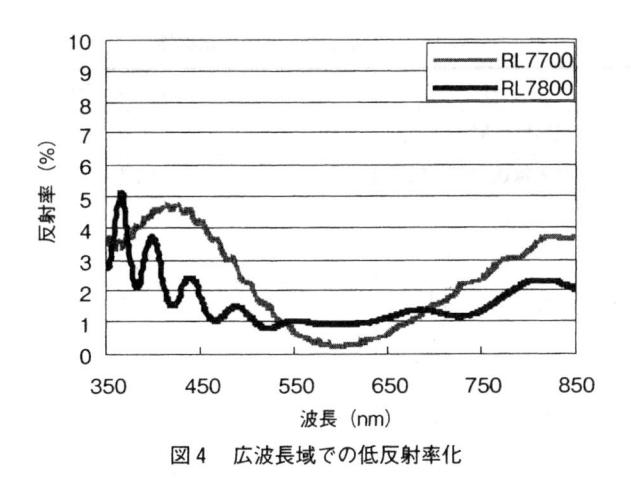

5　防止フィルムに求められるその他特性

　反射防止という機能のほかに求められる特性としては，まず表面強度が挙げられる。これまでのシミュレーションでは基材に対して直接コーティングする例を挙げてきたが，ディスプレイという製品の最表面に使用されて最終使用段階では直に触れることができるため，強度の確保という目的から反射防止層を形成する前にハードコート処理が必要である。表面強度の評価法については弊社HPにて詳細を公開しているが[2]，硬さの指標としての鉛筆硬度，擦り傷に対する指標としてのスチールウールによる耐擦傷性，布等で表面を拭いた際の耐久性指標となる耐磨耗性試験，塗膜密着性の指標である碁盤目剥離試験が挙げられる。表面強度は高いほど良いことは言うまでもないが，実際はその他の性能とトレードオフの関係になることが多い。鉛筆硬度については樹脂フィルムにコーティングするという製品形態を取る場合，事実上3H程度がほぼ上限であり，PDP用途としては通常2H以上が要求される。耐擦傷性，耐磨耗性は反射防止層の材料に依存するところが大きく，特に低屈折率層の光学性能とはトレードオフの関係になる。こうした制約の中で光学性能と表面強度のバランスを取りながら性能の向上が行われている。

　次に求められるものとして帯電防止機能が挙げられる。最終製品とした際に表面に埃等が付着して取れないといったことを防止するためのものであれば表面抵抗で$10^{12}\Omega$程度以下が必要となる。また，これもフィルムという製品形態ゆえであるが，フィルター等製造時に静電気を帯びると加工し難いといったところからの要求もある。帯電防止機能付与の方法としては練りこみや塗布等いくつか挙げられるが，多くはHC層や高屈折率層に金属酸化物微粒子を配合することにより実現している。特に高屈折率層にITOやATOのような微粒子を配合する方法では，金属酸化物自体が高屈折率であるため2つの機能を同時に付与することができる[3]。

　さらに，家庭のリビングでの使用ということから汚れが付きにくいといった特性も要求され

表1 リアルック®7800の諸物性

項目			リアルック®7800
光学物性	視感度反射率（%）		1.0
	全光線透過率（%）		94.9
	ヘイズ（%）		0.7
	反射色	L^*	9.7
		a^*	4.1
		b^*	−6.7
物理物性	表面硬度		2H
	密着性		100／100
	表面抵抗値（Ω）		$2.4×10^{12}$
	接触角	水（°）	100
		n-デカン（°）	17

る。評価の指標としては汚れをはじく撥水撥油性や，実際にマジックや指紋，サラダオイル等の汚れを付着させてからの拭取り性を評価する。弊社のリアルック®で最外層の低屈折率層に使用している材料では，油性マジックでも拭取れる程度の拭取り性を実現している（表1）。

6 信頼性

ディスプレイという製品に使用される上で長期使用に耐えうる信頼性を要求される。通常の耐久試験条件としては80℃耐熱，60℃/90%RHの耐湿熱，−40℃の耐寒促進試験において1,000時間までの性能変化が一定基準内であることを求められる。また，家庭で接触する可能性のある中性洗剤や清涼飲料水をはじめ，種々の薬品に対する耐久性も求められる。

7 その他機能との複合化

反射防止機能ではないが，PDP用としては他機能との複合化という方向で製品形態の変化も見られる。PDPの前面フィルターという形態で使用する場合，反射防止能の他に電磁波シールドと近赤外カットの機能，フィルターとしての色調補正機能が必要となる。従来は複数のフィルムを積層していたが，反射防止フィルムとの複合化が進んでおり，近赤外カット機能については反射防止フィルムの裏面にコーティングするという手法ですでに製品化されている。複合化によりフィルムの貼合回数が減ることになり，材料としての比例費低減ばかりでなく貼合加工コストの低減と歩留の向上といった効果も期待できる。

8 今後の展開

大型FPDとしてのPDP用に生産拡大してきた反射防止フィルムであるが，液晶ディスプレイ（LCD）やEL等，他のディスプレイへの展開も考えられる。LCD自体はディスプレイ用途として既に普及しており，その表面にはアンチグレア加工が施されることが一般的となっている。PDPはデバイスとしての創世記から反射防止処理がスタンダードで，反射防止以外の機能をもった前面フィルターが必要であるが，LCDではコストアップという制約も考慮されるため，現在反射防止フィルムが広く使用されているとは言い難い。LCDへの応用には偏光板に使用されるTACフィルムをベースとした反射防止フィルムを用いて偏光板を作成するという手法が一般的に用いられる。ただしテレビ用途で家庭の居間に設置される大型ディスプレイが強度等の安全上の観点から最表面が偏光板という状態で良いのかという意見や意匠等の要求から，将来は前面保護板という形態に加工されることも考えられる。使用デバイスや形態はどうあれ，ディスプレイ用途に広く使用されていくためには，性能向上と併せて低コスト化，高品質化，供給能力を高い次元でバランスさせていく必要がある。

9 おわりに

PDPやLCD等のフラットパネルディスプレイが本格的な普及期に入った。今後EL等の新方式ディスプレイの製品化も予定されており，大量かつ安価に安定供給できる反射防止フィルム市場も拡大を続けることが予想される。それに伴い，より高性能化を求める方向とコスト最重視の方向，その他機能の複合化等々市場の要求も多様化してきている。今後もこれらの市場要求に応えるべく製品開発と市場への供給と継続していきたいと考えている。

文　献

1) 例えば，花岡英章，「反射防止膜の特製塗最適設計・膜製作技術」，第1章　反射防止膜の設計，技術情報協会
2) 日本油脂HP　機能フィルム「ReaLook」技術情報（http://kinoufilm.nof.co.jp/）
3) 小松通郎，「反射防止膜の特製塗最適設計・膜製作技術」，第2章　第2節，帯電防止，技術情報協会

第3章　フォトレジスト

信田直美[*1]，後河内　透[*2]

1　はじめに

デジタルオーディオ，パソコン，ケータイ，ならびに，ディスプレイなどの幅広いアプリケーションの高性能化，高密度化の実現のために，超微細加工技術の達成は普遍の課題である。微細化の他，CMOS（Complementary Metal Oxide Silicon）にとってかわる新しいナノスケールデバイスへの関心に基づくERD（Emerging Research Devices：伝統的な微細化の限界があり，新規材料または改良された材料で電気的性能を改善した新規デバイス）などが，国際半導体技術ロードマップITRS（International Technology Roadmap for Semiconductors）に示されている[1,2]。また，次の大口径ウェハ（450 mm）についても議論されている。ITRS 2004 Update 以前では，DRAM（Dynamic Random Access Memory）の最下層金属配線のハーフピッチ（half pitch，ピッチの半分）をその時点での技術を代表するものとして，テクノロジーノードという表現を使用していた。今までDRAM製品は3年毎に新世代技術を導入しており，70年代中頃から90年代中頃までは，DRAMの金属配線のハーフピッチが3年毎に0.7倍になり，ビット数は4倍になるという関係であった。世代毎に金属配線のハーフピッチが30％縮小されており，テクノロジーノードを確認できた。しかし，テクノロジーノード毎にビット数を4倍にするためには，チップサイズを増大させなければならない。これを抑制するために多くの半導体メーカは90年代後半には次のテクノロジーノードの導入ペースをそれまでの3年毎から，2年ないし2年半毎に加速するようにした。素子寸法の縮小とともに，MPU（Micro Processor Unit）技術やフラッシュメモリ技術においても微細化が進み，DRAM技術に近づいてきた。加えて，MPUやフラッシュメモリの微細化ペースはDRAMと同等か，それよりも速くなっている。そして，2005年以降，NAND型フラッシュメモリーのPoly-SiのハーフピッチがDRAMのハーフピッチよりも小さくなったため，一律に何nmノードと表現するのが適切ではなくなってきた。ITRS 2005 Editionでは，テクノロジーノードという表現を使用せず，DRAM，NAND型フラッシュメモリー，MPU／ASICなどのロジック製品群に使わせるハーフピッチをそれぞれ明示している。

[*1]　Naomi Shida　㈱東芝　研究開発センター　機能材料ラボラトリー　研究主務

[*2]　Tohru Ushirogochi　㈱東芝　研究開発センター　機能材料ラボラトリー　室長

第3章 フォトレジスト

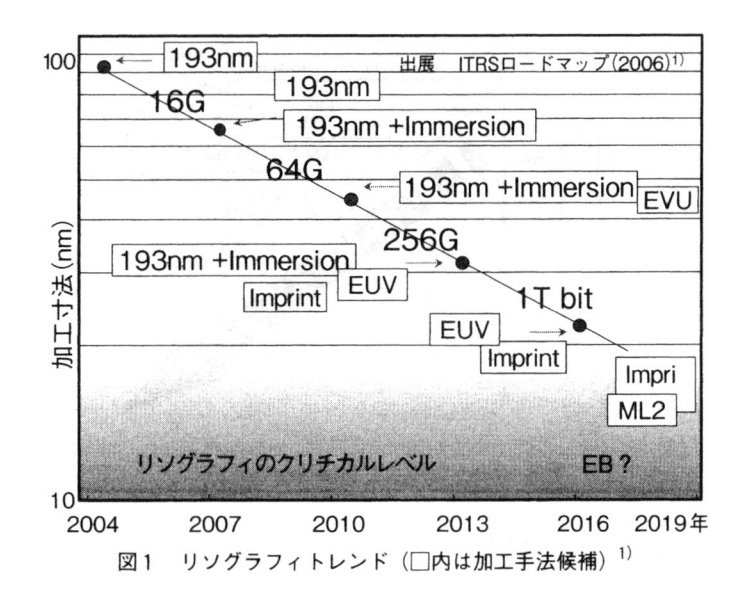

図1 リソグラフィトレンド（□内は加工手法候補）[1]

ITRS 2006 Update のリソグラフィの候補として，ArF エキシマーレーザーの 193 nm 波長を用いたドライまたは液浸リソグラフィ技術が，ハーフピッチ 65 nm，45 nm のパターン形成に使われ，32 nm，22 nm でも使用される可能性があると記されている。EUV（Extreme Ultra Violet）リソグラフィはハーフピッチが 45 nm 以細の世代の技術候補となっている。その他，インプリント技術，マスクレスリソグラフィ（ML2）が技術候補となっている。このロードマップに基づく微細化のトレンドを図1に記す[1]。F_2 エキシマーレーザーの 157 nm 波長を用いた VUV リソグラフィ技術，EPL（EB Projection Lithography）技術，PEL（Proximity EB Lithography）技術は候補技術から外れた。（図1に ITRS 2006 Update のロードマップに基づく微細化のトレンドを記した[1]）

フォトレジストは，光学的機能を有するコーティングへ展開している材料であり，その主材である高分子は，これら LSI の進展において，重要な役割を果たしてきた材料といえる。例えば，半導体の製造に必須な回路形成用材料（レジスト，保護膜，反射防止膜などのリソグラフィ材料，平坦化・研磨を行う CMP（Chemical Mechanical Polishing）用材料などをはじめ，そのままチップの一部を形成するパッシベーション膜や層間絶縁材料，耐マイグレーション材料など，さらには，高密度化に対して微細化とは別のアプローチといえる，パッケージングや実装関係材料などがそれである。これらの材料は，常に最新のニーズに強く押され出現し，急速な進化を遂げ，あるいは淘汰されていくような歴史をたどって来た。ここでは，半導体 LSI の近年の動向を中心に，今後を展望するとともに，いくつかの高分子材料[3,4]も触れながら，その期待について述べていきたい。

図2 More Moore と More than Moore[1]

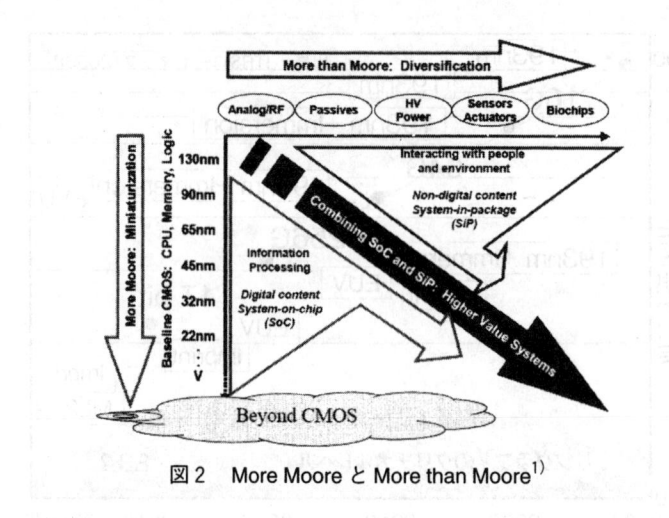

2 フォトレジスト技術動向

2.1 課題

ITRS 2005 Edition以降から,「more than Moore」の視点が重要になってきているが,「more Moore」も健在であり,半導体LSIの高密度化,高性能化の実現のためには超微細加工技術は依然として課題となっている。これを図2に示す[1]。半導体LSIを構成する最小の単位はトランジスタである。CPUなどの高度なLSIは通常数千万個以上もの微細なトランジスタの組み合わせで構成されている。ここではトランジスタの構造やしくみを意識しながら半導体の発展を支えてきた実際の加工手法「リソグラフィ」について述べる。

2.2 CMOSトランジスタの構造と半導体リソグラフィの歴史

図3にLSIの製造工程における光リソグラフィ工程とそれに用いる露光装置の概略図を示した。集積規模の大小にかかわらず,LSI中のCMOSトランジスタは,Si基板上への半導体・酸化膜や配線材の堆積,不純物の拡散や酸化などを行い,それらに図3で示したようなパターニングを繰り返して作製される。図4には実際にLSIに用いられるCMOSトランジスタの構造とその加工プロセスの概略を記した[5]。

図4に示したようにCMOSトランジスタは,電子や正孔の流れ出すソースと,流れ込むドレインの間のチャンネル上に,ゲート電極が設けられ,ゲートに電圧を印加することによって,チャンネルを通ってソースからドレインへと電子や正孔が流れるスイッチング素子となっている。LSIではこのトランジスタをキャパシター・抵抗などを組みあわせることによって,メモリーや論理回路を形成し,さらに大規模な集積回路を構築している。これまでは,このゲートの長さを短くしていくことによって,高速化が達成され,全体の回路線幅の縮小とあわせて高密度

第3章 フォトレジスト

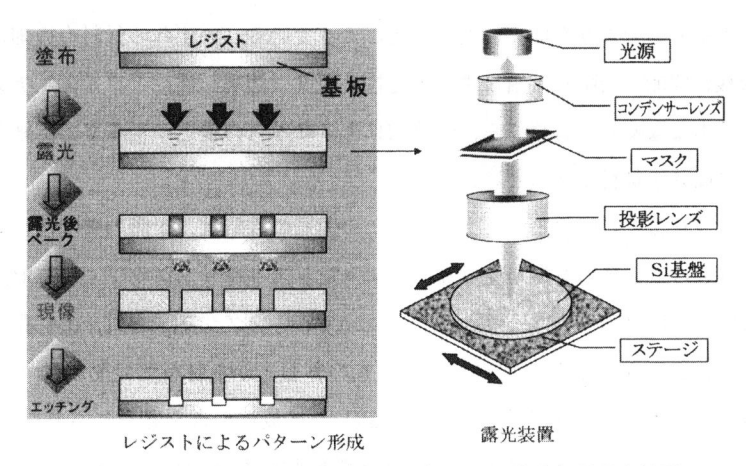

図3 光リソグラフィを用いた加工プロセスと縮小投影露光装置

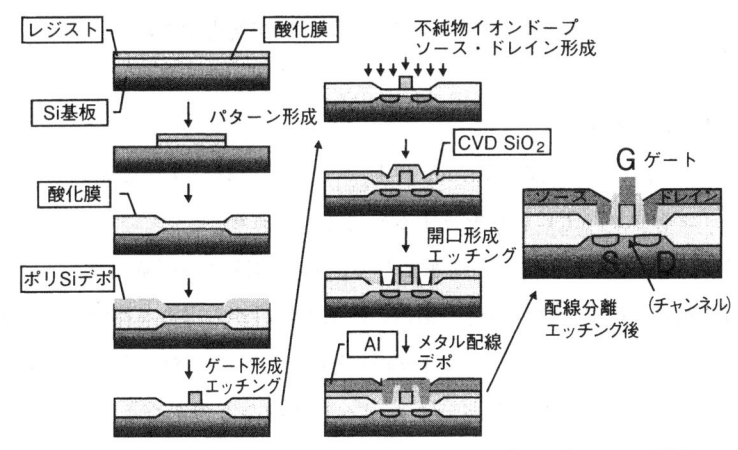

図4 LSIで用いられるCMOSトランジスタの製造プロセスと構造

化が達成されてきている。また，線幅を微細にすることは，消費電力を抑えることにも役立っている。

　これら微細化要求に対し，最も重要な推進技術となったのは，図3に例示した露光装置における光源の短波長化である。これは縮小光学系露光装置の解像度rは，r＝λ/2Na（λは波長，Naはレンズの開口数で，大きさを端的に示す）式で表されることによる。露光光源波長の短波長化は，およそ25年前から可視光〜紫外線（高圧水銀灯のg線（436 nm）やi線（365 nm））領域からはじまり，KrFエキシマレーザー（248 nm）を経て今ではArFエキシマレーザー（193 nm），F_2エキシマレーザー（157 nm）のような変遷が遂げられてきている。

　一方，光で回路を転写するための「レジスト」に使用される高分子材料は，上記露光光の変遷にあわせ光透明性などの観点からノボラック樹脂→ポリ（ビニルフェノール）系樹脂→アクリル

系樹脂→フッ素系樹脂のような激しい変遷を遂げてきている。いずれの材料も微細化を達成するために高度な複合機能（透明性，解像性，感光性，現像（溶解）性，ドライエッチング耐性等）が要求され，基本となる分子骨格から，最終的にナノサイズの構造に至るまで詳細な検討を必要とするナノテク高分子材料であるといえる。

　露光波長の短波長化に対応するフォトレジストの開発の課題は，樹脂の透明性であり，液浸技術に対応する課題は，液体の影響を受けないフォトレジストやリソグラフィプロセスの開発である。以下，2.3項でF_2エキシマレーザーを用いたVUVリソグラフィ方式，2.4項でArF液浸リソグラフィ方式，2.5項でEUVリソグラフィ方式のおおまかな材料開発動向について述べる。これらは混沌としており3.1項でも述べるが，詳しくは最近の書を参考にされたい。VUVリソグラフィではフッ素を導入することによる高透明性樹脂を検討が必要であった。EUVリソグラフィでは，透過率が構成元素の吸収と数で決まるため，吸収の少ない炭素，水素から構成されるポリビニルアルコール，ならびにポリビニルアクリレートが使用できる。

2.3　VUVリソグラフィ方式

　VUVリソグラフィ方式では，波長157 nmのF_2エキシマーレーザーを光源として用い，マスク上の回路パターンをウェハ上に縮小転写する露光方式である。

　従来の露光システムにはない新しい課題として，露光雰囲気の制御が挙げられるF_2エキシマーレーザーは光路中に酸素ガス，水分，あるいは構造材料から出る有機物などのアウトガスが存在すると光量が著しく減衰する。従って157 nm光路をヘリウムや窒素などの不活性ガスで満たし，酸素ガス，水分，あるいは構造材料から出る有機物などのアウトガス[6]をppmレベルでパージする必要がある。マスク，ウェハステージ周辺，特にレジストからのアウトガスは数百ppmレベルの管理が必要とされる。特に，投影レンズ，照明光学系周辺の雰囲気では数ppmオーダーの雰囲気制御が大きな課題である。

　レーザー装置を構成するために不可欠な光学部品開発上，光学薄膜における吸収，散乱などによる損失が大きく，基材，薄膜の改良が必須である。

　VUVリソグラフィ用材料の開発においては，ArFリソグラフィ方式以前では存在し得なかった新たな課題が生じる。ArFリソグラフィ以前では，レジスト特性として必須のドライエッチング耐性およびアルカリ現像性を得るために，ノボラック，ポリビニールフェノール，ならびにカルボニル基を有する脂環式材料を用いていた。ところが，これらの構造は波長157 nmにおける透明性を低下させる。これを解決する材料としてフッ素原子が着目された[7~9]。しかしながら，一般にフッ素原子を含有している樹脂材料は塗布性，アルカリ現像性が低く，解像度の低下を引き起こす。三者は互いにトレードオフの関係にありそのバランスが重要である。

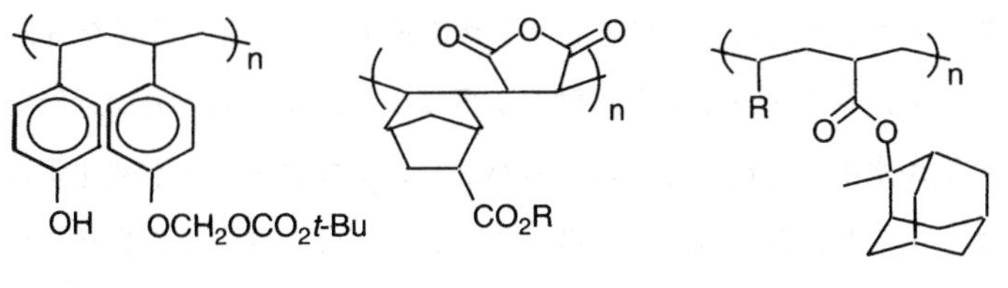

第3章　フォトレジスト

10 µm⁻¹<　　　3 µm⁻¹<　　　3 µm⁻¹<

図5　側鎖フッ素含有型脂環樹脂と吸収係数

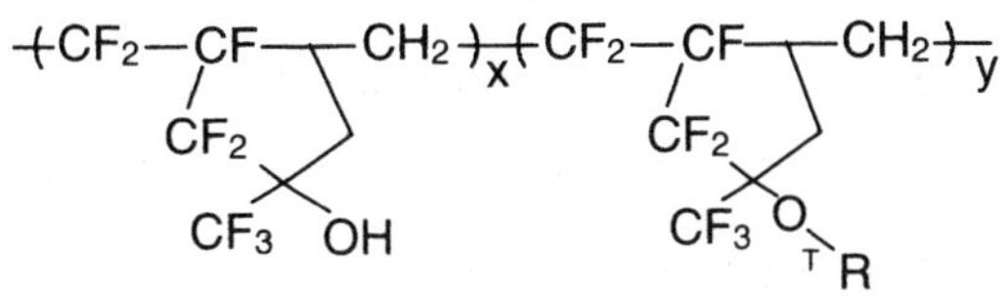

R=*t*-BOC,　HP, etc

図6　フッ素樹脂 SAFA Я I の構造

　フッ素樹脂には一般に2つのタイプが報告されている。ひとつは，図5に示す側鎖にフッ素を含有する樹脂材料で，IBM[10]，MIT[11]，Infineon[12]，Shipley[13,14]，UT[15]，Cornell Univ[16]，I-SE-MATECH[17,18]，松下[19]，Clariant[20]，ARCH[21]，などからの報告がある。これらは簡便な合成が可能であるが，カルボニル基が混在する構造となるため，さらなる透明性の向上が望まれている。もう一方のタイプの主鎖にフッ素を含有する樹脂材料は米国ではDuPont[22]，Intel[23]，日本ではSelete[7〜9,19]からの報告がある。主鎖フッ素型の樹脂は特異な合成法を必要とするため，通常の設備では樹脂の合成が困難なため樹脂メーカとの連携が重要である[24,25]。

　主鎖フッ素含有樹脂のなかでも，図6に示すモノサイクリック型の主鎖フッ素含有型 SAFA Я I 樹脂[25] (Small Absorbance Fluorine cont Aining ResIst) の157 nmにおける吸収係数は $0.4\,\mu m^{-1}$ という類を見ない高い透明性を有している[7,8]。SAFA Я I には置換基が導入されているが，157 nmにおける透明性を妨げることはない。また，フッ素原子が多くなると塗布性の低下が考えられる。しかし，フッ素以外の極性基，フッ素の結合部位，分子量などを検討することにより塗布性は大きく向上する[7,9]。極性基の存在しないフッ素樹脂に関してはストリエーションなどの塗布ムラが観測される。さらに，極性基の含有率が高くなると未露光部の膜べりが懸念され，両者のバランスが重要な課題となってくる。

2.4　ArF液浸リソグラフィ方式への展開[26〜28]

　ArFドライリソグラフィの後継技術として，ArF液浸リソグラフィ技術が本命となり，32 nmハーフピッチまで延命できる可能性がある。ArF液浸露光においては，水中で露光した場合に

T-top形状のパターンとなり，同じレジストをドライ露光した場合とは異なる結果が報告されている。この原因として，レジストが水と接触する事により，レジスト表面近傍で膨潤が生じ，露光により発生した酸が水中に溶出する事によるパターンプロファイルが変化するためと考えられている。露光により生成した酸が水中に拡散するという事は，ドライ露光時の酸の拡散が妨げられる事と同じ作用となり，T-top形状となると考えられる。T-top現象の解明手段としてQCM（Quartz Crystal Microbalance）法がある。QCMはQuartz Crystal Microbalance原理に基づく，アルカリ溶解特性を評価する有力な手段である。QCM法では金電極を有する水晶基板上にレジストを塗布し，フッ素レーザー光源のフレーム露光装置を用いてスポット露光し，ひきつづく露光後加熱後，共振周波数アナライザで共振周波数をモニターしながらアルカリ現像液中での膜厚変化を測定する。T-topの撲滅へ向け，QCM法から見いだされる難溶化および膨潤をフッ素樹脂レジスト材料開発の指標とすることが可能である。

　レジストを液浸露光に展開する場合の解決方法として，トップコートの塗布が挙げられる。これにより，レジストの水との接触が防げる。また，トップコートを使用しないプロセスに展開するためには，樹脂の膨潤の抑制，非水性の酸発生剤の開発が必要である。

2.5　EUVリソグラフィ方式への展開[29〜33]

　32 nmハーフピッチ以降の微細化手法として，EUV光を利用したリソグラフィが注目されており，16 nmハーフピッチまで延命できる可能性がある。EUVリソグラフィでは反射マスク・反射縮小光学系による波長13.5 nmの光を用いる。EUVリソグラフィ方式によるパターニングにより，飛躍的な高解像度の実現が可能となる。しかしながら，レジストの高感度化が求められている。EUV方式の適用は32 nm以降と見込まれ，レジスト寸法の高精度化が要求される。エッチング後のパターン幅のラフネスLWR（Line Width Roughness）が重要視されている。化学増幅型レジストは，PEB（post exposure baking）時の酸の拡散を利用しているため，拡散長のばらつき制御が必要となる。また，フォトレジストの主材である高分子の平均粒径は数10 nmであり，LWRへの影響が懸念される。このためより精密な高分子合成が望まれ，重要な課題である。

3　半導体LSIの新展開

3.1　混沌の時代の到来

　近年，光の波長が193 nm以下になってから，この短波長化トレンドに沿った技術予測が難しくなってきた。その典型的な例として2.3項で述べたF_2エキシマレーザーを用いたVUVリソグラフィが例示される。これは193 nmの次世代候補として157 nmのF_2エキシマレーザーを用い

第 3 章　フォトレジスト

液浸露光装置（側面図）

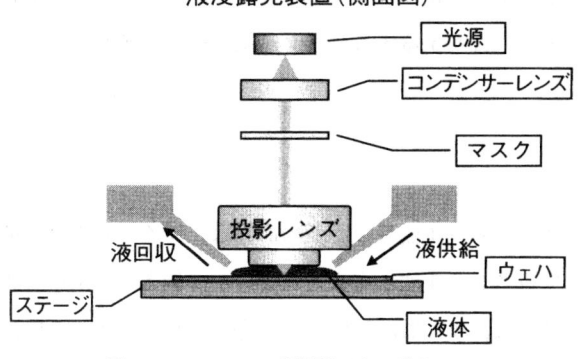

図 7　Immersion（液浸）リソグラフィ

たリソグラフィが検討されていたが，レンズの材料とされる CaF_2 などに問題があり，進捗が芳しくなかったことに加え，2.4 項で述べた液浸リソグラフィ[34]という新しい手法が考案されたことに端を発している。液浸リソグラフィとは，図 7 に示したように，露光装置の投影レンズとレジストを塗布したウェハの間に水などの高屈折率媒質を入れるリソグラフィである。液体中の光の波長は大気との屈折率比相当に短くなるため，水中の ArF 光場合，みかけの波長は 134 nm と，大気中の F_2 レーザーより有利になる。この技術の登場は，LSI 製造のロードマップをがらりと塗り変えてしまった。2001 年と 2004 年の ITRS のリソグラフィロードマップにおける（DRAM のハーフピッチサイズにおける）ノードと露光技術候補は，たった 3 年間の間に 32 nm ノードあたりまで，液浸 ArF リソグラフィにとって変わり，それまで本命視されていた F_2 エキシマレーザーを用いた VUV リソグラフィは後送りにされ，2005 年の ITRS では，技術候補から外れてしまったのである。このように近年のリソグラフィ技術開発は，高い難度も手伝って，かなり混沌としてきており，ロードマップを盲信した開発はリスクが高くなりつつある。とはいえ，2000 億ドルを超える半導体市場はさらに拡大傾向にあり，企業を中心に研究投資の手は休められてはいない。今後，本命と思われる技術の目利きと動向の見極めが極めて重要になってくるといえる。

3.2　半導体リソグラフィの限界とは？

　32 nm ノード，ArF 液浸以降のリソグラフィとしては，2.5 項で述べた EUV（反射マスク・反射縮小光学系を用いた波長 13.5 nm の極紫外線リソグラフィ）リソグラフィ[35]が期待されている。EUV は高消費電力の問題は残るものの光源として，レーザー励起プラズマ光源で比較的小型のものが現れたため，より実現性が高くなってきている。EUV の適用ノード範囲は広く，この技術があるが故，2018 年あたりの 16 nm ノードまでにも線がひかれている。ただしこの領域

159

から先は「ムーアの法則の限界」領域ともいわれており，これ以上ゲート長が短くなると，ソースからドレインにトンネル電流がずるずるリーク（漏れて）しまうという「デバイスの動作の限界」もやってくる。

3.3 限界への挑戦

上述の短チャンネル化による「電流リーク」の問題は，いくつかの精力的なアプローチによって，デバイス構造的に回避される手法が考案されている。例えば，SOI（Silicon on Insulator）技術などがそれである。これは，SOI基板と呼ばれる絶縁膜上に，結晶成長させた薄膜のシリコン基板を使用して，上記トランジスタを形成するもので，電流が表面のシリコンレイヤーのみに流れる特長を生かし，ソース・ドレインのバルクリークの減少をはかる。さらに近年では，チャンネル以外のリーク電流を減少させるために，ゲートをチャンネルの周囲に廻らすように配置することによってゲートの影響力を増やしたトランジスタ構造が考案されている。このような場合，ゲートがシリコン基板面に縦置きに形成されるケースが多いので，「縦型トランジスタ」とも呼ばれる。また，チャンネルのまわりを2個以上のゲートで覆う，「ダブルゲートMOS FET[36]」や，ちょうど「ひれ」のような形状のゲートを有する「FIN FET[37]」と呼ばれるトランジスタ構造も考案されてきている。FD-SOI（Fully Depleted Silicon on Insulator，SOI基板上の完全空乏型）も候補となっている。これら特殊形状のトランジスタは，22 nmノード以降のLSIにおいて，必須であるといわれ，「ムーアの法則の限界」を延命する可能性を秘めた注目すべき技術である（図8にこれらのトランジスタ構造を記した）。

このような素子構造を加工するためには，さまざまな工夫が必要であり，現在は非常にトリッキーな作製方法（例えば加工中に2枚のウェハを張り合わせるなど）によって試作されている。今後，縦置きゲートなどの作製のための深いトレンチやアスペクト比の高いパターン形成のためのドライエッチング耐性の高い高分子材料や特殊な加工技術が必要とされていくと考えられる。

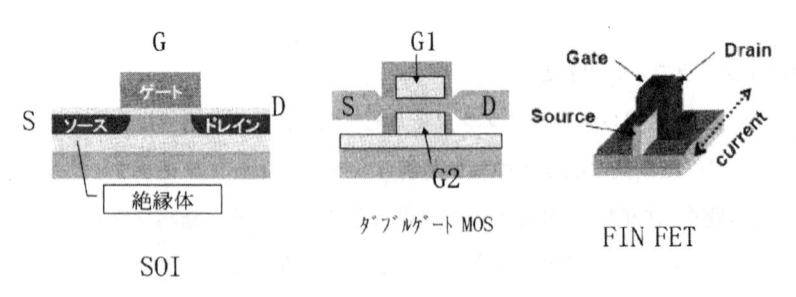

図8　新しいトランジスタの構造例

第3章 フォトレジスト

3.4 微細化によらないアプローチ

次に，CPUなどのロジックの高速化に関しては，決して微細化だけが道筋ではないことを述べる。例として格子定数の異なる膜上にシリコンを製膜させ，Si膜に歪みを発生させると，スイッチング速度が高くなることが知られている。この技術は「歪Si」技術と呼ばれており，実際に素子が試作され，スピードが1.5倍速くなったとの報告がある[38]。

一方，メモリーのようなデバイスの場合，密度の向上に対して，微細化軸と異なるアプローチが現れ始めてきている。これは平面上の微細化限界からは離れて，高さ方向に3次元的に複数の素子を積み重ねていくという夢の手法である。例えば東北大学の舛岡教授らは，円筒状のトランジスタを4つ積み重ねた2層フラッシュメモリ[39]を開発している。また，マトリックスメモリー社は，1度しか書き込みができないライトワンス方式ではあるが，書き込み素子のアレイをウェハ上に4段に重ねた3次元構造にすることによって，素子面積が通常のフラッシュの3分の1程度の1Gビットメモリーを開発することができた（図9にその構造の写真の例を示した[40]）。この素子はひと世代前の150 nmレベルの加工技術で試作されており，コストもフラッシュメモリの半分以下と，注目すべき技術であるといえる。このような新技術の中では，加工方法，積層化や，配線の形成，またはパッシベーション膜の形成など，数々の新しい高分子材料のニーズも出てくる可能性が高いといえる。

3.5 分子トランジスタへの期待

微細化を求める動きとは別に，ナノ分子素材の形状そのものを生かしたトランジスタも検討されている。カーボンナノチューブ（これも一種の高分子？）は，半導体の性質を示す種が存在し，このチューブの両端をソース・ドレインとし，その中間にゲートを設けることによってトランジスタを形成し特性を測定した報告がある[41]。また高分子や分子そのものが半導体的な電気特性を有する材料を用い，有機トランジスタを形成する試みも報告されており[42]，分子サイズの微細化ポテンシャルがあるといわれている。このような，バルク材料の加工とは異なる「分子素材」を

図9 3次元メモリーの構造例[40]

生かし組み立てたトランジスタは，構造的に均一でかつ無駄がないなため，寿命の問題を克服し，うまく集積化できれば「究極のLSI」を達成できる期待が持たれている。

4 おわりに

主に半導体における微細化を推進力にした進捗や問題点を中心にLSIの展望を述べてきた。微細化観点からはいつかは「ムーアの法則」は終焉をむかえるが，それでもなお，さまざまなアプローチでこれを乗り越える動きが活発化している。光学的機能を有するコーティングへ展開できフォトレジストの主材である高分子材料への期待は，現在はっきりと顕在化しているものに加え，さらには新しい試みへの潜在ニーズを掘り起こしながら新たな進化への一翼を担うことに期待したいと考えている。

謝辞

図9は2005年当時にMatrix Semiconductor社のご好意により写真を提供頂きました。深謝いたします。

文　献

1) *International Technology Roadmap for Semiconductors*: 2005 Edition. *International Technology Roadmap for Semiconductors*: 2006 Update.
2) *SEAJ Lithography*, Jan, (2006).
3) 全体を通じて　後河内透，高分子，**55** (2)，p 70 (2006)
4) 全体を通じて　信田直美，高分子，**52** (7)，p 482 (2003)
5) 例えばレジスト材料ハンドブック　山岡亜夫　編　リアライズ社など
6) A. Sumitani, Y. Itakura, F. Yoshida, Y. Kawasa, J. Zhang, N. Kanda, T. Itani, *SPIE Proc.,* **4691**, 1686 (2002).
7) N. Shida, H. Watanabe, T. Yamazaki, S. Ishikawa, M. Toriumi, T. Itani, *SPIE Proc.,* **4690**, 497 (2002).
8) S. Ishikawa, N. Shida, T. Yamazaki, H. Watanabe, S. Miyoshi, T. Furukawa, M. Toriumi, T. Itani, *International Symposium on 157 nm Lithography* 23 (2002).
9) M. Toriumi, N. Shida, H. Watanabe, T. Yamazaki, S. Ishikawa, T. Itani, *SPIE Proc.,* **4690**, 191 (2002).
10) H. Ito, H. Truong, M. Okazaki, D. Miller, N. Fender, G. Breyta, P. Brock, G. Wallraff, C. Larson,

R. Allen, *SPIE Proc.*, **4690**, 18 (2002).

11) T. Fedynyshyn, W. Mowers, R. Kunz, R. Sinta, M. Sworin, F. Goodman, *SPIE Proc.*, **4690**, 29 (2002).

12) C. Hohle, S. Hien, C. Eschbaumer, J. Rottstegge, M. Sebald, *SPIE Proc.*, **4690**, 41 (2002).

13) G. Taylor, C. Xu, G. Tend, J. Leonard, C. Szmanda, W. Lawrence, S. Nur, K. Brown, A. Stephen, *SPIE Proc.*, **4690**, 51 (2002).

14) G. Taylor, S. Nur, C. B. Xu, F. Teng, J. Leonard, S. Robertson, D. Kang, *International Symposium on 157 nm Lithography* 41 (2002).

15) B. Trinque, B. Osbom, C. Chambers, Y. Hsieh, S. Corry, T. Chiba, R. Hung, H. Tran, P. Zimmerman, D. Miller, W. Conley, C. Willson, *SPIE Proc.*, **4690**, 58 (2002).

16) V. Vohra, K. Douki, Y. Kwark, X. Liu, C. Ober, Y. Bae, W. Conley, D. Miller, P. Zimmerman, *SPIE Proc.*, **4690**, 84 (2002).

17) W. Conley, B. Trinque, D. Miller, P. Zimmerman, T. Kudo, R. Dammel, A. Romano, C. Willson, *SPIE Proc.*, **4690**, 94 (2002).

18) K. Turnquest, V. Graffenberg, S. Patel, D. Miller, K. Dean, A. -M. Goethals, F. V. Roley, J. Hermans, K. Ronse, P. Wong, S. Hansen, *International Symposium on 157 nm Lithography* 22 (2002).

19) S. Kishimura, M. Endo, M. Sasago, *SPIE Proc.*, **4690**, 200 (2002).

20) R. R. Dammel, F. Houlihan, R. Sakamuri, S. -H. Lee, M. D. Rahman, T. Kudo, A. Romano, L. Rhodes, C. Chang, J. Lipian, C. Burns, D. A. Barnes, W. Conley, D. Miller, *International Symposium on 157 nm Lithography* 43 (2002).

21) S. Malik, S. Dilocker, B. De, T. Kokubo, *International Symposium on 157 nm Lithography* 44 (2002).

22) M. K. Crawford, A. E. Feiring, J. Feldman, R. H. French, V. A. Petrov, F. L. Schadt III, R. J. Smalley, F. C. Zumsteg, *SPIE Proc.*, **4345**, 428 (2001).

23) J. Roberts, R. Meagley, J. Powers, P. Zimmerman. *International Symposium on 157 nm Lithography,* 24 (2002).

24) M. Koh, T. Ishikawa, T. Araki, H. Aoyama, T. Yamashida, T. Yamazaki, H. Watanabe, M. Toriumi, T. Itani, *SPIE Proc.*, **4690**, 486 (2002).

25) S. Kodama, I, Kaneko, Y. Takabe, S. Okada, Y. Kawaguchi, N. Shida, S. Ishikawa, M. Toriumi, T. Itani, *SPIE Proc.*, **4690**, 76 (2002).

26) S. Nagura, *SEMI Technology Symposium* 2004 (2004).

27) M. Maenhoudt, et. al., *2nd International Symposium on Immersion Lithography* (2005).

28) S. Owa, et. al., *2nd international Symposium on Immersion Lithography* (2005).

29) C. Gwyn: "EUV Lithography in Perspective", *2nd International Symposium on EUB Lithography* (2003).

30) M. Leeson, H. Cao, W. Yueh, J. Roberts, R. Bristol, M. Chandhok, G. Zhang, T. Bacuita and K. Frasure: "EUV Resist Sensitivity, Resolution, and LWR Targets", *4th International Symposium on EUV Lithography* (2005).

31) W. Yueh, H. Cao, V. hirumala and H. Choi: *SPIE Proc.*, **5753**, 765 (2005).

32) T. Kozawa, A. Saeki, A. Nakano, Y. Yoshida and S. Tagawa: *J. Vac. Sci. Technol. B 21,* **3149** (2003).
33) N. N. Matsuzawa, H. Oizumi, S. Mori, S. Irie, S. Shirayone, E. Yano, S. Okazaki, A. Ishitani and D. A. Dixon: *J. J. A. P.* **38**, 7109 (1999).
34) 例えば M. Switkes and M. Rothschild, *J. Vac. Soc. & Technol. B 19,* **2353** (2001).
35) Takeo Watanabe *et.al., Jpn. J. Appl. Phys Part 1* vol. **44**, NO.7 B, Page 5866 (2005).
36) M. Masahara *et. al., Tech. Dig. Int. Electron Device Meet.,* San Francisco, p 949 (2002).
37) Y. X. Liu *et. al., Proc. Electrochemical Society, Paris,* PV 2003-5, p. 255 (2003).
38) T. Numata *et. al, Tech. Dig. Int. Electron Device Meet.,* San Francisco, p 177 (2004).
39) H. Sakuraba *et. al., J. J. A. P.* Vol. **43**, No.4 B, pp. 2217-2219, April (2004).
40) *IEEE - Transactions on Device and Materials Reliability,* Vol. **4**, No. 3, Sep. 2004: Evaluation of SiO_2 Anti-fuse in a 3 D-OTP Memory.
41) R. Martel *et. al., Ph. Appl. Phys. Lett,* **73**, 2447 (1998).
42) Y. Wada *et. al., Proc of IEEE,* **89**, p 1147 (2001).

第6編　表面機能

第3編　表面機能論

第1章　結露防止塗料

中西　功*

1　はじめに

　冬場や梅雨時になると，窓ガラスにたくさんの水滴が付着しているのをよく見かける。これは，室内の水蒸気が，窓ガラス面を境に外気の低温で冷却され，凝縮して水に変化するためであり，このような現象を結露という。

　結露は日常身の回りでよく観察される現象であるが，時には壁や床を濡らし，シミや汚れなどの被害を引き起こす。また，それだけにとどまらず，家具類を腐らせたり，カビやダニが発生して悩まされることも多い。

　結露のなかで最も被害が多いのは前述したような表面結露である。しかし，建物の結露には，表面結露だけではなく，壁体内部や天井裏で発生する内部結露もある。内部結露は目に見えないところで発生するため，建材を腐らせたり，カビの発生が著しく進行してから発見されるケースが多く，被害も拡大する。

　結露による被害の実態は次のようである。

(1)　建物の構造別順位：①RC造，②鉄骨造，③木造
(2)　被害例：①壁面のシミ・汚れとカビの発生，②塗装面の浮き・剝離，③合板の剝離，④寝具の汚れ・傷み，⑤畳・床材の傷み

　水蒸気が冷却され，凝縮して水に変化する温度を露点温度という。一般に，室内側の壁表面付近では室内中央部より温度が低くなっているため，壁表面付近の温度が露点温度以下になると，凝縮した水分が壁表面に付着して結露となる。結露しやすい条件としては，以下のようなものがあげられる。

(1)　建物の構造的原因：①日当たりや風通しが悪い，②外壁に面した押入は結露しやすく，換気経路も不備な場合，③断熱不足・断熱施工不良，④換気設備の不備，⑤防湿材施工不良
(2)　結露の人為的原因：①換気不十分，②開放型ストーブの使用，③室内の水蒸気過多，④室内密閉による乾燥不足，⑤室内の空間狭小と湿気容量不足

　結露対策の基本は，内壁の表面温度を露点温度以下にならないようにすることと，室内での水

＊　Isao Nakanishi　スズカファイン㈱　技術本部　次長

蒸気発生を抑え，発生した水蒸気を屋外に排出することである。一般的には，断熱材の施工と換気扇の使用が表面結露を防ぐ有効な手段となっている。燃焼型の暖房機であれば，発生する水蒸気を屋外に排出できる熱交換型の石油ファンヒーターが効果的である。

しかし，断熱材の施工においては，コストが高くつく，非現実的な厚みの断熱材を使用しないと防露効果が完全でない等の問題があり，また，換気扇の使用においても換気能力や，室内の暖房には逆効果等の問題を生じる。

このため，これらの対策が十分には実施できないことを考えて，結露が発生しやすい壁の内装には，水分をある程度は吸収できる吸放湿性内装材を使用するなどの工夫が必要となる。

2 材料の機能と設計

2.1 塗料設計のコンセプト

結露被害のほとんどは表面結露によるものであり，その発生原因としては人為的なものが少なくない。その場合，結露量はそれほど多くなく，結露箇所は局所的で，結露時間も一時的である。このような場合，内装用塗料に適度な水分保持機能を持たせることにより，簡便的に表面結露の発生を防ぐことが可能になる。このため，結露防止塗料は，一般の塗料に比べ塗膜の飽和吸水量が大きくなっている（優れているものは $500 \mathrm{~g/cm^2}$ 以上ある）。

ただし，むやみに飽和吸水量を大きくしたところで，連続的に結露が発生する箇所では塗膜中に水分を蓄積し続け，いつかは塗膜の吸水限界を超えることになる。それよりも，結露条件時には迅速に吸湿し，乾燥時には可逆的に水分を室内に放湿することで，結露防止性能を持続できる性能の方が重要である。言い換えれば，結露防止塗料はそのような条件下で威力を発揮することができ，連続的に結露が発生する箇所での使用には不向きである。

また，結露防止塗料には，吸水量を増やすために厚膜に塗装できること，かつ，吸水により湿潤した場合でも塗膜の軟化，膨れ，ひび割れ等の不具合が生じない等の性能が必要となる。その他，結露防止塗料は，主に建物内装用として使用するため，人に対する有害成分が極力少ないことが必要である。

結露防止塗料への要求特性をまとめると次のようになる。

① 水性タイプ
② 低臭，低 VOC
③ ホルムアルデヒド等の有害物質を含まない
④ 塗装作業性がよい
⑤ 乾燥がはやい

⑥ 吸水性がよく,吸水量が大きい
⑦ 耐水性が良く,吸水しても塗膜性能が極度に低下しない
⑧ 乾燥・湿潤のサイクルに耐える
⑨ かび抵抗性に優れている
⑩ 付着性がよい
⑪ 結露しやすい金属部への塗装仕様がある
⑩ 難燃性など防火性がよい

2.2 結露防止塗料の設計

一般的な塗料組成を表1に示す。

結露防止塗料では,吸水能力が高く,水分の吸脱着が可能な無機系の充填材を使用する。それ以外に吸水能力の高い物質としては有機系の吸水性ポリマーもあるが,保水性が高いため,乾燥時に塗膜が乾きにくくなってしまう。また,一定量以上の吸水能力を必要とするため,比較的厚膜に塗装できることが必要になり,この時ひび割れが生じないようにバインダーや充填材を選定することが大切である。充填材としては,けい藻土,シラスバルーン,パーライト粉等の多孔質で表面積が大きく,吸水能力が大きい体質顔料が使用される。また,バインダーには湿潤しても変質しにくい樹脂を選択する。コロイダルシリカなどの無機質バインダーと繊維粉を配合することにより,膨潤軟化せず,耐水性の良い硬質な塗膜が形成されるとの報告(特公昭56-23466)もある。

結露防止塗料の処方例を表2に示す。

表1

	組　　成	原　　料
樹　脂	エマルション,水溶性樹脂	アクリル系,アクリル／スチレン系,酢酸ビニル系,エチレン酢酸ビニル共重合体,コロイダルシリカ等
顔　料	体質顔料	炭酸カルシウム,タルク,クレー,沈降性硫酸バリウム,合成微粉末ケイ酸,マイカ,けい藻土,シラスバルーン等
	着色顔料	酸化チタン,弁柄,カーボン,シアニンブルー等
添加剤	粘性改質剤 造膜助剤 分散剤,湿潤剤 消抱剤 防腐剤,防カビ剤 繊維等	
分散媒	水	

表2

原　料	配合量
スチレン・アクリル系エマルション	30
体質顔料（炭酸カルシウム，クレー，けい藻土）	40
着色顔料（酸化チタン）	10
繊維（岩綿）	2
添加剤（分散剤．粘性改質剤，消泡剤，防腐・防カビ剤）	3
水	15
合　　計	100

表3

試験項目	試験方法
低温安定性試験	JIS A 6909　7.5 に準ずる
初期乾燥によるひび割れ抵抗性試験	JIS A 6909　7.8 に準ずる
付着強さ試験（標準状態）	JIS A 6909　7.9 に準ずる
耐洗浄性試験	JIS A 6909　7.13 に準ずる
耐衝撃性試験	JIS A 6909　7.14 に準ずる
耐アルカリ性試験A法	JIS A 6909　7.15 に準ずる
耐変退色性試験	JIS A 6909　7.22 に準ずる
発熱性試験	ISO 5660　Part 1 に準ずる
防露性試験	JIS A 6909　7.23 に準ずる
耐湿性試験A法	JIS A 6909　7.24 に準ずる
かび抵抗性試験	JIS A 6909　7.26 に準ずる
凍結融解性試験	ASTM C 666-75 に準ずる

　結露防止塗料の塗膜試験項目の例を表3に示す。試験方法は，JIS A 6909 内装薄塗材の項目が基本になっている。この試験項目の中で防露性試験を参考として示す。

2.3　防露性試験

　試験体は，図1に示す内のり寸法 150×150×5 mm の金属製の型枠に，調整した試料を充填し，表面を金ごてまたは金べらを用いて平たんに仕上げ，これを試験室（23±2℃，50±5％RH）に7日間静置した後，デシケータに入れて24時間乾燥したものとする。ただし，セメント系およびポリマーセメント系の仕上塗材については，成形後，温度20±2℃，湿度80％以上の状態で3日間静置した後，さらに養生室（23±2℃，50±5％RH）で7日間静置し，デシケータ中で24時間乾燥したものとする。

　試験の手順は，あらかじめ試験体の質量 V_1 (g) を測定した後，これを図2に示す50±3℃に調整した防露試験装置の所定位置に，試料を塗り付けた面（成形時表面）を下側にして載せ，装置内温度を50±3℃に保って6時間経過した後，試験体を取り外し，直ちにその時の質量 V_2

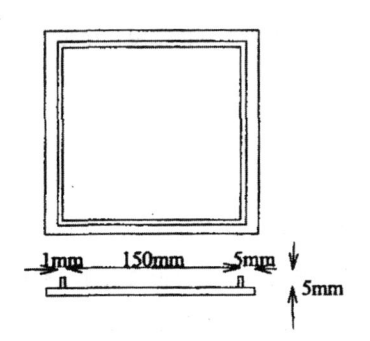

図1　防露性試験用金属製型枠

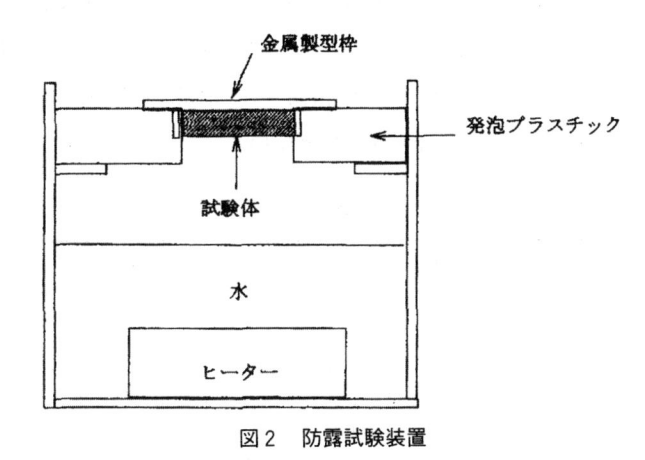

図2　防露試験装置

（g）を測定するものとする。防露性は単位体積当たりの吸湿量（g/cm³）で表すものとし，次の式によって算出し，小数点以下2けたの値に丸め，3個の平均値を求める。

$$V = \frac{V_2 - V_1}{112.5}$$

ここにV：単位体積当たりの吸湿量（g/cm³），V_1：試験前の試験体の質量（g），V_2：試験後の試験体の質量（g）。

3　結露防止塗料の施工

結露防止塗料の施工方法について述べる。

3.1　塗装方法

結露防止塗料は，厚膜に塗装するため，ローラーや吹き付け塗装が主体で，狭い部位などは刷毛塗りされる場合がある。ローラー塗りでは，一般的な薄く塗るタイプのローラー（ウールロー

ラー）ではなく，マスチックローラー等のように厚膜に塗装できるものが用いられる。

3.2 塗装仕様

塗装仕様例を表4に示す。

塗装仕様は，被塗物によって異なる。コンクリートやモルタル等に使用する下塗りは，耐アルカリ性の良いシーラーを使用する。また，木質合板に水性塗料を使用する場合，塗膜表面に木のアクがにじみ出ることがあるので，木のアクを防止できるカチオン系下塗材等を選択する必要がある。また，金属面の場合は，鉄，ステンレス，アルミニウム，亜鉛鋼板等が使用されているため，それぞれの基材に対して付着性が良く，さび止め効果の高いプライマーを選択する。

最近では，環境対応の点から重金属フリーが指摘され，従来のJIS K 5622, 5625等の鉛やクロムを使用したさび止め塗料は好まれなくなってきている。

表4

	コンクリート モルタル スレート面	石膏ボード面	木質合板面	金属面
下地調整		劣化した古い塗膜の除去 表面に付着したゴミ，挨，油脂類等の除去 かびの殺菌処理 クラック，巣穴，段差の補修 下地を十分に乾燥させる		
下塗り	合成樹脂エマルション系シーラー	合成樹脂エマルション系シーラー	木質のアクを押さえることができるシーラー	さび止めプライマー
中塗り	結露防止塗料			
上塗り	結露防止塗料			

3.3 塗装上の注意事項

① 5℃以下での塗装は避ける
② 塗装前に十分かき混ぜ，均一な状態とする
③ 指定された塗装仕様に基づき施工する
④ 材料の塗付量は厳守する
⑤ 下地が湿っている場合は，乾燥させてから施工する
⑥ 金属面で結露水が残っている場合は，結露水を拭き取ってから施工する
⑦ 結露する場所は換気が悪いため，強制換気を行い，塗膜を乾燥させる。この時，塗膜に直

接風が当たらないように注意する

3.4 施行後の注意事項

　結露防止塗料は，塗膜の吸水能力以上の結露水が発生した場合は，塗膜表面に結露を生じてしまう。また，このような塗膜の湿潤状態が続くと，かび抵抗性などの塗膜性能が低下するので注意が必要である。

　塗膜が結露水で湿潤した後，乾燥を促進させるには換気扇の使用が有効である。

　結露防止塗料は，温水プールや浴場などのように大量の水蒸気を発生する箇所へ施工しても，その効果は期待できず使用すべきではない。

4　今後の展開

　結露防止塗料は，これまで断熱不良等で結露した場合の応急手当として使用されるケースが多かった。また，水蒸気発生量が非常に多い場所や，継続して発生する箇所での使用は不向きであるため，あまり多くは使われていなかった。

　最近になり，シックハウス症候群などの問題から健康住宅志向が広がりをみせており，さらに，建築基準法の改正によって，建材から発散するホルムアルデヒドの規制が強化された。結露防止塗料は，単に表面結露を防止するだけでなく，空気中の水蒸気を吸脱着することで室内の湿度をコントロールする特性（調湿作用）を持っている。また，充填材として使用されるけい藻土等の多孔質顔料は，ホルムアルデヒド等の空気中の有害な化学物質を吸着すると言われており，健康住宅のニーズにマッチした内装仕上材と言える。

　住宅の高気密化が進む中，日本のように部分暖房が主体の生活スタイルでは，結露はどこかで必ず発生している。結露防止塗料は，意匠デザイン性も洗練され，エコロジカルな健康住宅用内装仕上げとして再び脚光を浴び始めている。

文　献

1)　鹿島出版会，建物の断熱と結露防止の知識
2)　山田雅士，結露をとめる，井上書院
3)　山田雅士，建築の結露，井上書院

4） 特公昭 56-23466
5） JIS A 6909

第2章 親水性コーティング

1 親水性光触媒防汚コーティング材

高濱孝一*

1.1 はじめに

　光触媒ビジネスの中で，今，一番予定通りの産業に成長しているのが，建築材料分野の防汚コーティング材であることは，周知の事実である。特に，屋外用途は，活性発現の励起源である光を太陽光から確保し，さらに，降雨により汚れを洗い流すという一連の働きにより，汚れ防止というニーズを満足させる性能を発揮している。本節では，光触媒の主に親水性を利用した建築材料用のコーティング材構成，実用化における留意点，今後の課題と発展のためのキーポイントを中心に，記述し，製品開発のための一助としていただきたい。

1.2 光触媒コーティング材

　光触媒コーティング材の構成は，主に，光触媒と光触媒を保持するためのバインダー，つまり樹脂成分からなる。特に，樹脂成分は，光触媒の強い酸化力に対して，十分耐久性を備え，かつ光触媒の活性を発揮させるために，励起源の光を吸収，反射しないことが求められる。光触媒の酸化力は，3.2 evというバンドギャップエネルギーが示すようにオゾンなどの強い酸化剤と同等以上の非常に強い酸化力を有している。このため，光触媒コーティグ材に利用できる樹脂は，シロキサン結合を中心としたシリコン系の樹脂かF－F結合を主骨格とした樹脂などに限られてくる。市場では，これ以外の樹脂を用いたコーティング材も散見するが，活性をコントロールした酸化チタン光触媒を用いたものや励起光が少ない場所での利用例以外は，耐久性に問題があると考えられる。

1.3 光触媒コーティング材の親水性

　光触媒酸化チタンの光誘起超親水化現象[1]は，酸化チタン光触媒の実用性をより大きな物に高め，光触媒の持っている酸化分解効果と併せて利用することにより，防曇効果やセルフクリーニング効果をもたらす。この効果を利用した商品は，現在すでに，実用化されており，車のサイドミラーの防滴性による視認性確保，外装建材・建築用ガラスの汚れ防止など，屋外建材用途に幅

　＊　Koichi Takahama　松下電工㈱　先行技術開発研究所　機能材料研究室　室長

図1　光触媒適用例①　自動車サイドミラー

図2　光触媒適用例②　外装建材　光セラ

広く用いられている（図1，図2）媒親水化現象は，接触角の低下として，定量的に測定することができる。親水性発現の原理については，酸化チタンの表面は，本来親水性であり，表面の汚れが光触媒反応により分解することで，親水性に戻るという報告があるが，光触媒活性がある酸化ストロンチウムが超親水性を示さない点や，超純水中につけて保存した酸化チタン表面は，親水性が低下することを考えると，酸化チタンの表面では，光触媒分解反応以外の効果があると考えられる[2]。

1.4　光触媒コーティング材の防汚機構

　光触媒コーティング材の防汚効果は，汚れが酸化分解される光触媒反応と，光誘起親水化反応が組み合わさることにより効果的に発現する。分解反応だけの時は，屋外でも雨の当たらない部位や屋内で使われる部材である。屋内で使われるブラインドや屋内照明器具の反射板などが典型的な例と言える。ただし，ブラインドのように窓際で使用される場合は，太陽光を利用できるため，汚れの負荷が多い場合でも効果を発現できるが，屋内光だけでの分解効果では，目に見える形の防汚効果を発現させるのは，非常に難しいのが，一般的である。屋外で利用される部材では，光触媒による分解反応のほかに，光励起超親水化反応により，雨水による洗浄効果を利用できる。材料表面が親水性になったことにより，表面に付着した汚れと部材の間に雨水が入り込み，汚れが洗い流されるというメカニズムである。図3に示すように，付着した有機物汚れが，光触媒効果により分解され，付着力が弱まり，光励起超親水性により，付着力が弱まった汚れと部材の隙間に雨水が浸入し，汚れを洗い流すというわけである。図4に，高速道路のトンネル抗口付近に設置したガードレールに光触媒コーティング材を適用した場合と非適用の場合の効果を示した。光と雨を十分に確保した場所では，非常に強い汚れ負荷がかかる場所でも，十分に効果を発揮できることがわかる。

第2章 親水性コーティング

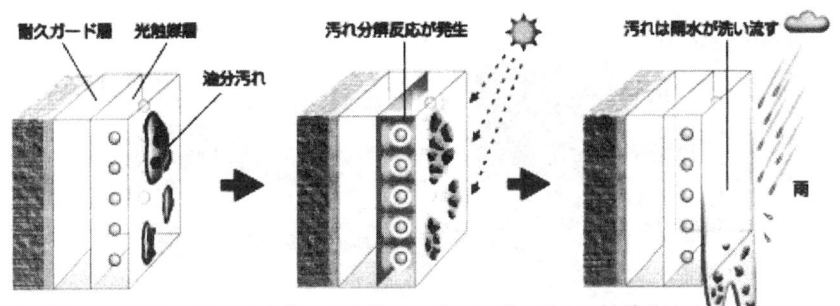

光が汚れを分解して美しさを保つ光触媒コーティング。まさに外壁のリニューアルに最適です。松下電工のフレッセラPは、松下電工独自の2層コーティング技術で、外壁素材をしっかりガード。施工時の美しさを長く守りつづけます。

図3 防汚メカニズム

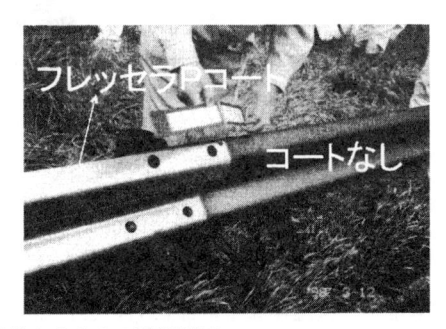

図4 ガードレールに塗装したときの防汚効果

1.5 弊社光触媒防汚コーティング材

　光触媒のコーティング方法は，基材に酸化チタン薄膜を直接コーティングする方法と酸化チタンの微粒子を酸化チタンに分解されないバインダー中に分散させてコーティングする方法に大別できる。酸化チタン薄膜を直接コーティングする方法は，ガラスやセラミックスタイルなどの耐久性無機材料に使われる場合が多い。コーティング方法は，CVD法，ゾルゲル法など化学的薄膜作成法やスパッタ法などさまざまな物理蒸着法が用いられる。一方，酸化チタン微粒子をバインダー中に分散させてコーティングする方法は，基材がプラスチックや耐熱性の低い材料や現場でのコーティング方法として使用される。さらに耐久性があるコーティング膜とするためには，酸化チタン層と基材との間に中間層を入れる。この中間層には，①基材を光触媒酸化反応から守る　②酸化チタン層と基材の密着性　③酸化チタン層と基材との熱膨張率の差の緩和　以上3つの役割を持たせている場合が多い。弊社では，外装材の高耐久性を狙いとして，約20年前より，無機コーティング材の開発に着手し，外装材，照明器具用のグローブ，レディースシェーバーなどの応用展開を図ってきた。この無機コーティング材の特徴は，

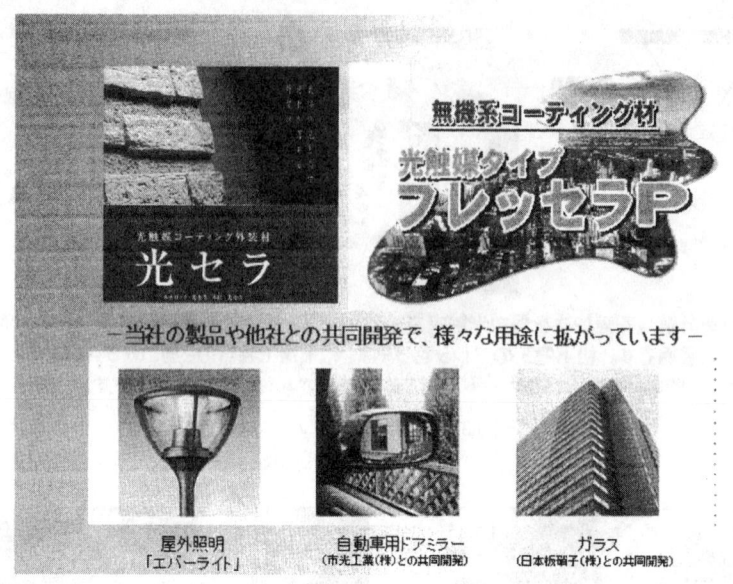

図5 松下電工光触媒適用商品群

① 無機物の含有量が重量比で8割と無機比率が高いコーティング材であること
② 金属アルコキシド系ポリマーの脱水縮合反応に加えて，脱アルコール反応による重縮合反応も加え，常温硬化を可能にしたこと

である。この2つの特徴が，光触媒とのハイブリッド化を早期に実現することができ，光触媒コーティング材『フレッセラP』の開発に成功した。図5に弊社コーティング材を応用した商品群を示した。光触媒コーティング材をはじめ，光触媒外装材，超寿命ランプの照明用グローブ，他社との共同開発品として，自動車用ドアミラー，建築用ガラスなどがある。

1.6 光触媒コーティング材の適用例

図6に，弊社光触媒コーティング材を用いて川口物流倉庫をリニューアルコーティングした場合の7ヶ月後の防汚効果を示した。有機塗装した部位と比較すると明らかに，光触媒コーティングした部位は，雨筋汚れもつかず，コーティング当初のきれいな状態を維持していることがわかる。このほか，ホテル，病院，公共施設など，さまざまな建物にコーティングを行っている（図7）。光触媒コーティング効果のメリットが大きい物の一つに建築用ガラスがあげられる。ガラスへのコーティングの難しさは，ガラスは，見る用途として使用されるため，光学的特性と表面硬度（耐擦傷性）が求められる点である。ガラス基材への光触媒コーティングは，光触媒効果と光学特性および表面硬度は，トレードオフの関係にあるため，材料組成の最適化，コーティング方法の検討，熱処理温度の最適化などさまざまな課題の解決が必要になる。現在では，弊社も含

第2章 親水性コーティング

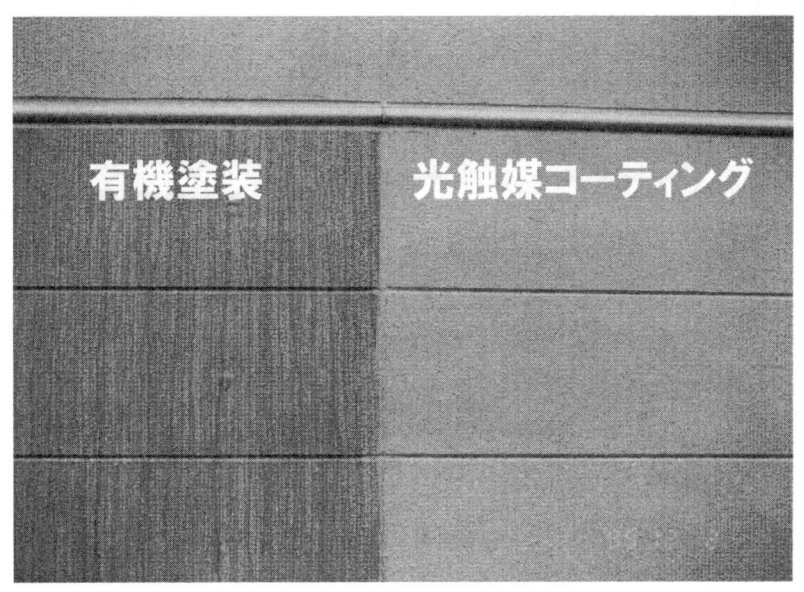

図6 光触媒リニューアルコーティング例

図7 パナソニック PDP工場 適用例

め数社が，ガラス用光触媒コーティング材の開発に成功している。一昨年開港された中部国際空港では，約1.5万平米のガラスすべてに光触媒コーティングガラスが採用されている（図8）。

図8 中部国際空港 セントレア 適応例

1.7 親水性光触媒防汚コーティング材の課題とその対策

防汚機能を持つ光触媒コーティング材の現在の主たる課題は，

① 光触媒コーティングするためのプロセスコスト
② 塗装物の形状，光の当たり方，雨がかりの程度などの環境条件により効果が異なる

コーティング工程の増加は，光触媒効果を十分に発揮させ，かつ基材や素地を痛めないためのガード層が必須であることによる。現在では，基材や素地を痛めず，かつ十分な活性を発現するガード層のいらない光触媒や，傾斜機能を持つ光触媒コーティング材の開発も進んでいるようであるが，まだ，実用化段階までいたっていない。光触媒コーティング材が一般塗装建築物やプラスチックの上に1コートでコーティングでき，リーズナブルなコストで供給できれば，市場は，一気に広がり，さまざまな建築物への適用がなされると考えられる。また，防汚という観点で考えると，光触媒コーティング材は，構造物の形状，太陽の当たり方や雨がかりの度合いなど，環境や構造物由来の要因が効果効能に大きく影響する。これらの要因については，設計者，施工会社，材料開発メーカーの認識を一つにして，光触媒の特性を十分に理解した上で，展開できる仕組み作り（コラボなど）により，改善できるものであろう。

第 2 章　親水性コーティング

文　　献

1) R. Wang, K. Hashimoto, A. Fujishima, M. Chikuni, E. Kojima, A. Kitamura, M. shimohigoshi, T. Watanabe, *Nature*, **388**, 431（1997）
2) 橋本和仁，入江　寛，表面科学，**25**，252（2004）

2 土木構造物の防汚塗料

木村武久*

2.1 はじめに

　近年，都市内の構造物は，自動車の排ガスや塵埃等による汚れが目立ち，高架橋などの土木構造物は，美観を損ねることで周辺景観との調和が失われ，マンション，オフィスビルや商業ビルなどの建築物は，美観・景観を損ねることで，資産価値の低下や企業イメージの低下を招くことにもなる。また，道路トンネル内では，汚れによって視認性が低下することによる事故の増加が，コンクリート構造物では，汚れによってひび割れなどの欠陥の発見が遅れることも指摘されている。

　汚れの問題がクローズアップされてきたのは，近年，これらの構造物に塗装される上塗り塗料が，ライフサイクルコスト低減等の観点からふっ素樹脂塗料などの耐候性に優れた塗料に移行してきたことにも起因する。従来，多くの構造物に塗装されていた上塗り塗料は，塗装数年後で塗膜表面に白亜化（チョーキング）を生じ始め，塗膜自体が少しずつ消失してフレッシュな表面となる自浄化作用で塗膜表面に付着した汚れが取り除かれるため，塗膜表面の汚れの問題は大きく取り上げられなかった。しかし，ふっ素樹脂塗料などの耐候性に優れた塗料は，長期間屋外に曝されても紫外線，水，酸性雨等で劣化し難いため，チョーキングによる自浄化作用の始まるのが非常に遅くなり，塗膜表面に汚れが蓄積され，汚れが目立ち易い傾向にある。

　このため，防汚機能を有した耐候性に優れた上塗り塗料の要求が強くなり，広く普及してきている。

　防汚機能とは，汚れにくく，汚れが付着しても降雨等で汚れが除去される自浄機能を有するか，水洗などの軽度の作業で容易に汚れを除去できる機能を意味する。

2.2 汚れ物質について

　塗膜に付着する汚れ物質の成分は，大別すると無機質成分と有機質成分に分類される。無機質成分の主体は土砂中に含まれている硅砂（シリカ）であり，有機質成分の主体は自動車の排ガス中に含まれているカーボン質やタール状物質である。また，これらの汚れ物質を親水性成分，親油性成分（疎水性）に分類した場合，無機質成分は親水性であり，有機質成分は親油性である。

　塗膜に付着する汚れ物質の成分は，設置される環境でも異なる。都市内およびトンネル内の汚れ物質は，自動車の排ガス等が原因であると考えられている親油性成分を多く含み，その組成は，親油性成分が30％，親水性成分が70％との調査結果[1]がある。

　＊　Takehisa Kimura　㈱トウペ　技術部　東京防食塗料課　課長

第2章 親水性コーティング

親水性成分は，自然の降雨などにより洗い流される。一方，親油性成分は，塗膜表面が親油性（疎水性）の場合，塗膜表面に馴染み易く，蓄積される。

2.3 汚れの付着について

大気中の汚れ物質は，風雨によって運搬される。汚れの付着は，重力的な堆積，親油性物質の粘着，Van der Waals力のような分子間に働く力，静電気を代表とする電気的な力，水の表面張力，塗膜との親和性による塵埃のより強固な固定化などの作用がいくつも重なり合って塗膜表面に固着される。中でも大気中に浮遊している塵埃の粒子の大きさは，堆積，付着に影響し，粒子径が大きい程沈着し易く，塗膜表面より洗い流され易い。一方，粒子径の小さいものは，付着力が強く，除去され難い。これらの付着した汚れは，湿潤・乾燥の繰り返しにより塗膜表面の頑固な汚れとなってくる。また，塗膜表面に付着した汚れは，太陽光などで暖められ軟化した塗膜表面に食い込むことで，更に頑固な汚れとなる。

2.4 防汚機能付与の方法

一般塗装系塗膜（フタル酸樹脂塗料，塩化ゴム系塗料，ポリウレタン樹脂塗料など）は，紫外線，水，酸性雨等に曝されることによって，経年的に塗膜表面の樹脂成分が酸化や加水分解され，表面劣化を起こす。劣化した樹脂は，分子内に極性基を多く有するため親水性を示す。そして，劣化が更に進行すると塗膜のチョーキングにより，塗膜表面に付着した頑固な汚れも降雨等により洗い流される。しかし，ふっ素樹脂塗料などの耐候性に優れた塗料は，長期間屋外に曝されても紫外線，水，酸性雨等で劣化し難いため，チョーキングによる自浄化作用の始まるのが非常に遅くなり，汚れが蓄積される。ふっ素樹脂塗料はふっ素樹脂の炭素（C）-ふっ素（F）の結合エネルギーが自然光の紫外線エネルギーよりも大きいため，優れた耐候性を有している。しかし，塗膜表面は，表面自由エネルギーが高いため疎水性であり，またマイナスに帯電しやすいために，親油性の汚れ物質が付着し易い。

塗膜に防汚機能を持たせるためには，次に示す因子を組み入れることが重要である。
① 塗膜表面の親水化
② 塗膜の高硬度化
③ 塗膜表面の低帯電化

2.4.1 塗膜表面の親水化

汚れが問題視されている都市内の汚れ物質は，親油性成分を多く含んでいる。塗膜表面が親油性（疎水性）の場合は，親油性の汚れは馴染み易いために付着してしまう。そして，塗膜表面に付着した汚れは，降雨で洗い流されることはなく，蓄積されていき，汚れが目立つようになる。

一方，塗膜表面が親水性の場合は，親油性の汚れと馴染まず，汚れが溜まり難い。また，水との馴染みが良いため，降雨等によって，水が当たった場合，塗膜と汚れの間に水が浸透し，汚れが徐々に浮き上がり流し落とされる。

塗膜表面の親水性をコントロールする方法として，

① 塗膜表面に親水性付与剤を塗布する。

② 塗料中に親水性付与剤を配合する。

③ 塗料の樹脂そのものに親水性を付与する。

がある。いずれの方法にしても，耐候性を損なうことなく，親水性機能を長期間維持することが重要である。

①の方法に用いられる親水性付与剤としては，アルカリシリケート系無機塗材，金属アルコキシド系無機材が代表的である。効果が顕著で，安定した親水性能を付与することができる。しかし，薄膜で，透明であるため，均一に塗り残しがなく塗布することが難しい。

②の方法に用いる親水性付与剤としては，現在，種々の親水性付与剤が開発されているが，耐候性，耐久性の観点からシラン系化合物が主流となっている。シラン化合物のアルコキシル基（SiOR）の加水分解により生成するシラノール基（SiOH）が塗膜表面に親水性を付与する。また，シラン系化合物が塗膜表面に配向することで，硬い塗膜が形成される。しかし，塗料には，平滑で，均一な塗膜を形成させるために，レベリング剤，色別れ防止剤，分散剤，消泡剤などの種々の添加剤が用いられている。これらの添加剤が親水性を抑制する働きをしたり，親水性付与剤の塗膜表面への配向を妨げたりすると親水性の発現を不安定にする。また，顔料も塗膜表面への配向を抑制する傾向がある。塗料を設計する際には，これらの点に配慮する必要がある。

光触媒酸化チタンを配合した塗膜に光（紫外線）が当たると，酸化チタンの表面で強力な酸化力が生まれ，塗膜表面に付着した有機性成分の汚れ物質や大気中のNO_xを酸化除去したり，脱臭，抗菌，防カビ等の働きを示すと共に，塗膜表面を親水性にする働きがある。親水化の原理は，明らかにはなっていないが，紫外線の照射で不安定になった酸化チタンに空気中の水分が吸着することによるものと考えられている。光触媒酸化チタンを配合した塗料の設計のポイントは，この光触媒の固定化である。バインダー（樹脂）には，光触媒作用や生成する酸で劣化しないものを選定する必要がある。通常，無機系のバインダーが用いられている。また，光触媒反応が起こるのは酸化チタン粒子の表面であるため，バインダーが触媒表面を覆ってしまえば触媒が機能しない。露出した酸化チタン粒子の表面積が大きく，効率的な光の供給が得られる構造が望ましい。

③の方法は，樹脂の主鎖および末端に親水性機能を持たせる方法である。例えば，親水性の無機成分を有機成分と複合化させることで，塗膜を親水性にする技術がある。

第2章　親水性コーティング

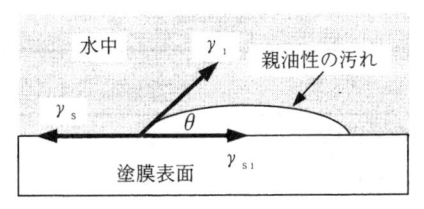

図1　塗膜表面上の表面張力のバランス

　水に対する濡れ易さ（親水性），濡れ難さ（親油性（疎水性））は，一般的に水接触角で表される。塗膜の水接触角が小さい程濡れ易く，水接触角が大きい程濡れ難い。

　親油性の汚れが雨で塗膜表面に運ばれた場合の塗膜表面に存在する各成分の界面張力のバランスを図1に示す。親油性の汚れが接触角θで平衡状態にある時，Youngの式(1)が成立する。

$$\gamma_s = \gamma_{sl} + \gamma_l \cos\theta \tag{1}$$

　　γ_s：塗膜の界面張力，γ_l：塗膜／親油性の汚れの界面張力，γ_{sl}：水／親油性の汚れの界面張力，θ：水中の親油性の汚れの接触角

　ここで，親油性の汚れが塗膜に付着する仕事W_aは，単位面積当りの塗膜表面から親油性の汚れを引き離す仕事に相当する。即ち，今まで親油性の汚れが接触していた界面（γ_{sl}）を引き離して，新しい界面（γ_s，γ_l）を作り出す仕事で式(2)で表すことができる。

$$W_a = \gamma_s + \gamma_l - \gamma_{sl} \tag{2}$$

式(2)に式(1)を代入すると，親油性の汚れが塗膜に付着する仕事W_aは式(3)で表される。

$$W_a = \gamma_l (1 + \cos\theta) \tag{3}$$

即ち，親油性の汚れが塗膜に付着するには，W_aが大きいことが必要であり，$\theta = 0°$の時が完全の濡れで，親油性の汚れは塗膜表面に広がり付着する。逆に$\theta = 180°$の時は水が塗膜に広がり，親油性の汚れは塗膜に付着できずに塗膜から離脱することになる。

2.4.2　塗膜の高硬度化

　塗膜の硬度は，ガラス転移温度（T_g）と密接な関係がある。T_gが高い程塗膜は硬くなると共に，温度の影響を受け難く，熱軟化による汚れ物質の塗膜への喰い込みは少なくなる。一般に，弾性系の塗料が汚れが着き易いと言われるのは，T_gを低くしているためである。T_gを上げる方法としては，一般に，硬質モノマーの選択，架橋する樹脂の採用および架橋密度のアップ等の手法が取られている。また，T_gが高い程汚れ除去性は向上する。しかし，T_gが高くなり過ぎると，耐衝撃性などの塗膜物性が低下する傾向があるため，そのバランスを考慮する必要がある。

2.4.3　塗膜表面の低帯電化

　一般に乾燥塗膜は高分子化合物からなり，電気的には絶縁体であることから帯電し易い。そして，この電荷は空気中の塵埃等を吸着して塗膜表面の汚れの原因となる。塗膜を親水性にするこ

表1　表面特性データ

測定項目		従来形ふっ素樹脂塗料	防汚形ふっ素樹脂塗料
接触角	水静的接触角（°）	90	45
	水前進接触角（°）	95	77
	水中油接触角（°）（パラフィン）	77	112
表面抵抗率（Ω/□）		$>10^{15}$	2.6×10^{11}

とで，塗膜表面に水分が吸着され易くなり，その放電効果で静電気が帯び難くなるため，汚れは付着し難くなる。静電気の帯び易さ帯び難さを示す特性値の一つとして，表面抵抗率（Ω/□）で評価することができる。一般に，帯電防止塗料の導電性レベルは，10^5～10^{10}（Ω/□）であるが，防汚機能を有した親水性の塗膜は，放電効果が期待できる低い表面抵抗率を示している（表1）。

2.5　汚れの評価方法について[2]

　一般に，構造物が汚れているかどうかは人間の視覚によって判断され，汚れの程度を点数や順位等で表す官能評価が多く用いられている。しかし，官能評価から第三者が汚れの程度を把握することは困難である。一方，定量的な評価であれば第三者でも容易に把握できるが，官能評価に相関性が認められる定量的評価方法が明確でなかった。そこで，平成7年度から平成9年度に建設省土木研究所と民間会社で行われた官民連帯共同研究「構造物の防汚技術の開発」において，汚れの程度を定量的に評価する検討が行われた。つくば暴露2年，東京雨あり（雨が当たる場所），東京雨なし（雨が当たらない場所）暴露1年の暴露試験片を用いて，官能評価順位（試験片の汚れの程度を目視判定による順位付けを行った）と各種定量的評価の関係を調べた結果を表2に示す。結果，官能評価との相関が最も高かった定量的な測定方法は，明度差ΔL^*であった。

表2　官能評価順位と各種定量的評価の相関（寄与率）

測定項目	第1回暴露試験	第2回暴露試験
明度差ΔL^*	0.9008	0.8993
色差ΔE^*	0.8952	0.8984
L^*値	0.9001	0.8729
a^*値	0.5626	0.4986
b^*値	0.7753	0.7570
60度光沢値	0.2526	0.0739
60度光沢保持率	0.4706	0.2862
グレースケール対比評価	0.8368	0.8377
写真判定評価	――	0.8994

第2章　親水性コーティング

明度差ΔL^*は，数値が低い程汚れていることを示す。

2.6　土木用防汚材料

建設省土木研究所と民間会社で行われた官民連帯共同研究，更に官民連帯共同研究終了後，平成10年度から土木研究所と民間会社で結成された土木用防汚材料普及委員会において継続研究が進められ，土木用防汚材料（Ⅰ種：屋外構造物用，Ⅱ種：トンネル用，Ⅲ種：透光板用）の性能基準および評価促進試験方法が開発された。

2.6.1　土木用防汚材料Ⅰ種[3]

土木用防汚材料Ⅰ種は，一般の屋外土木構造物およびその付帯設備に用いられ，降雨等で汚れが除去される自浄機能を有した被覆材料である。

つくば暴露2年および東京雨あり，東京雨なし暴露1年の暴露試験片の官能評価順位と明度差ΔL^*の関係を図2に示す。順位付けした試験片を見て洗浄が必要であると感じた人の人数を調査した結果，洗浄が必要であると感じる人は，官能順位121〜130番目が最も多く，汚れの許容限界は明度差ΔL^*が－8程度であることが判った。この結果より，土木構造物用防汚材料の利用技術ガイドライン（案）では，土木用防汚材料Ⅰ種とは，一般の屋外土木構造物および付帯設備に用いた場合に，東京暴露場（東京都品川区八潮南，自動車交通量　約180,000台/日（平成8年））12ヶ月暴露において，明度差ΔL^*を－8以上に保持する性能を有した材料であると定義されている。

(1)　防汚材料評価促進試験方法Ⅰ(案)

防汚材料評価促進試験方法Ⅰ(案)は，土木用防汚材料Ⅰ種に適合するかを評価する方法である。

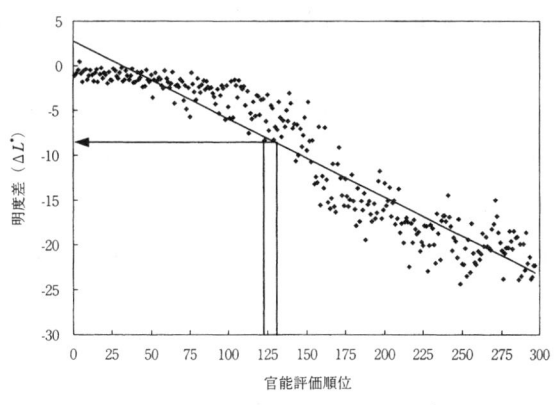

図2　官能評価順位と明度差（ΔL^*）
$n=297$

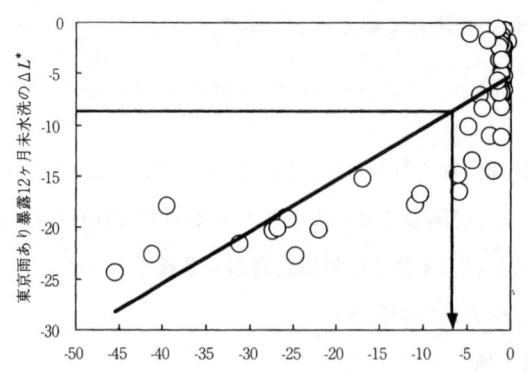

図3 防汚材料評価促進試験方法 I（案）と東京雨あり暴露12ヶ月の関係
防汚材料評価促進試験方法 I（案）のΔL^*, $n=54$

試験の概要は，汚れを最も厳しく評価できる白色（マンセル記号N －9.5近似）の試験板にカーボンブラックを水に懸濁させた汚れ物質を吹付け，60℃で1時間乾燥させ，水洗後の汚れの程度を明度差ΔL^*で評価するものである。

東京雨あり暴露12ヶ月の未水洗部と防汚材料評価促進試験方法 I（案）の試験結果の関係を図3に示す。暴露試験の結果，土木用防汚材料 I 種の汚れの許容限界は明度差ΔL^* －8であることより，この数値を促進試験の結果に当てはめると明度差ΔL^* －7となることから，同試験法による性能基準を明度差ΔL^* －7.00以上と規定している。

(2) 長期暴露試験結果

土木用防汚材料 I 種に適合したもので促進耐候性試験（キセノンランプ法）2,000時間後の光沢保持率80％以上の性能を有した塗料の東京雨あり暴露8年の未水洗部の明度差ΔL^*の経時変化，水洗部の光沢保持率の経時変化を図4に示す。

比較材として用いた従来形塗料は，汚れが進行し，6ヶ月で汚れ許容限界である明度差ΔL^* －8を超え，その後も－8以下を推移する結果を示した。それに対して土木用防汚材料 I 種は，初期の段階で明度差ΔL^*がいったん低下するが，その後回復する傾向がみられた。そして，ほとんどの塗料が，5年間の暴露において明度差ΔL^* －8以上の範囲を推移する結果を示しており，安定した長期防汚性能を有していることが確認できた。初期の段階で明度差ΔL^*がいったん低下するのは，供試塗料の多くが，塗膜表面を親水性にするのに水分の介在と時間を要するためである。また，耐候性については，従来の同タイプの樹脂系塗料と同等であることが確認できた。

2.6.2 土木用防汚材料 II 種[3]

土木用防汚材料 II 種は，道路トンネルおよび付帯設備に用いられ，清掃作業によって付着した汚れを容易に除去できる機能を有した被覆材料である。

第2章　親水性コーティング

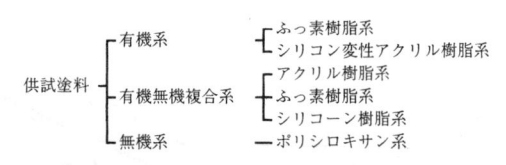

① 暴露試験に供した塗料の樹脂系分類

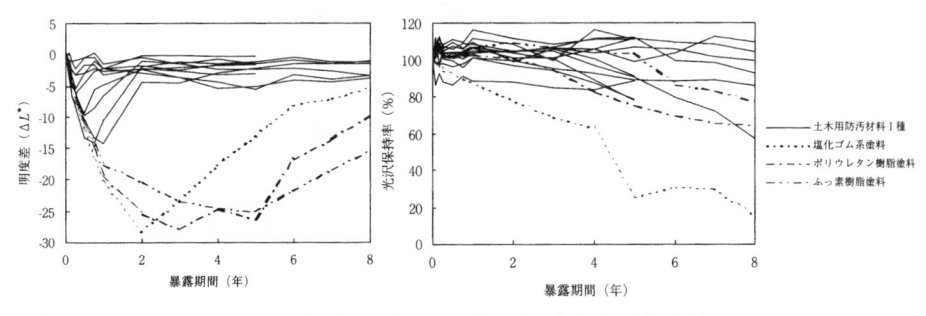

② 明度差 ΔL^* の経時変化（未水洗部）　　③ 光沢保持率（水洗部）

図4　土木用防汚材料Ⅰ種の東京雨あり暴露試験結果

　トンネル暴露9ヶ月の水洗後の暴露試験片の官能評価順位と明度差 ΔL^* の関係を図5に示す。順位付けした試験片を見て水洗後の汚れを許せないと感じ始める人は，官能順位21番目からで，明度差 ΔL^* －5程度であることが判った。この結果より，土木構造物用防汚材料の利用技術ガイドライン（案）では，土木用防汚材料Ⅱ種とは，トンネルおよび付帯設備に用いた場合に，清掃作業によって付着した汚れ物質を容易に除去でき，トンネル暴露場（静岡県静岡市丸子藁科トンネル，自動車交通量14,000台/日（平成8年））9ヶ月暴露において，清掃作業によって明度差 ΔL^* を－5以上まで回復できる性能を有した材料であると定義されている。

(1)　防汚材料評価促進試験方法Ⅱ（案）

　防汚材料評価促進試験方法Ⅱ（案）は，土木用防汚材料Ⅱ種に適合するかを評価する方法であ

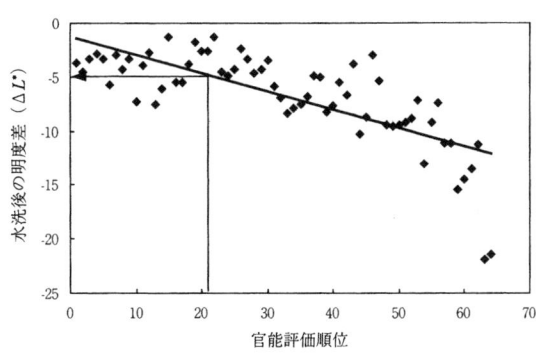

図5　官能評価順位と水洗後の明度差（ΔL^*）
$n=64$

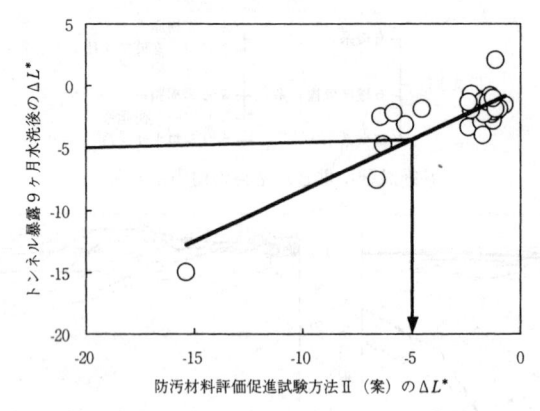

図6 防汚材料評価促進試験方法Ⅱ(案)とトンネル暴露9ヶ月の関係

る。

試験の概要は，汚れを最も厳しく評価できる白色（マンセル記号N −9.5近似）の試験板に乾燥汚れ物質をふりかけ，水洗後の汚れの程度を明度差ΔL^*で評価するものである。

トンネル暴露9ヶ月の水洗部と防汚材料評価促進試験方法Ⅱ(案)の試験結果の関係を図6に示す。暴露試験の結果，土木用防汚材料Ⅱ種の汚れの許容限界は明度差ΔL^* −5であることより，この数値を促進試験の結果に当てはめると明度差ΔL^* −5となることから，同試験法による性能基準を明度差ΔL^* −5.00以上と規定している。

2.6.3 土木用防汚材料Ⅲ種[4]

高架道路などにおける透光板は，①沿道の日照問題の解消，景観対策，②視認性確保による交通の安全性確保，③走行時の圧迫感解消，④走行位置の確認等の目的で，主に高架道路の透光性遮音壁（以下，透光板という）に使用されている。最近の透光板の採用目的は，景観対策が多くなっている。そのため，透光性の確保（防汚機能）が強く求められている。

土木用防汚材料Ⅲ種は，屋外土木構造物の付帯設備である透光板に用いられ，降雨等で汚れが除去される自浄機能を有した被覆材料である。

東京雨あり暴露12ヶ月の暴露試験片の官能評価順位と明度差ΔL^*，透過率％の関係を図7に示す。順位付けした試験片を見て洗浄が必要とする汚れの程度を調査した結果，官能順位27番目となり，汚れ許容限界は明度差ΔL^* −5，透過率77.0％程度であることが判った。

(1) 透光板用防汚材料評価促進試験方法(案)

透光板用防汚材料評価促進試験方法(案)は，土木用防汚材料Ⅲ種に適合するかを評価する方法である。

試験の概要は，無処理のポリカーボネート板にクリヤーを被覆したものを試験片とし，そこにカーボンブラックを水に懸濁させた汚れ物質を吹付け，60℃で1時間乾燥させ，水噴霧洗浄後

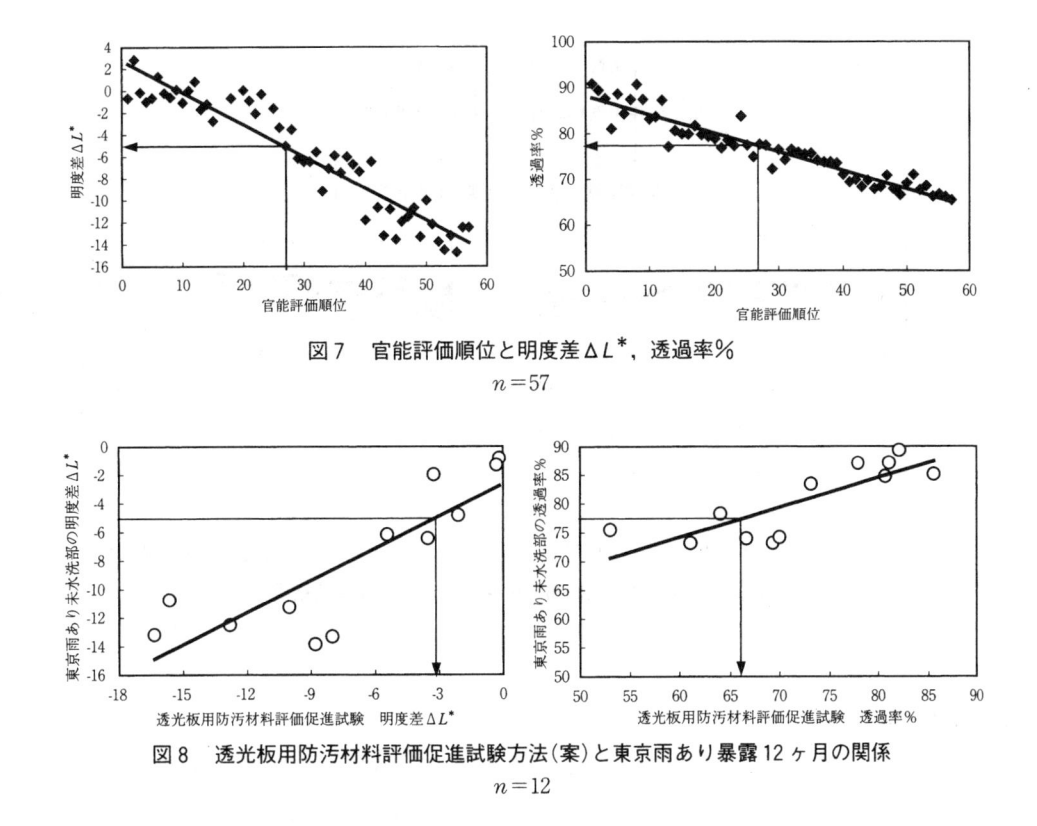

第2章　親水性コーティング

図7　官能評価順位と明度差 ΔL^*, 透過率%
$n=57$

図8　透光板用防汚材料評価促進試験方法(案)と東京雨あり暴露12ヶ月の関係
$n=12$

の汚れの程度を明度差 ΔL^*, 透過率%で評価するものである。

　東京雨あり暴露12ヶ月の未水洗部と透光板用防汚材料評価促進試験方法(案)の試験結果の関係を図8に示す。暴露試験の結果, 土木用防汚材料Ⅲ種の汚れ許容限界は明度差 ΔL^* −5, 透過率77.0%であることより, これらの数値を促進試験の結果に当てはめると明度差 ΔL^* −3.2, 透過率66.0%となることから, 同試験法による性能基準を明度差 ΔL^* −3.20以上, 透過率66.0%以上と規定している。

(2)　**長期暴露試験結果**[5]

　土木用防汚染材料Ⅲ種に適合した塗料の東京雨あり暴露5年の未水洗部の明度差 ΔL^*, 透過率%を図9に示す。

　比較材として用いた無処理のポリカーボネートは, 暴露後, 短期間で汚れの許容限界である明度差 ΔL^* −5を超え, その後は明度差 ΔL^* −10以下を推移する結果を示した。それに対して土木用防汚材料Ⅲ種は, 明度差 ΔL^*, 透過率%共に5ヶ月位までは低下するが, その後回復し, 明度差 ΔL^* は−5以内, 透過率は80%以上の範囲を推移する結果を示しており, 安定した長期防汚機能を有していることが確認できた。また, 塗膜外観においても異常はみられず, 良好な状態を維持していることが確認できた。

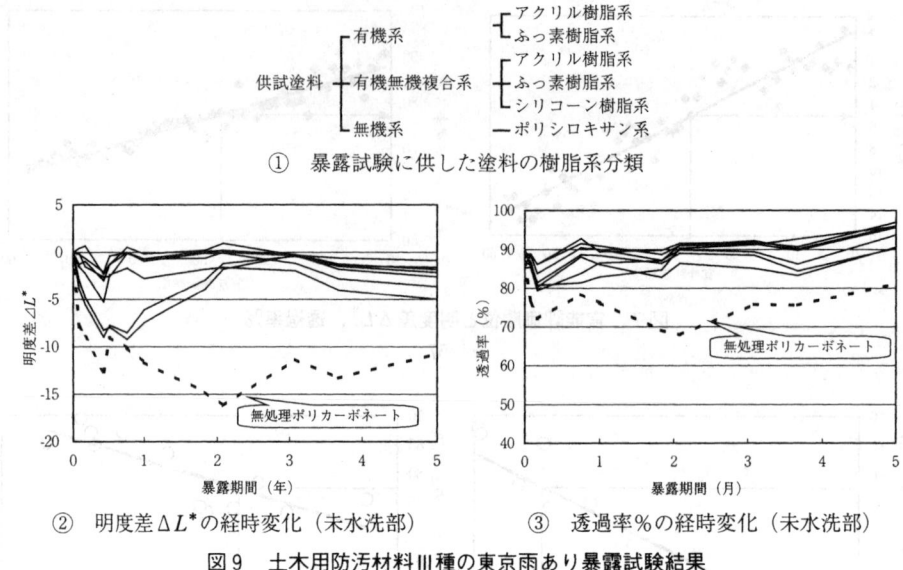

① 暴露試験に供した塗料の樹脂系分類

② 明度差ΔL*の経時変化（未水洗部）　　③ 透過率%の経時変化（未水洗部）

図9　土木用防汚材料Ⅲ種の東京雨あり暴露試験結果

2.7　おわりに

　現在，構造物を美しい状態で維持することを目的として，各種の防汚塗料が開発され，広く普及してきている。平成17年12月に㈳日本道路協会より発刊された「鋼道路橋塗装・防食便覧」では，ライフサイクルコスト低減の観点から上塗り塗料には耐候性に優れたふっ素樹脂塗料を用いた重防食塗装系を基本としており，都市内などで自動車排ガスによる汚れが目立つ場合には，土木用防汚材料Ⅰ種を上塗りに適用することが記載された。

　今後の新たな防汚塗料の開発に当たっては，更なる①耐候性の向上，②防汚機能の早期発現，③防汚機能の安定した長期持続性，そして，昨今の環境問題への関心の高まりから，④環境負荷低減の社会的要求に十分に応えられることがポイントとなると考える。

文　　献

1) 寺田ほか，第14回鉄構塗装技術討論会発表予稿集，p.101〜106（平成3年10月）
2) 建設省土木研究所，共同研究報告書第197号，構造物の防汚技術の開発に関する共同研究報告書（その3）―第2回防汚材料の屋外暴露試験結果―，（平成10年3月）
3) 建設省土木研究所，共同研究報告書第199号，構造物の防汚技術の開発に関する共同研究

第 2 章　親水性コーティング

報告書（その 5）―土木構造物用防汚材料の利用技術ガイドライン（案）―，（平成 10 年 3 月）
4）　土木研究所資料第 3885 号，土木用防汚材料に関する調査報告書―防汚材料の長期暴露試験結果及び透光板の防汚性能試験結果―，（平成 15 年 3 月）
5）　木村，守屋，金井，第 26 回日本道路会議論文集，構造物の防汚材料の開発（その 2）―透光板の暴露試験結果―，（平成 17 年 10 月）

3 環境に優しい家電製品向け防錆処理鋼板

金井　洋[*1]，森下敦司[*2]，植田浩平[*3]

3.1 はじめに

本節では，家電製品向けの防錆コーティングの中で，鉄鋼会社が家電製品やOA機器向けに製造している防錆処理鋼板のコーティング技術を取り上げる。「環境に優しい」という言葉にはいろいろな意味が含まれるが，ここでは防錆処理鋼板に含まれる環境負荷物質を低減・排除して製品自体を環境配慮型にするという視点から，最近の家電製品向けの防錆処理鋼板について，その性能を中心に述べる。

3.2 クロメートフリー防錆処理めっき鋼板

RoHS（Restriction of the use of certain hazardous substances in electrical and electronic equipment）[1]やWEEE（Waste electrical and electronic equipment）[2]など，環境負荷の低減に向けた法律が欧州で相次いで制定され，家電分野でも環境配慮型の製品が使用されるようになっている[3]。国内の家電メーカーでも，環境負荷物質を可能な限り使用しない製品を製造するために，調達する材料に独自に制限を設けるいわゆるグリーン調達が進められてきた。

環境負荷物質の使用を制限するRoHSの指定物質の中にクロメート（6価クロム化合物）がある。クロメート処理は，電気亜鉛めっき鋼板（EG），溶融亜鉛めっき鋼板（GI），アルミニウムめっき鋼板（AL）などの白錆防止用の処理として古くから使用され，家電，OA機器，建材などの用途に幅広く使用されてきたが，前述のような背景の中で，これを含まない環境配慮型の製品が開発され，実用化されている。クロメート処理皮膜は，腐食因子に対するバリアー性と，皮膜に傷がついたときの自己修復機能とを兼ね備えており，この2つの作用を代替し，かつ塗装密着性にも優れる，腐食抑制剤を含有した特殊な皮膜が開発されている。図1に，皮膜設計の考え方をまとめた。クロメートフリー防錆処理はすでに実用レベルにあり，これまでに家電やOA機器向けのクロメート処理の製品のほとんどが，クロメートフリー化されていると思われる。

3.2.1 クロメートフリー処理亜鉛めっき鋼板[4,5]

クロメートフリー処理亜鉛めっき鋼板（以下，CF鋼板と称する）は，鉄鋼会社各社からいろいろなタイプが供給されているが[6~11]，耐食性と導電性とを確保することがひとつの技術的なポ

[*1] Hiroshi Kanai　新日本製鐵㈱　技術開発本部　君津技術研究部　部長
[*2] Atsushi Morishita　新日本製鐵㈱　技術開発本部　鉄鋼研究所　表面処理研究部　主任研究員
[*3] Kohei Ueda　新日本製鐵㈱　技術開発本部　鉄鋼研究所　表面処理研究部　主任研究員

第2章　親水性コーティング

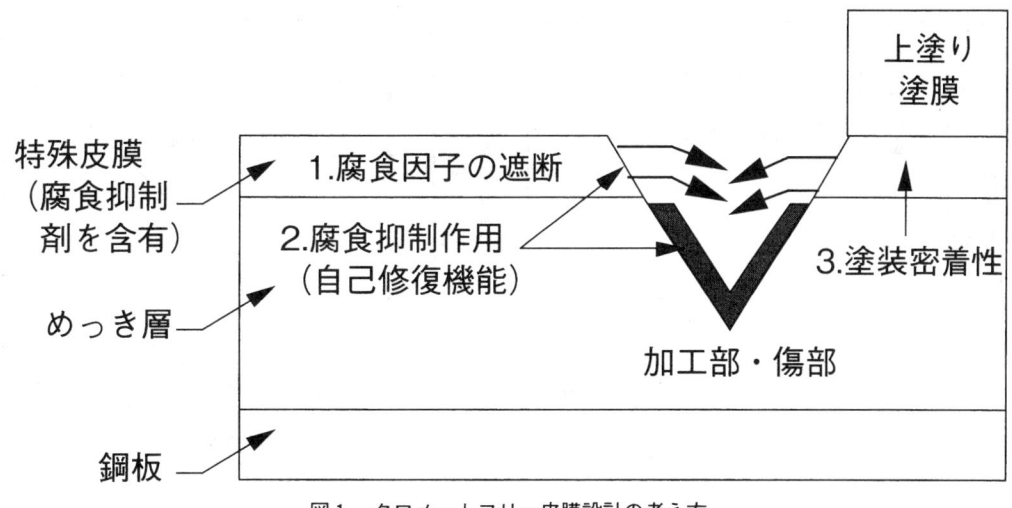

図1　クロメートフリー皮膜設計の考え方

イントである。耐食性は，クロメート処理がもともと一次防錆を目的としてきたことから当然ながら重要であり，導電性はアースを取る，溶接するなどのニーズに応えるために必要な性能である。製品としては，耐食性を重視するタイプと，導電性を重視するタイプとがあり，用途に応じて使い分けられている。ここでは弊社の製品を例に，その性能について述べる。

図2は，EGを下地とするCF鋼板の平面部とエリクセン7mm押出し部の耐食性を，塩水噴霧試験（JIS Z 2371）後の白錆発生状況で評価した結果の例である。耐食性を重視した製品（QF），導電性を重視した製品（QS），最も導電性の良い無機系の製品（QM）を，クロメート処理亜鉛めっき鋼板（耐食クロメート処理製品（E）と特殊クロメート製品（C））と比較している。耐食性は，試験の範囲でいずれのCF鋼板も従来のクロメート処理製品と同等以上である。エリクセン加工部についても，試験の範囲でCF鋼板の耐食性は従来のクロメート処理製品に劣らないことがわかる。

上記と同じ製品群の接触抵抗とスポット溶接時の適正電流範囲とを調べた結果の例を，それぞれ図3と図4とに示した。図3に示した接触抵抗は，三菱化学社のロレスターーEP型抵抗率計で，測定端子に四探針式のESPプローブを用いて測定した。抵抗値が1mΩ未満のときに導通したと判定し，20回試験を行い，導通した回数の割合（％）で表示した。この試験結果は，平面部からのアースの取りやすさの参考となる。QMはCと同様の高い導通率を示し，QSはEと同等クラスであることがわかる。耐食性とのバランスで見ると，QMはC並みの高い導通率とE並みの耐食性を持ち，QFは導通率はEやCに劣るが，耐食性はこれらよりも優れている。スポット溶接性は，電極は先端が4.5mmφのコーンフラット型電極，スクイズ時間30サイクル，アップスロープなし，通電時間10サイクル，電極保持時間10サイクル，電極加圧力200Nの条

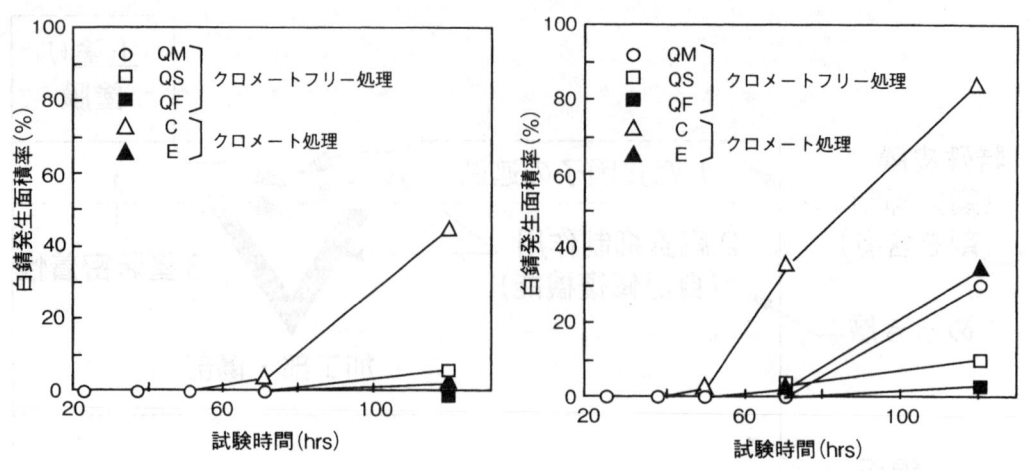

図2　クロメートフリー処理亜鉛めっき鋼板（EG）の塩水噴霧試験による耐食性
左：平面部，右：エリクセン7mm押出し部

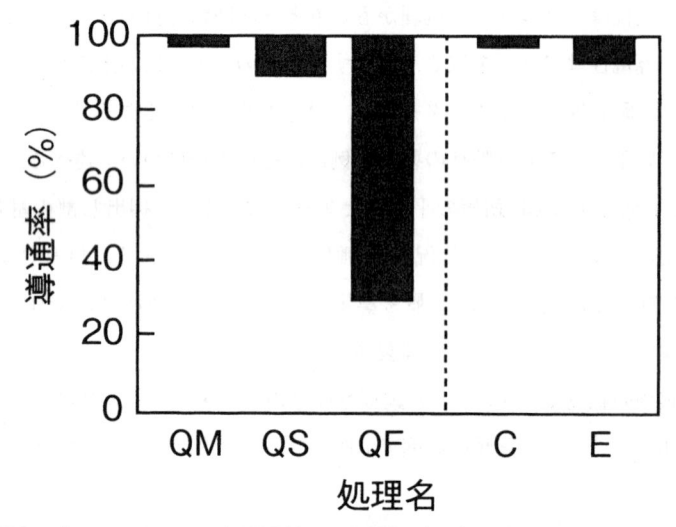

図3　クロメートフリー処理亜鉛めっき鋼板（EG）の接触抵抗（導電性）

件で，0.8mmの厚みの鋼板を用いて調べた。図4からチリ無い溶接電流範囲は，導電性を重視したQMで最も広く，耐食性を重視したQFではやや狭くなっているが，いずれの鋼板も溶接可能な適正電流範囲を持ち，溶接が可能であることがわかる。アースの取り方や，溶接の方法などは家電やOA各社によってまちまちであり，評価の基準も異なっているので，上記はあくまでも一つの目安である。

上記と同じ製品群の動摩擦係数の測定例を図5に示した。この数値は，プレス加工時の参考となる。10mmϕのステンレス球を1.0Nの荷重で鋼板の表面に押付け，移動速度150mm/分の条

第2章　親水性コーティング

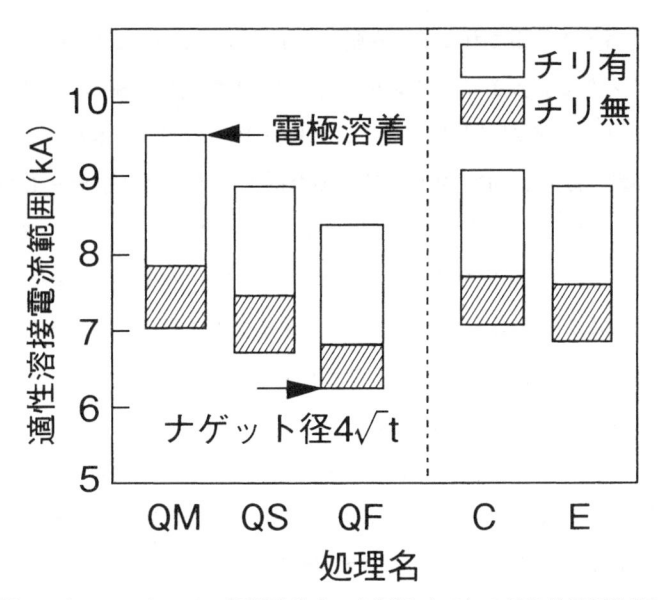

図4　クロメートフリー処理亜鉛めっき鋼板（EG）の適性溶接電流範囲

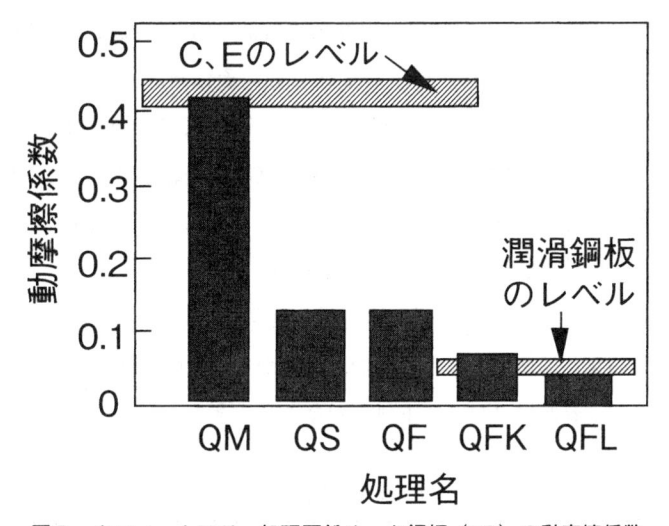

図5　クロメートフリー処理亜鉛めっき鋼板（EG）の動摩擦係数

件で測定した結果である。この図には，潤滑性を特に向上させ，オイルレスでの加工も可能とした製品 QFK，QFL のデータも加えた。この QFK，QFL は，オイルレス加工が可能なため，プレス加工後の脱脂が不要であり，脱脂工程を省略できるメリットを持っている。QM は動摩擦係数がクロメート処理並みに高い。また，無機系の皮膜処理のため強しごき加工時のかじりかすの発生が少なく，加工後の外観に優れる特徴を持っている。

197

防錆処理鋼板は，客先で使用される前に脱脂工程を通ることがあるため，この脱脂工程で劣化しにくいことが求められる。表1に，アルカリ脱脂後の外観変化を調べた結果の一例を示した。防錆処理鋼板をアルカリ脱脂剤であるファインクリーナー4326（日本パーカライジング社，弱アルカリタイプ，濃度20 g/l，pH 9.9/60℃），またはファインクリーナーL 4460（日本パーカライジング社，強アルカリタイプ，濃度A剤20 g/l，B剤12 g/l，pH 11.9/60℃）に60℃で2分間浸漬して静置し，外観の変化を調べた。強アルカリタイプの脱脂液を使用した場合に，QSとQFで外観が変化することがあった。弱アルカリタイプの脱脂液ではいずれの製品でも外観の変化はなかった。脱脂後に耐食性が劣化することもあるため，脱脂剤は弱アルカリタイプを使用し，脱脂の条件等を事前に調査することが望ましい。

上塗り塗装密着性は，上塗り塗料が溶剤系のメラミンアルキッド塗料である場合には問題ないことが多いが，水性アクリル塗料では沸騰水浸漬30分後の二次密着性がやや低下することがあるなど，上塗り塗料の影響を受けやすい。上塗り塗装密着性に十分留意した設計となってはいるが，事前の確認が必要である。

溶融亜鉛めっき鋼板（GI）を下地とするCF鋼板も実用化されている。導電性を重視したQNと，耐食性を重視したQFKの，平面部の耐食性試験結果の例と接触抵抗の試験結果の例とを，従来の耐食クロメートE，普通クロメートCと比較し，それぞれ図6と図7とに示した。試験条件は，図2，図3と同じである。QN，QFKは，それぞれC，Eと同等以上の耐食性を持ち，導通率はそれぞれやや低い。耐食性と導電性（接触抵抗による導通率）とのバランスをクロメート処理と比較すると，GI系よりEG系のほうがややバランスに優れる結果となっている。

3.2.2 クロメートフリー処理アルミニウムめっき鋼板[12]

溶融アルミニウムめっき鋼板（AL）は，耐食性，耐熱性，意匠性（銀白色の外観）に優れることから耐熱家電製品などに使用されているが，従来から一次防錆性，塗料密着性，溶接性などを向上するためにめっき表面にクロメート処理がなされてきた。新たに開発されたクロメートフ

表1 アルカリ脱脂後の外観変化

品　　種	処理名	アルカリ脱脂後の外観変化*	
		弱アルカリ脱脂液	強アルカリ脱脂液
クロメートフリー処理電気亜鉛めっき鋼板	QM	変化なし	変化なし
	QS	変化なし	変化する場合あり
	QF	変化なし	変化する場合あり
クロメート処理電気亜鉛めっき鋼板	C	変化なし	変化なし
	E	やや色あせ	色あせ

*脱脂後に耐食性が劣化する場合がある

第2章　親水性コーティング

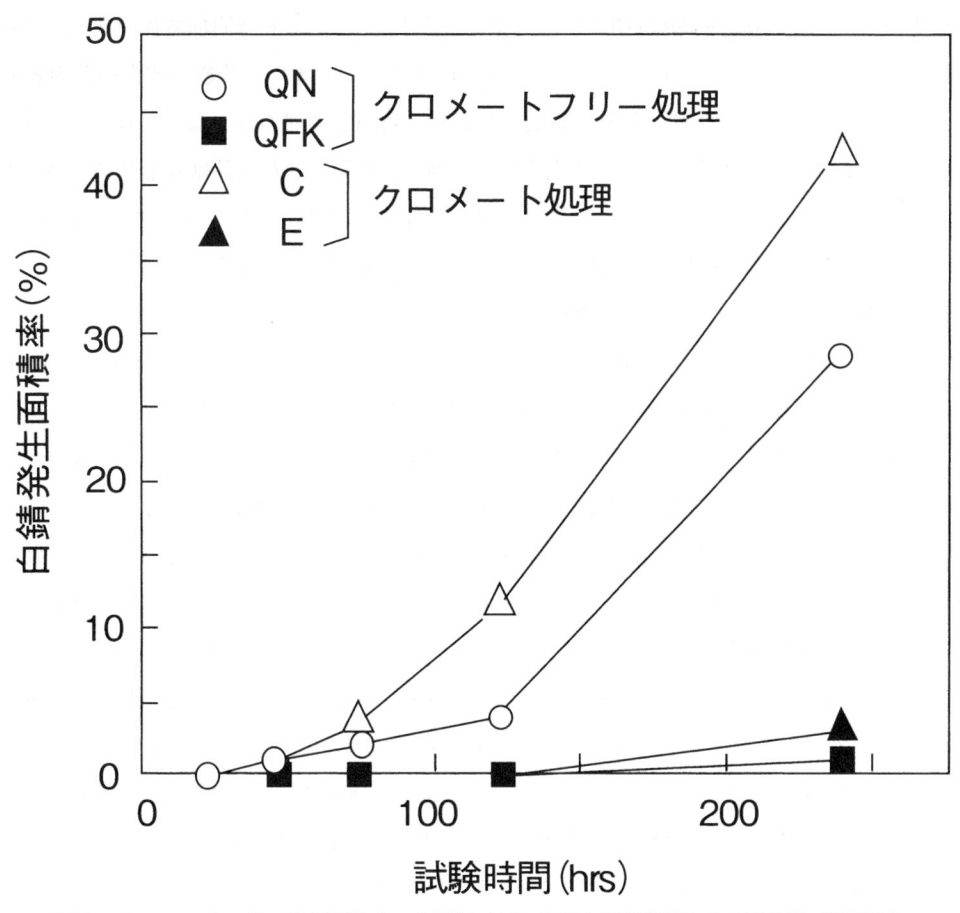

図6　クロメートフリー処理亜鉛めっき鋼板（GI）の塩水噴霧試験による耐食性（平面部）

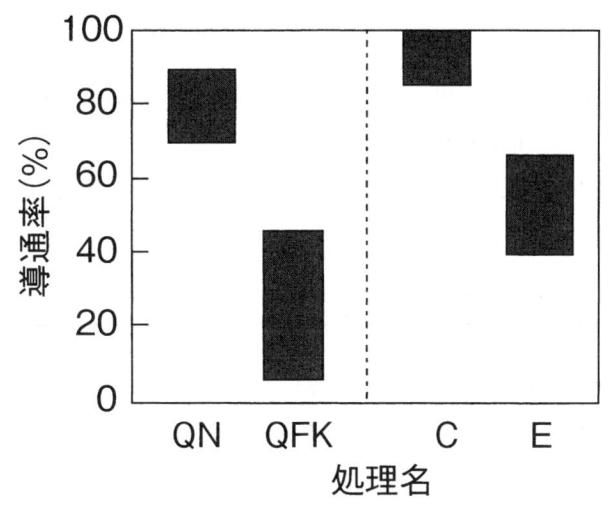

図7　クロメートフリー処理亜鉛めっき鋼板（GI）の接触抵抗（導電性）

リー型 AL の塩水噴霧試験 480 時間後の白錆発生面積率は，400 ℃ 8 時間加熱後の鋼板，加熱前の鋼板ともに数％以下で，クロメート処理とほぼ同等である。また円筒絞り成形の限界絞り比（ポンチ径 50 mm，しわ押さえ荷重 500 kgf，金型型 R 3 mm，塗油あり）は，クロメートフリー型が 2.20，クロメート型が 2.15 と若干前者の方が高く，開発された製品は成形性にも優れる。スポット溶接の連続打点性もクロメート型よりも良好で，総合的にクロメートフリー型 AL はクロメート型と比べ同等以上の性能を持っており，すでに実用化されている。

3.2.3 クロメートフリープレコート鋼板

プレコート鋼板は，客先での塗装工程を省略でき，廃水や VOC (Volatile Organic Compounds) の低減に寄与する環境配慮型の鋼板として幅広く使用されてきた[13]。従来のプレコート鋼板には，下地処理としてクロメート処理が，プライマー中の防錆顔料としてクロメート系顔料が使用されているケースが多い。下地処理としてのクロメート処理は，塗膜層とめっき層との密着性確保を担うとともに，その高い密着性のゆえに耐食性の向上にも寄与している。またプライマー中のクロメート系顔料は，腐食環境下で傷部や端面部を補修する効果があり，耐食性の向上に寄与している。塗装下地処理として，クロメートフリーで密着性に優れる処理が，またプライマー中のクロメート系顔料を代替できるクロメートフリー顔料が開発され，これらを組合わせて最適化することでクロメートフリープレコート鋼板が開発（以下 CF 型 PCM と称する）されている[14〜17]。基本的な皮膜構成は従来のクロメート型プレコート鋼板（以下クロメート PCM と称する）と変わっていない。CF 型 PCM の技術内容はほとんど開示されていないが，下地処理としてコロイダルシリカとリン酸塩系の混合処理を用い，防錆顔料としてカルシウムイオン交換シリカとトリポリリン酸アルミとを組合わせて適用したプレコート鋼板が報告されている[17]。

クロメートフリー化で最も影響を受けると思われる性能は，耐食性と成形加工時の塗膜の密着性であり，これらの性能について従来のクロメート PCM と CF 型 PCM とを比較した結果について以下に述べる。性能はすでに実用レベルに達しており，家電製品筐体用のプレコート鋼板も，大部分はクロメートフリー化されたものと推定される。

表 2 に，溶融亜鉛めっき鋼板（板厚 0.8 mm，亜鉛付着量片面当り約 60 g/m^2，塗膜は 2 コー

表2　クロメートフリープレコート鋼板の成形加工性

成形加工性評価方法		クロメートフリープレコート鋼板	クロメート型プレコート鋼板
折り曲げ	塗膜の割れ	なし	なし
	塗膜密着性	良好	良好
円筒絞り	塗膜の割れ・剥離	なし	なし
ドロービード	塗膜外観	異常なし	異常なし

第2章　親水性コーティング

ト）を下地とする CF 型 PCM の成形性を，従来のクロメート型 PCM と比較した例を示した[15]。折り曲げ加工性は180度折り曲げた部位の塗膜の割れを10倍ルーペで観察し，さらに塗膜を粘着テープで剥離して塗膜の剥離状態を観察して評価した。円筒絞り成形は，絞り比2.0，ポンチとダイスの肩 R は3mm，しわ押さえ圧1トン，潤滑油無しの条件で成形した。ドロービード試験は，プレコート鋼板をプレス加工したときに金型との接触によって発生する塗膜の損傷を評価するために行い，曲げ-曲げ戻しが入るビード部を押しつけ圧600 kgf で通過させた後に，塗膜の外観を観察した。いずれの成形加工でもクロメート型 PCM と同等で問題はなく，CF 型 PCM の加工性は実用レベルにあると判断できる。

上述の CF 型 PCM をエアコン室外機に成形加工し，沖縄の海岸地区で3年間暴露したときの天板端面部の腐食状況を，従来のクロメート型 PCM 及びポストコート鋼板（合金化溶融亜鉛めっき鋼板，亜鉛めっき付着量約60 g/m^2 1コート仕様）と比較して図8に示した[18]。クロメート型 PCM に比べてまだ暴露試験の期間は短いが，試験の範囲で CF 型 PCM の耐食性は従来品と大差がない。また，表2中の円筒絞り加工した CF 型 PCM を，沖縄海岸地区で2年間暴露してもほとんど腐食しなかった[15]。比較としたクロメート型 PCM がエアコン室外機など屋外で使用実績のある仕様であることを考えると，CF 型 PCM の耐食性は実用レベルにあると思われる。

3.3　おわりに

環境配慮型の防錆処理鋼板について述べた。本節は「コーティング」が主題なので述べなかっ

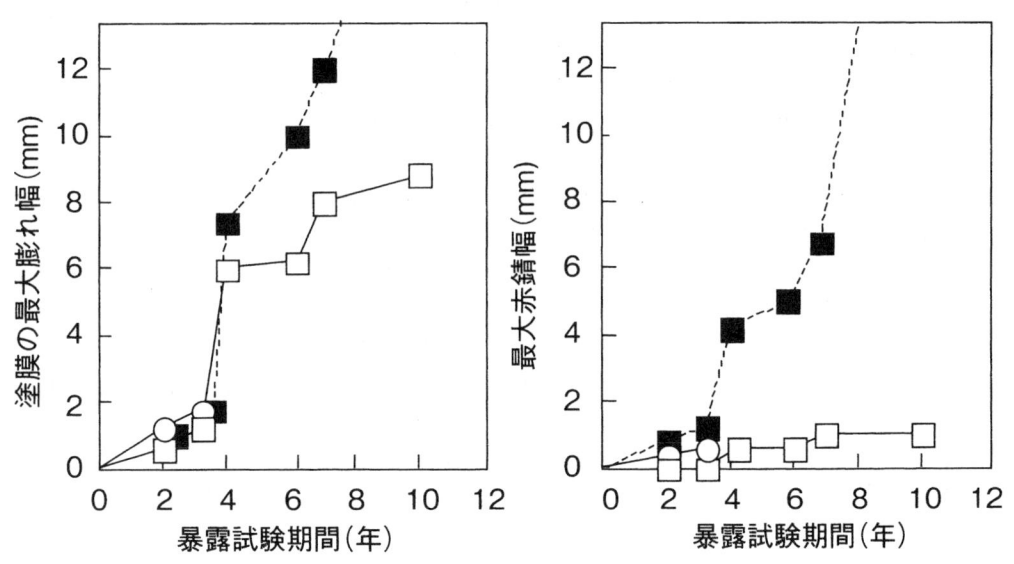

図8　エアコン室外機／天板端面部の屋外暴露試験後の塗膜の最大膨れ幅と、最大赤錆幅（沖縄海岸地区）
○：クロメートフリープレコート鋼板(GI)，□：クロメート型プレコート鋼板(GI)，■：ポストコート(GA)

たが，従来は鉛―錫めっき鋼板が使用されていた半田を使用する電子部品用鋼板として，鉛を排除した Zn-Sn-Ni めっき鋼板[19]や，特殊な電気亜鉛めっき鋼板[20]が開発されている。また，「環境配慮型製品」という言葉には，その製品を使用することで，工程省略や省エネルギーが達成され，結果として環境への負荷が低減されるという意味合いも含まれている。そのような視点から開発された表面処理鋼板として，筐体内の温度を下げる効果のある吸熱性鋼板[21~23]，静電気を防止して汚れのふき取り作業が軽減できる帯電防止鋼板[24]，塗油なしで成形でき脱脂工程が省略できる潤滑性の高い鋼板[4]（本節でも少し触れた）などがある。これらについても，ぜひ別稿を参照いただきたい。

文　　献

1) Directive 2002/95/EC
2) Directive 2002/96/EC
3) たとえば「グリーン調達調査共通化ガイドライン」，第2版，2004年6月3日（グリーン化調達調査共通化協議会），㈳電子情報技術産業協会ホームページ (http://www.jeita.or.jp)
4) ジンコート21（登録商標）製品カタログ（新日本製鐵㈱）
5) シルバージンク21（登録商標）製品カタログ（新日本製鐵㈱）
6) 森下敦司，高橋彰，仲澤眞人，林公隆，伊崎輝明，金井洋，新日鉄技報，377, 28 (2002)
7) 吉見直人，安藤聡，松崎晃，窪田隆広，堀澤輝雄，岡本幸太郎，NKK技報，170, 29 (2000)
8) 梶田富男，小宮幸久，中元忠繁，渡瀬岳史，今堀雅司，神戸製鋼技報，51, 53 (2001)
9) 海野茂，尾形浩行，加藤千昭，川崎製鉄技報，33, 82 (2001)
10) 吉川雅紀，堤悦郎，駒井正雄，清水信義，東洋鋼鈑，33, 37 (2002)
11) 吉見直人，松崎晃，山下正明，表面技術，54, 30 (2003)
12) 山口伸一，黒崎将夫，伊崎輝明，材料とプロセス，18, 582 (2005)
13) 植田浩平，金井洋，色材協会誌，72, 525 (1999)
14) 金井洋，山崎真，森陽一郎，植田浩平，森下敦司，古川博康，仲澤眞人，石塚清和，和氣亮介，新日鉄技報，371, 43 (1999)
15) 植田浩平，金井洋，古川博康，木全芳夫，新日鉄技報，377, 25 (2002)
16) 吉見直人，吉田啓二，松崎晃，佐々木健一，堀澤輝雄，小谷敬壱，NKK技報，178, 6 (2002)
17) 貴答豊，中元忠繁，今堀雅司，神戸製鋼技報，54(1), 62 (2004)
18) 植田浩平，金井洋，第20回塗料・塗装研究発表会講演予稿集，p.86 (2005)
19) 吉原良一，和氣亮介，岩本芳昭，宇野佳秀，新日鉄技報，371, 39 (1999)
20) 林田貴裕，鶴田和之，駒井正雄，佐野真一，東洋鋼鈑，34, 13 (2003)
21) 平野康雄，渡瀬岳史，神戸製鋼技報，52, 107 (2002)

第2章　親水性コーティング

22) 平野康雄,渡瀬岳史,満田正彦,表面技術, **54**, 20 (2003)
23) 植田浩平,金井洋,高橋武寛,井上郁也,表面技術協会第108回講演大会要旨集, p.219 (2003)
24) 古川博康,金井洋,表面技術, **56**, 457 (2005)

第3章　ナノテクノロジーによる汚染防止コーティング

水谷　勉[*]

1　はじめに

　無機微粒子は塗料や複合系高分子材料等において物理的特性の向上や機能性の付与を目的として広範囲に用いられているが[1~3]，それらの物性や機能はマトリックス中の粒子の分散状態に大きく影響される。無機微粒子をマトリックス中に分散させるために，シランカップリング剤等で表面処理を施し，粒子とマトリックス間の親和性を増大させる手法が一般的であるが[4]，この方法では十分な物性が得られない場合があり，またコスト的にも問題がある。そのため，無機微粒子をポリマーでカプセル化かあるいはグラフト化する事によって粒子の分散性の向上を図る研究が続けられている[5~11]。シリカ，酸化チタン，カーボンブラックなどの超微粒子の表面へポリマーをグラフトすると粒子相互の凝集構造を容易に破壊することができ，分散媒中やポリマー中への分散性が著しく向上することが古くから知られている[12,13]。また，最近粒子表面へグラフトされた高分子と粒子とがそれぞれ持つ優れた特性を組み合わせて新しいナノコンポジットが得られることが報告されている[14]。重合法による無機微粒子の表面処理についての研究はすでにKroker らの総説にまとめられている[12]。

　無機微粒子の中でもシリカ粒子は無機粒子の代表的なもので，触媒活性やシラノール基の反応性などの化学的特性に加えて物理的な強度も優れている。また広い粒子範囲にわたって単分散性の球状粒子が合成または入手可能である。さらに種々の細孔径をもつ多孔性のものもあり，最近では制御された細孔をもつメソポーラスシリカも開発されてきており多彩である。我々は京都工芸繊維大学木村良晴教授との共同研究で20~30 nm 径の超微粉シリカ粒子を内包した50~60 nm 径のナノコンポジットエマルション樹脂（NcEm）の簡便な合成法を開発し，さらにこの樹脂を用いて耐汚染性などの特徴的な機能と，さらに地球温暖化防止効果をも有する外装用塗料"ナノコンポジット W"への展開に成功したのでここに紹介する。

---

[*]　Tsutomu Mizutani　水谷ペイント㈱　技術部統括部長　生産部統括部長　専務取締役

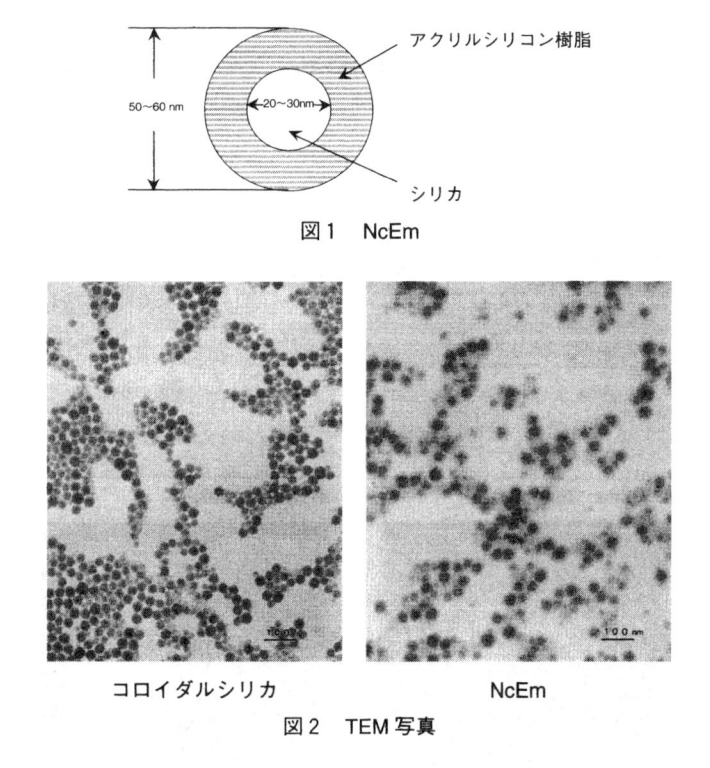

第3章 ナノテクノロジーによる汚染防止コーティング

図1 NcEm

コロイダルシリカ　　　　　　NcEm

図2　TEM写真

2　ナノコンポジットエマルション（NcEm）

2.1　NcEmの構造

図1にNcEm粒子の構造を示す。20～30 nm径のシリカ微粒子を核にその周りがアクリルシリコン樹脂で被覆された形態をした50～60 nm径の粒子である。NcEmとコロイダルシリカのTEM写真を図2に示す。シリカ粒子が均一に樹脂で覆われている様子が確認できる。シリカ比率は樹脂に対して50～150 wt%が可能であるが，ここでは100 wt%のものを使用している。

2.2　NcEmの合成法

ナノコンポジットWを汎用塗料として展開するために，原料となるNcEmはコストの安いものでなければならない。そのためにこの合成法は簡便なものである必要がある。NcEm合成法を図3に示す。

Step 1：コロイダルシリカに対しノニオン界面活性剤をその曇点以上の温度で接触させ，コロイダルシリカ表面に吸着させる。

Step 2：一部のモノマー，開始剤を滴下しプレ重合を行う。

Step 3：アニオン界面活性剤，モノマー，開始剤を滴下しエマルション重合を開始する。

特殊機能コーティングの新展開

図3 ナノコンポジットエマルションの合成

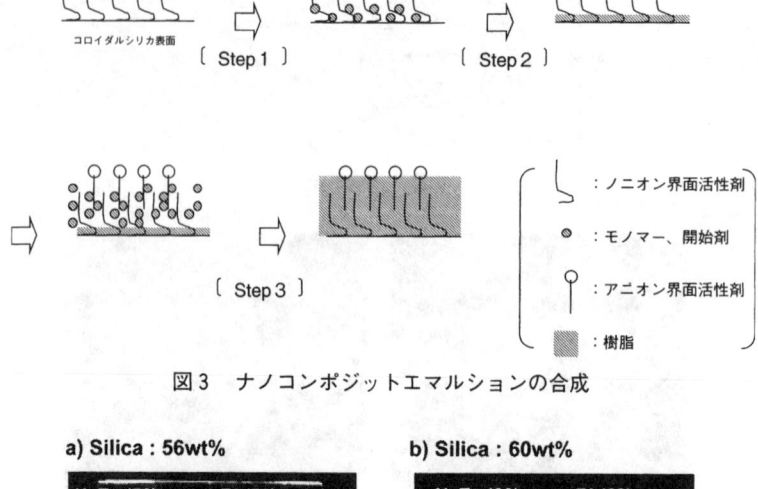

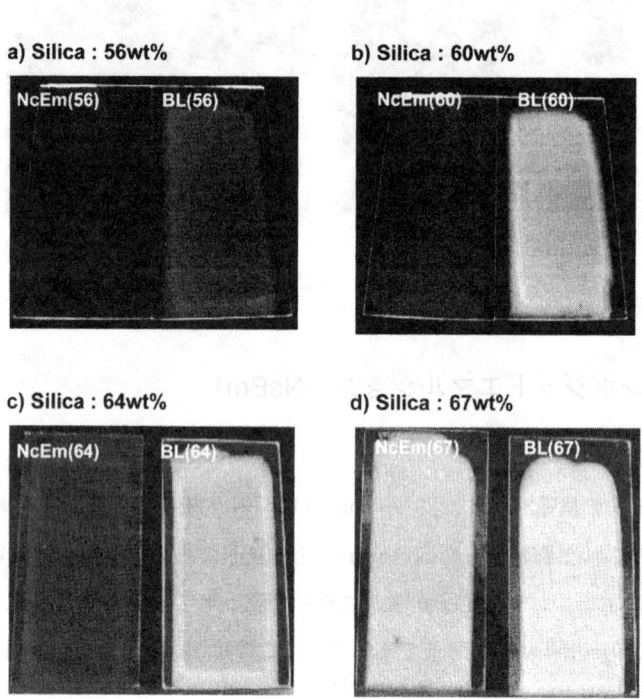

図4 NcEm フィルムの透明性

Step 1では曇点以上の温度に加熱されたノニオン界面活性剤はその水和力が弱いためシリカ表面に吸着され，次に続くプレ重合のための反応の場を形成する。Step 2において一部滴下されたモノマーが重合し，コロイダルシリカ表面に薄層の樹脂層が形成される。この「核」をベースにシードエマルション重合が始まり NcEm が合成される。

2.3 NcEm の透明性

図4に NcEm と BL（シリカを含まないエマルションとコロイダルシリカのブレンド物（NcEm

第3章 ナノテクノロジーによる汚染防止コーティング

とシリカは同重量）｝をそれぞれガラス板上に引き延ばし，フィルムの透明性を確認した結果を示している。a)→d)はシリカ量を56→67 wt%と増量している。ブレンドフィルム（BL）は56%の時点で既に白濁ししているが，NcEmフィルムは高いレベルの透明性を有していることがわかる。これはNcEmフィルム中では微粒子シリカは均一に分散し，ブレンドフィルム中では凝集する傾向がある事を示している。NcEm中におけるシリカ微粒子の均一な分散性は，貯蔵安定性・機械的物性・着色性等多くの基本物性に大きく影響を与える。

3 外装用塗料への展開

NcEmは前述のように50～60 nmという細かな粒子中に20～30 nmのシリカ粒子が内包されたエマルション樹脂であるが，この樹脂を用いて外装用塗料に展開したところ次に示すようないろいろな興味深い特性が得られた。

3.1 耐汚染性

外装用塗料に対しフッ素塗料のように超耐候性が求められた時期もあった。しかし，フッ素塗料は耐候性に関しては際立った性能を有するが耐汚染性に劣るため建築物を美しく保つことが出来ず，期待された成果が得られなかった。外装用塗料に対して，最近ではむしろ雨スジ汚れを防ぐ機能の方が強く望まれている。

ナノコンポジットWの耐汚染性試験結果を図5に示す。家屋の部位の中でも最も汚れやすい門柱の"Before-After"の写真を示す。非常に汚れていた塗装前の状態と比較して，塗装後5年経過しても汚れがほとんど付着しておらず，極めて優れた耐汚染機能を有することがわかる。

（塗装前）　　　　　　　　　（塗装後5年）

図5　耐汚染性

図6　NcEmの造膜機構

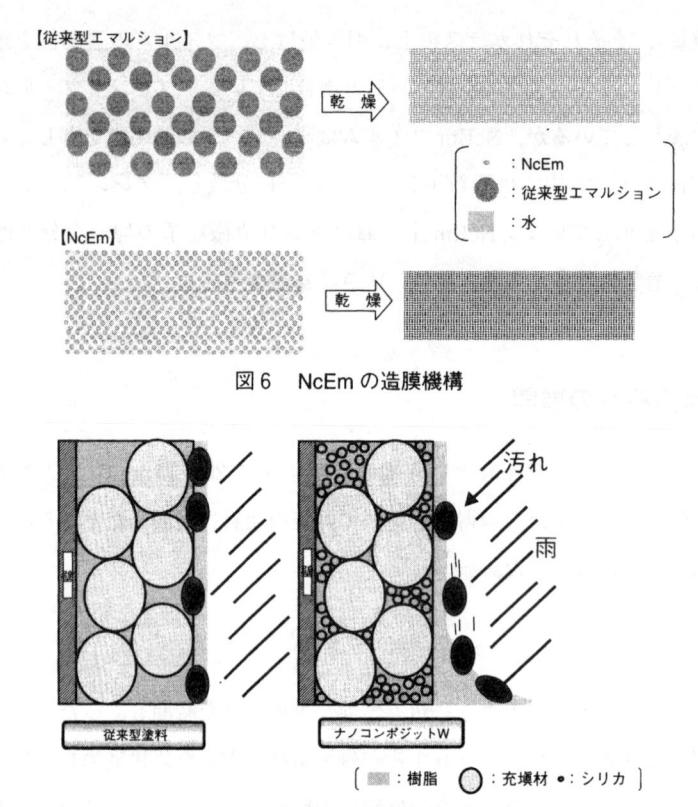

図7　耐汚染性機能の仕組み

3.1.1　耐汚染性の仕組み

　現在の外装用塗料の汚染防止技術は，塗料中に低分子の加水分解性シリコン化合物を添加し，造膜過程において塗膜表面に溶出させ加水分解させることにより，表面に親水性を付与し，降雨によって汚れを洗い流す手法が一般的であり，各社そのシリコン化合物の種類にノウハウがあるようである。しかしこの場合，シリコン化合物が表面に溶出し加水分解するまでに時間がかかるので，塗装直後の汚れを防ぐことが出来ない。また長期的に見た場合もシリコン化合物が溶出し切ってしまい，耐汚染機能が低下してしまう等の問題点がある。

　ナノコンポジット"エマルション"の造膜機構を図6に示す。この図は従来型エマルションとのNcEmの樹脂レベルでの造膜の様子を示している。従来型エマルションは樹脂100％の膜になるが，ナノコンポジットエマルションからは無機（シリカ）粒子が緻密かつ均一に分散した膜が形成される。

　これに基づきナノコンポジットWの耐汚染性の仕組みを述べる（図7）。ナノコンポジットWの塗膜中には均一かつ緻密に多量のシリカ微粒子が分散している。このシリカ微粒子が汚れの進入をブロックする。つまり，「汚れ」は一般的にホコリ（中心の核）などの固体粒子の周りにば

第3章 ナノテクノロジーによる汚染防止コーティング

い煙,排気ガスなどの油成分が付着したもので,この油成分が樹脂成分と「なじみ」が良いために,「汚れ」が塗膜表面に付着すると溶け込み,進入・沈着し,除去する事が不可能になり「雨スジ汚れ」になる。

しかし,ナノコンポジットWの場合は汚れが付着しても塗膜中に緻密かつ均一に分散したシリカ微粒子が,固体である「核」の進入をブロックする。さらに親水性の無機有機複合塗膜が降雨により汚れを洗い流す(セルフクリーニング機能)。そのため塗装直後から長期的に(塗膜がある限り)耐汚染性が有効である。

3.2 難燃性

阪神淡路大震災,また昨今の大規模工場火災の影響をうけ,外装用塗料にも難燃性が求められ始めている。

図8に難燃性試験の結果を写真で示す。一般的なエマルション型塗料と溶剤型塗料(いずれも当社品)を比較対照に,簡易バーナーにより塗膜表面を加熱しその経過を観察した。約5分後表面温度は約1300℃まで上昇した。エマルション型塗料と溶剤型塗料の表面は黒く焦げてしまっているのに対し,ナノコンポジットWの表面には異常は見られない(JIS A 1321 難燃一級合

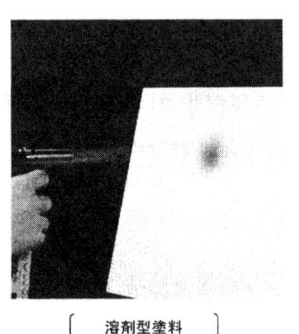

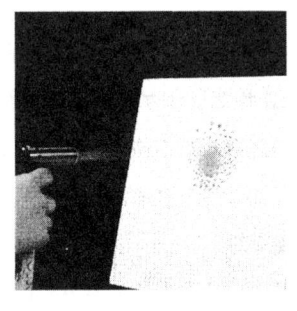

〔 溶剤型塗料 〕　　〔 エマルション塗料 〕

〔 ナノコンポジットW 〕

図8　難燃機能

図9 塗装例
(H 17.1月,塗装,於:仙台)

格)。

3.3 塗装作業性と塗膜外観

また,ナノコンポジットWは専門塗装業者による大型物件塗装より次のような評価を得ている。

① 早い乾燥性:平成17年1月降雪後の仙台において塗装が可能であった {図9(枠内は降雪)}。多量に配合されたシリカ成分により水の蒸発が非常に速いためである。

② ソフトな感じの艶消し:本塗料は独特の艶消し仕様のため,塗り継ぎ・補修跡の目立たない均一な仕上がり面が得られる。

③ 軽いローラー塗装性

特に従来の塗料にはない仕上がりの良さに関しては研究段階では予測できず,うれしい誤算であった。

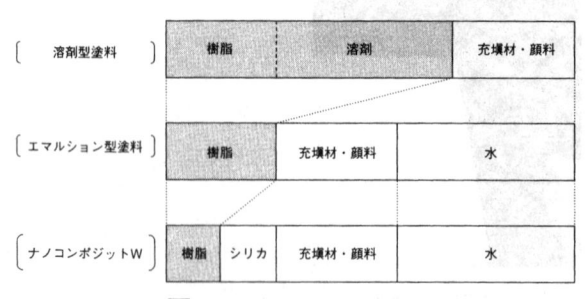

図10 地球温暖化防止機能

3.4 地球温暖化防止効果

図10に各種塗料中の組成物の割合を示す。着色部の組成物が地球温暖化に影響を及ぼす石油系資源である。溶剤系塗料の場合約70％が石油系原料から成り立っている。エマルション塗料の場合はその溶剤分の大半が水に置き換わるため，使用される石油系原料比率は約30％まで低減される。しかしこれ以上大幅に石油系資源（樹脂）を減らした場合，塗膜の光沢低下を始めとするフィルム物性の劣化が発生する。しかし，ナノコンポジットWの場合，

① 諸物性を低下させることなく，さらに新しい機能をも付与させながら
② 従来型のエマルションに比べ石油系原料，つまり地球温暖化に影響を与える物質を大幅に削減することが可能

となった。

4 おわりに

無機微粒子を内包したコンポジットエマルションに関する報告は過去にも見られるが実用化された例はない。我々はシリカ微粒子を内包したNcEmの簡便な（安価な）合成法を考案することにより，汎用用途への展開の可能性を見出した。そして今回はこれを用いて耐汚染性を始めとする機能と地球温暖化対策とを両立させた外装用塗料の開発に成功し，"ナノコンポジットW"の商品名で発売した。またNcEmは外装用以外の塗料，さらに塗料以外の用途へも幅広く展開できるものと期待される。

本開発商品は，平成19年5月に工業技術賞（大阪工研協会），7月に井上春成賞（科学技術振興機構）を受賞した。

文　献

1) H. Hammel, A. Touhami, A. P. Legrand, *Makromol. Chem.*, **194**, 879 (1993)
2) E. Bourgeat-Lami, *J. Nanosci. Nanotechnol.*, **2**, 1 (2002)
3) P. M. Ajayan, L. S. Schadler, P. V. Braun, Nanocomposite Science and Technology, John Wiley & Sons Inc. (2003)
4) A.Vidal, J. B. Donnet, Bull. *Chim. Soc. Fr.*, **6**, 1088 (1985)
5) K. Nakamae, K. Sumiya, M. Imai, T. Matsumoto, *J. Adhesion Soc. Jpn*, **16**, 4 (1980)
6) J. L. Luna-Xavier, E. Bourgeat-Lami, A. Guyot, *Colloid. Polm. Sci.*, **279**, 947 (2001)

7) C. Barther, A. J. Hickey, D. B. Cairns, S. P. Armes, *Adv. Mater.,* **11**, 408 (1999)
8) J. I. Amalvy, M. J. Percy, S. P. Armes, *Langmuir,* **17**, 4770 (2001)
9) G. Agarwal, J. J. Titman, M. J. Percy, S. P. Armes, *J. Phys. Cheb. B*, **107**, 12497 (2003)
10) K. Meguro, T. Yabe, S. Ishioka, K. Kato, K. Esumi, *Bull. Chem. Soc. Jpn.,* **59**, 3019 (1986)
11) K. Nagai, Y. Ohishi, K. Ishiyama, N. Kuramoto, *J. Appl. Polym. Sci.,* **38**, 2183 (1989)
12) K. Kroker, M. Schneider, K. Hamann, *Prog. Org. Coatings,* **1**, 23 (1972)
13) R. Raible, K. Hamann, *Adv. Colloid Interface Sci.,* **13**, 65 (1980)
14) N. Tsubokawa, *Prog Polym. Sci.,* **17**, 417 (1992)

第4章 撥水コーティング

1 超撥水性コーティング

辻井　薫*

1.1 はじめに

　本節では，特殊機能コーティングのなかの，超撥水性コーティングの技術に関する解説を行う。その内容は，固体表面の微細な凹凸（粗な）構造によって，撥水性を促進する技術に関する説明である。本書の主題は「特殊機能コーティング」であるが，これから述べる技術は必ずしも塗装の様なコーティングではない。コーティングを広い意味で解釈し，表面改質技術として捉えたことを，予めお断りしておきたい。

　本節では主として，凹凸構造の一種としての微細なフラクタル構造が原因となる，超撥水性付与技術について述べる。フラクタルとは，B. B. Mandelbrot が提唱した幾何学の概念である[1]。フラクタル幾何学には，非整数次元と自己相似という二つの特徴がある。非整数次元とは，1次元，2次元，3次元以外に，その間の中途半端な次元を持つという意味であり，複雑な構造ほど高い次元を有することになる。一方自己相似とは，ある構造の一部がもとの全体構造をそっくり含むという入れ子構造のことである。例えば，大きな凹凸構造の中に小さな凹凸構造があり，更にその小さな凹凸構造の中にもっと小さな凹凸構造があり…，といった構造である。

　自己相似の入れ子構造は，それが表面であれば，大変大きな表面積を与えるという結果をもたらす。事実，表面が2次元と3次元の中間の次元を持つ場合には，純数学的にはその表面積は無限大となる。実際の物理世界は数学の世界とは異なり，表面積が無限大になることはないが，それでも非常に大きな表面積になるであろうことは容易に想像できる。この大きな表面積を固体表面の濡れに応用して，筆者らは超撥水・超親水表面，更には超撥油表面の実現に成功している[2~8]。フラクタル概念を，機能性材料開発のツールとして初めて利用した結果である。

　本節では，その超撥水性発現の原理，その実現，そして実用化への課題について述べる。特に，金属表面に電気化学的に重合した，耐久性に優れた超撥水性プラスチック膜のコーティング技術についても触れたい。

---

* Kaoru Tsujii　北海道大学　電子科学研究所附属ナノテクノロジー研究センター
　　ナノデバイス研究分野　教授

1.2 濡れを決める二つの因子

濡れは，化学的因子と表面の微細な構造因子の二つに支配されている。先ずその説明から始めよう。濡れを定量的に表わす物理量として，接触角が使われる。図1に液滴が固体表面上にのっている様子を示す。接触角（θ）とは，固体と液体が接する点における液体表面に対する接線が固体表面となす角で，液体を含む方の角度で定義する。この接触角は，固体と液体の表面張力および固／液の界面張力の釣り合いによって決まる。よく知られている様に，この釣り合いを表わす式として，次のYoungの式が成り立つ。

$$\gamma_S = \gamma_{SL} + \gamma_L \cos\theta \quad 又は \quad \cos\theta = (\gamma_S - \gamma_{SL})/\gamma_L \tag{1}$$

ここでγ_S, γ_L, γ_{SL}は各々固体，液体の表面張力および固／液の界面張力である。テフロンの様なフッ素系材料は表面張力が小さく，水との界面張力は大きい。それ故によく水をはじき，撥水性材料によくフッ素材料が使われる。以上の説明は，平らな表面の濡れであり，濡れの二つの因子のうちの化学的因子に関するものである。この因子を支配するのは物質そのものであり，固体を構成する物質と，その表面を濡らす液体の組み合わせによって決まる。

蓮や里芋は決してフッ素材料を利用している訳ではないが，その葉の上ではほぼ完全に水をはじく。その原理は，表面の微細な凹凸構造にある。上述の化学的因子は平らな表面上の接触角を決めるが，表面の微細な凹凸構造はその接触角を強調する。つまり表面が粗くなることによって，濡れる表面はより濡れる様になり，はじく表面はよりはじく様になるのである。表面張力とは，単位表面積あたりの過剰表面自由エネルギーのことであるから，もし微細な凹凸構造によって表面積がR倍大きくなったとすると，(1)式中の固体の表面張力と固／液の界面張力にRを乗じる必要がある。

$$\cos\theta_R = R(\gamma_S - \gamma_{SL})/\gamma_L = R\cos\theta \tag{2}$$

ここでθ_Rは粗い表面上での接触角である。Rは常に1より大きな正の数であるから，$\cos\theta$が正（$\theta < 90°$）か負（$\theta > 90°$）かによって，$\cos\theta_R$はより大きな正又は負の値となる。つまり，濡れる表面はより濡れる様になり，はじく表面はよりはじく様になるのである。

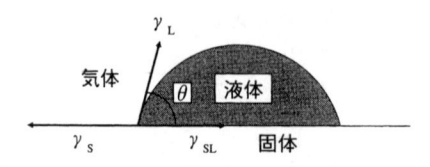

図1　固体表面上の液滴の濡れ
接触角θは，固体と液体の表面張力および固／液の界面張力の釣り合いで決まる

1.3 フラクタル表面の濡れ
1.3.1 フラクタル表面の濡れの理論

上述の様に,固体表面が微細な凹凸構造を有しており,実表面積が見掛けの表面積に比べて大きくなると,濡れが強調される。表面の凹凸構造によって実表面積を増大させるという観点からみれば,フラクタル表面は一つの理想的な表面である。フラクタル構造では,先に述べた様に凹凸構造が入れ子になっており,大変大きな表面積を与えるからである。もし表面をフラクタル構造にすることが出来れば,極端に濡れたりはじいたりする性質が期待できるであろう。この様な発想を基に,我々は先ずフラクタル表面の濡れを理論的に解析し,次いでその理論によって得られた結果を実験的に実証した[2~8]。

表面の凹凸構造がフラクタルである場合には,(2)式の表面積増倍係数Rは$(L/l)^{D-2}$と書くことができる。従って,フラクタル表面上での接触角は(3)式で表される[2,3]。

$$\cos\theta_R = (L/l)^{D-2}\cos\theta \tag{3}$$

ここでLとlはフラクタル(自己相似)構造が成り立つ最大および最小の大きさで,Dはフラクタル次元である。(3)式から,自己相似性の成り立つ範囲が広い(Lが大きく,lが小さい)程,またフラクタル次元が大きい程,濡れに対する効果が大きいことが理解できる。さて(3)式は近似式であり,式の導出の際に,固/液界面では固体表面と液体は完全に接触していると仮定している。しかし,例えば疎水性表面上での水の接触の場合には,毛管現象によって微細な凹みの奥にまで水は侵入することができず,空気が吸(付)着して残る。また親水性表面では,固体表面上の窪みに水の吸(付)着が起こる(毛管凝縮)。これらの効果を考慮した理論が必要である。これまで固/液界面として扱っていた部分は,本当はそれ以外に気体および液体の表面を複雑に含むことになる。それら総ての表面および界面の自由エネルギーの和,つまり全界面張力が最小になる様に,空気や水の付着が起こるであろう。この様な考察から図2の結果が導かれ

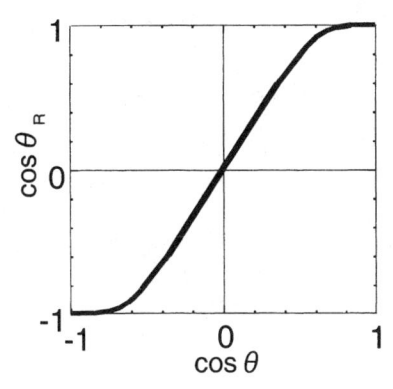

図2 フラクタル表面の濡れに対する理論の$\cos\theta$と$\cos\theta_R$の関係

る[2]。この図2から,ある程度撥水性や親水性を示す物質であれば,表面をフラクタル構造にすることによって,接触角が殆ど180°や0°の超撥水表面や超親水表面を作製することが可能であることが解る。

1.3.2 超撥水表面の実現

(1) アルキルケテンダイマー(AKD)の超撥水表面

フラクタル構造を利用すれば,フッ素材料を使わなくても超撥水表面の出来る可能性のあることが理論的に示された。そこで我々は実験的にそれを実現することに着手した。製紙用中性サイズ剤の原料は,アルキルケテンダイマー(AKD:構造式は図3)と呼ばれる一種のワックスである。このワックスを融液から結晶化させてSEM観察すると,大きな凹凸の中に更に小さな凹凸の形状が見え,構造がフラクタル的であることが分かっていた(図4)。図4から,大きな30〜40μm程度の丸い凹凸の中に小さな板状の凹凸があるという,紫陽花の花の様な入れ子構造が見て取れる。そこで上記の理論の結果を実現するための材料として,このAKDを選択した。AKDの精製,結晶化の条件等を工夫することにより,程無く水滴がころころと表面を転がる超撥水材料を開発することに成功した。図5(a)には,AKD表面上に接触角174°で置かれた直径約1 mmの水滴を示した[2,3]。この写真の超撥水性が表面の凹凸構造に由来することは,剃刀で切って平らな面にすると109°程度の接触角しか示さないことから理解できる(図5(b)参照)[2,3]。

このAKD表面を使って,上記のフラクタル表面の濡れの理論の妥当性を実験的に検証してみよう。そのためには,平らな表面とフラクタル表面の両方の接触角を測定して$\cos\theta$と$\cos\theta_R$の

$$RCH=C-CH-R$$
$$||$$
$$O-C=O$$

図3 アルキルケテンダイマー(AKD)の構造式
($R=n\text{-}C_{16}$)

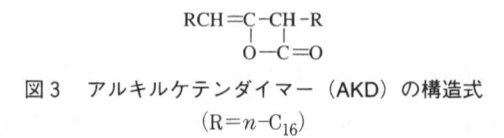

図4 自発的に形成されるAKDのフラクタル構造の電子顕微鏡写真

第 4 章　撥水コーティング

図 5　超撥水性 AKD 表面上の水滴(a)と，その表面を平らにした場合の水滴(b)
接触角は(a) 174°，(b) 109°

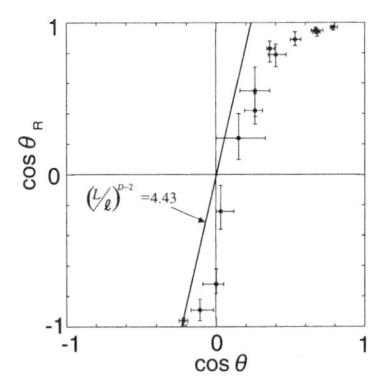

図 6　フラクタル表面の濡れの理論と実験結果の一致

関係を実験的に求めることと，それとは独立に表面のフラクタル次元（D）および(3)式の L と l を測定することが必要である。前者の実験を水とジオキサンの混合溶媒を用いて（つまり液体の表面張力を種々変化させて）実行した。AKD 表面のフラクタルパラメータの決定は，図 4 の断面を種々の倍率で SEM 観察し，ボックスカウンティング法を適用することによって行った。その結果，(3)式におけるパラメータが，$L=34\,\mu m$，$l=0.2\,\mu m$，$D=2.29$ であることが分った。因みに，L は図 4 の SEM 像の紫陽花の花状の大きな凹凸構造に，l は板状結晶の厚さにほぼ対応している。これらの数値を使って $\cos\theta$ 対 $\cos\theta_R$ の勾配 $(L/l)^{D-2}$ を計算すると 4.43 となる。図 6 に，$\cos\theta_R$ 対 $\cos\theta$ のプロットと，理論的勾配 4.43 を描いた。両者の勾配は良く一致しており，理論による予測が実験的に証明された[2,3]。

(2)　耐久性超撥水性コーティング膜

我々の研究に端を発して，表面の微細凹凸構造が濡れに大きな効果を発揮することが理解され，その後数多くの超撥水表面に関する研究がなされた。最近では lotus effect（蓮の葉効果）と呼ばれて，世界中で研究が盛んになっている。しかし残念ながら，まだ超撥水表面が実用化された例はない。その最大の理由は，超撥水表面の耐久性にある。例えば，先の AKD ワックスの場合には，融点が低い（約 65℃）こと，有機溶媒に溶けること，脆いこと等が原因で，実用条

件下では2〜3ヶ月で超撥水性を失ってしまう。他の材料に関しても，それぞれ何らかの耐久性の問題を有しており，それが実用化を阻んでいる。

筆者らは最近，AKDワックスの耐久性を向上する目的で，耐熱性と耐溶剤性を有するポリマー（ポリアルキルピロール）を電解酸化重合法で合成し，少なくともこれら2つの項目に関する耐久性を有するフラクタル表面を得ることに成功した[6,7]。ポリアルキルピロール膜の電気化学的合成は，1-n-オクタデシルピロールとp-トルエンスルホン酸ナトリウムのアセトニトリル溶液を用いて，種々の反応条件下で行った。最適条件下で得られた，最も撥水性の高いポリアルキルピロール膜に対しては，電子顕微鏡（SEM）観察とラマン分光測定を行った。耐熱性・耐溶媒性の検討は，膜を高温で長時間エージングしたり，有機溶媒や油に浸したのち洗浄／乾燥し，再び膜の接触角を測定することによって行った。

ポリアルキルピロール表面の電子顕微鏡像と，表面上の水滴を図7に示す。この膜上の水の接触角は154°であった。またその膜の構造は，柱状の突起物が緻密に並ぶ興味深い表面形状であることが分かった。更に，膜の断面をボックスカウンティング法で解析したところ，表面のフラクタル次元は2.18であった。この膜のラマンスペクトルでは，980 cm^{-1}，1340 cm^{-1}，1575 cm^{-1}にラジカルカチオン，C-N伸縮，C=C伸縮による，ポリピロールの骨格で見られるラマンバンドが観測され，この超撥水性膜はポリアルキルピロールと同定された。また，このポリアルキルピロール膜は，80℃の高温に6時間エージングしても，アセトンなどの有機溶媒や油に10分間浸しても接触角に変化は見られないなど，優れた耐久性の超撥水性を示した（図8参照）。しかし，このポリマーの薄膜はまだ機械的に脆く，引っ掻きなどの刺激に弱い。現在は，その改良の研究を続けている。

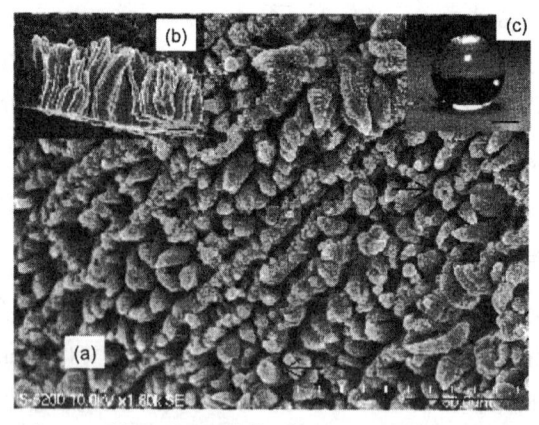

図7　超撥水ポリアルキルピロール表面の電子顕微鏡写真(a)とその断面写真(b)，および超撥水表面上の水滴（接触角は154°）(c)
　　スケールバーは，15 μm(a)，(b)および500 μm(c)

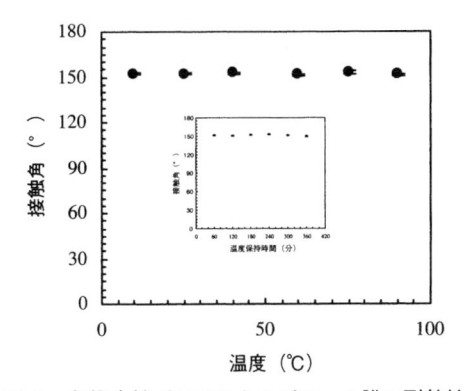

図8 超撥水性ポリアルキルピロール膜の耐熱性
各温度における試験時間＝2時間；挿入図における試験温度＝80℃

1.4 おわりに

　水も油も完全にはじく表面が出来たら！　その技術的／社会的インパクトの大きさは計り知れないであろう。それは汚れの付かない表面になるはずであるから，壁／屋根材，自動車／電車／航空機等の車体材料，台所の流し周辺材料などの構造材から，傘／衣服／テーブルクロスなどの日常品に至るまで，大変幅広い応用が期待される。本節では，超（高）撥油表面については触れなかったが，筆者らはその研究も行っている[4,5,8]。今後，耐久性に優れた超撥水／超撥油表面を開発し，汚れの付かない表面材料を実用化するのが筆者らの夢である。

文　　献

1) B. B. Mandelbrot, "The Fractal Geometry of Nature", Freeman, San Francisco（1982）
2) T. Onda, S. Shibuichi, N. Satoh and K. Tsujii, *Langmuir*, **12**, 2125（1996）
3) S. Shibuichi, T. Onda, N. Satoh and K. Tsujii, *J. Phys. Chem.*, **100**, 19512（1996）
4) K. Tsujii, T. Yamamoto, T. Onda and S. Shibuichi, *Angew. Chem. Int. Ed.*, **36**, 1011（1997）
5) S. Shibuichi, T. Yamamoto, T. Onda and K. Tsujii, *J. Colloid Interface Sci.*, **208**, 287（1998）
6) H. Yan, K. Kurogi, H. Mayama and K. Tsujii, *Angew. Chem. Int. Ed.*, **44**, 3453（2005）
7) K. Kurogi, H. Yan, H. Mayama and K. Tsujii, *J. Colloid Interface Sci.* **312**, 156（2007）
8) H. Yan, K. Kurogi and K. Tsujii, *Colloids Surfaces A*, **292**, 27（2007）

2 着氷・着雪防止コーティング

島田淳之[*]

2.1 はじめに

2.1.1 背景

　寒冷地では雪や氷が物体の表面に付着堆積することによって起こる障害や落氷雪による災害が大きな問題となっており，コーティング剤による着氷雪防止対策が期待されている。着氷雪現象は雪および氷が物体表面に付着する現象であるため，物体の表面自由エネルギーと表面形状に大きく影響を受けると考えられる。そのため，撥水機能を有するシリコーン系材料やフッ素系材料を用いた着氷・着雪防止コーティング剤に関する研究が盛んに行われている[1〜5]。

　撥水性材料としては，低い臨界表面張力を示す$-CF_3$，$-CF_2-$を配向させることができるフッ素系材料，または$-CH_3$を配向させることができるシリコーン系材料が一般的に用いられる。フッ素系材料の特徴としては，高価である，溶媒選択性の幅が狭い，撥水撥油性が高いなどが挙げられる。一方シリコーン系材料は，フッ素系材料に比べて安価である，溶媒選択性の幅が広い，フッ素系材料と比べると撥水撥油性が低いなどの特徴を持つ。

　筆者らは撥水および超撥水性材料を着氷・雪防止コーティング剤として応用する場合，さまざまな塗装方法が想定されるため溶媒選択性の幅が広く，汎用性を高めるため安価である方がよい，などの点を考慮してシリコーン系材料を用いた。また，これまでに光感応もしくは熱感応の架橋型シリコーン-アクリルブロック共重合体を構成成分とするコーティング剤が優れた撥水性とその維持性を示すことが明らかにされた[6]。これらの機能は，コーティング膜が架橋体であることとアクリル樹脂マトリックス中にシリコーン樹脂ミクロドメインが均一に分布することに起因する。この硬化性ブロック共重合体は汎用有機溶媒に可溶なため硬化剤などの塗料材料の配合が容易である。また，幅広いシンナー設計が可能なため，スプレー塗装をはじめ種々の塗布方法による塗装が可能である。

　本節では，熱硬化型シリコーン-アクリルブロック共重合体を基体樹脂として用いた撥水および超撥水性着氷・着雪防止コーティング剤の開発経緯，着氷・着雪性に関する試験結果について紹介する。

2.1.2 熱硬化型撥水性塗膜の設計[6〜8]

　塗料用の樹脂としては，十分な機械強度を塗膜に付与するために熱硬化型樹脂を用いることがほとんどであり，基体樹脂としては架橋性官能基を導入できる樹脂を設計する必要がある。撥水性塗膜を設計するにあたり，われわれは，架橋に携わる部分と撥水性を発現する部分を明確に機

---

[*] Junji Shimada　日本ペイント㈱　自動車塗料事業本部　中上塗料開発部　係長

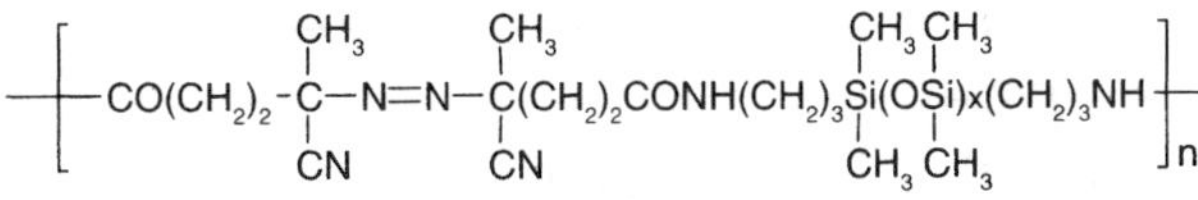

第4章 撥水コーティング

$$-[CO(CH_2)_2-\underset{CN}{\underset{|}{C}}\underset{CH_3}{\overset{CH_3}{\overset{|}{-}}}N=N-\underset{CN}{\underset{|}{C}}\underset{}{\overset{CH_3}{\overset{|}{-}}}(CH_2)_2CONH(CH_2)_3\underset{CH_3}{\underset{|}{Si}}\overset{CH_3}{\overset{|}{(OSi)}}x(CH_2)_3NH]_n-$$

図1 シリコーン系高分子開始剤

能分担できるブロック共重合体に着目した。図1に示すシリコーン系高分子開始剤を用いて水酸基などの架橋性官能基を有するアクリルモノマーをラジカル共重合させることによってシリコーン鎖とアクリル鎖が共有結合したシリコーン-アクリルブロック共重合体を合成した。

このシリコーン-アクリルブロック共重合体のイソシアナート硬化膜（試料1）はシリコーン成分を島とするミクロ相分離構造を示し，105°程度の水接触角を示すことがすでに報告されている。また，この塗料系にポリジメチルシロキサン（PDMS）を添加すると（試料2），PDMSはシリコーンドメインに取り込まれてドメインを拡大させると同時に，表面シリコーンドメインの占有面積を高めることができる。

2.1.3 超撥水性の付与

超撥水性表面は次のCassieの式[9]にしたがい，撥水性材料表面に微細な凹凸を形成させて凹凸の凹部に空気界面を存在させることで調製することができる。

$$\cos\theta' = Q_1\cos\theta_1 + Q_2\cos\theta_2 \tag{1}$$

ここで，Q_1，Q_2はそれぞれの成分の占める割合，θ_1，θ_2はそれぞれの成分の接触角である。空気に対する水接触角を180°と考えると，適切な表面凹凸を形成させて空気との接触割合を高めることにより高接触角が得られる。

シリコーン-アクリルブロック共重合体のイソシアナート硬化膜は前に述べたように100°を超える水接触角を示す。このような特徴を持つこの塗料系に，アクリルビーズ，ウィスカー，およ

表1 各試料の組成概要と初期水接触角および初期水転落角

サンプル	組成概要	水接触角	水転落角
試料1	イソシアナート硬化型 SBLK/イソシアナート[a]	105°	29°
試料2	イソシアナート硬化型 SBLK/PDMS/イソシアナート	105°	13°
試料3	イソシアナート硬化型 SBLK/イソシアナート/アクリルビーズ[b]	133°	>90°
試料4	イソシアナート硬化型 SBLK/イソシアナート/ウィスカー[c]	151°	32°
試料5	イソシアナート硬化型 SBLK/イソシアナート/PTFE 粒子[d]	160°	<5°
試料6	イソシアナート硬化型 SBLK/イソシアナート/シリカ A[e]	157°	<5°
試料7	イソシアナート硬化型 SBLK/イソシアナート/シリカ B[f]	157°	<5°
試料8	イソシアナート硬化型 SBLK/PDMS/イソシアナート/シリカ B	157°	<5°
試料9	イソシアナート硬化型 SBLK/PDMS/イソシアナート/シリカ B・PTFE 粒子	157°	<5°
試料10	マイケル付加架橋型 SBLK/PDMS/イソシアナート/シリカ B・PTFE 粒子	158°	<5°
試料11	剥離形成型（イソシアナート硬化型 SBLK/イソシアナート）	158°	<5°

[a] ヘキサメチレンジイソシアナートのイソシアヌレート体，[b] 粒径6.4μm，[c] 長さ30μm，直径1.0μm，[d] 粒径0.3μm，[e] 粒径14μm，[f] 粒径3.0μm

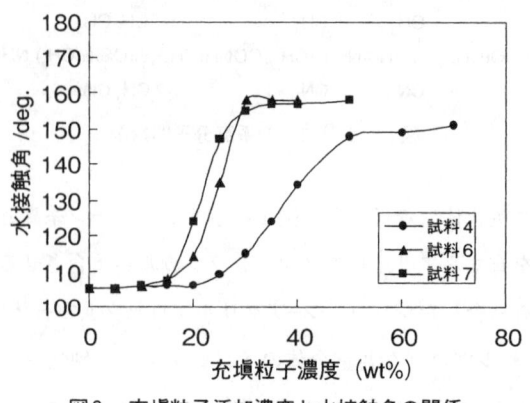

図2 充填粒子添加濃度と水接触角の関係

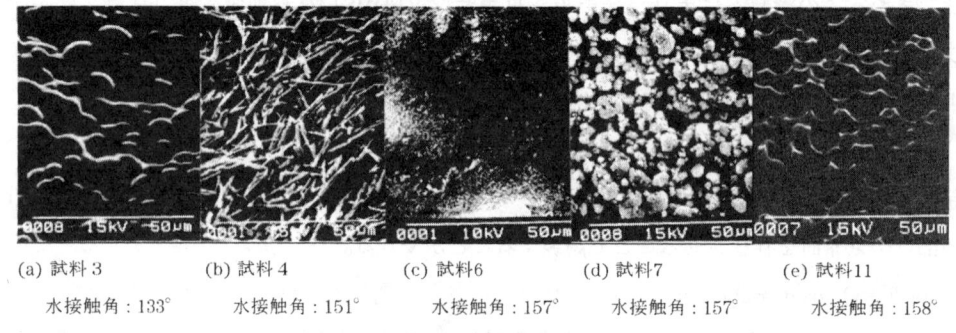

(a) 試料3　水接触角：133°
(b) 試料4　水接触角：151°
(c) 試料6　水接触角：157°
(d) 試料7　水接触角：157°
(e) 試料11　水接触角：158°

図3 超撥水塗膜表面のSEMイメージ

び粒子径の異なるシリカを添加して塗膜表面に凹凸を形成させて超撥水塗膜の調製を試みた（試料3，4，6，7）。各々調製した塗膜の水接触角と水転落角を表1に，粒子充填量と撥水性の関係を図2に，塗膜表面の走査型電子顕微鏡（SEM）写真を図3に示す。アクリルビーズの場合，65 wt%の充填量でも十分な表面粗度が得られないため超撥水性を示さなかった。一方，ウィスカーでは50 wt%以上の充填量で150°の水接触角を得ることができたが，その場合でも水転落角は低下しなかった。これは図3(b)に示すように，凹凸のピッチが粗いことに起因するものと思われる。また，フッ素粒子の場合は75 wt%充填してはじめて150°の水接触角と5°以下の水転落角を示した。これらに対して，シリカを充填した系はいずれも30～35 wt%以上の充填量で150°以上の水接触角と5°以下の水転落角を示した。また，ウレタン粒子を配合することにより131°の水接触角を示した塗膜（図3(a)）の表面にシリコーン-アクリルブロック共重合体のイソシアナート硬化膜を積層させたのちにその層を剥離すると，上層の裏面は158°の水接触角を示す表面となる（図3(e)）。形成工程が複雑である難点はあるが，粒子の充填を必要としない超撥水膜形成方法として興味深い。

第4章 撥水コーティング

2.2 撥水および超撥水塗膜の性能試験[3,5,8,10]

2.2.1 撥水および超撥水維持性

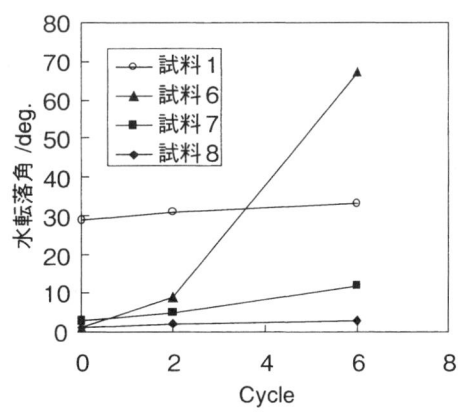

超撥水塗膜はその性質の維持が要求される。そこで，促進耐候性試験（SUV SUV-W 23, 岩崎電気㈱，ブラックパネル63℃，相対湿度70％雰囲気下で波長295～450 nm，光量100 mW/cm^{2}のUVを24時間照射後，50℃，相対湿度100％雰囲気下で結露を24時間行い，これを1 cycleとした）による維持性の評価を行った。この促進試験は1サイクルあたり自然界で約1～1.5年の暴露に相当する。その結果を図4に示す。ここで水転落角は塗膜上にのせた30 μlの水滴が転がりだす傾斜角度を表し，値が低いほど滑水性が良好であることを表す。撥水塗膜（試料1）や大粒径シリカ充填系超撥水塗膜（試料7）の水転落角はほとんど経時で変化していないが，小粒径シリカ充填系超撥水塗膜（試料6）のそれは2サイクル経過後において水転落角が著しく増加した。図3(c)に示すように，小粒径シリカ充填系の表面には成膜時に微粒子の強い凝集力に起因して生じたと思われるクラックや添加粒子の凝集体が観察される。それに対して，大粒径シリカ充填系ではそれらは観察されない。耐候性試験での超撥水性の劣化はこれらの塗膜欠陥に起因

図4 促進耐候性試験による水転落角の変化

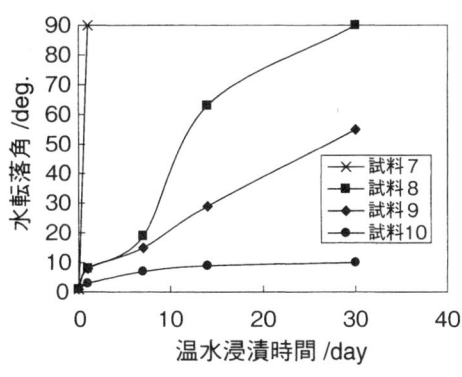

図5 温水浸漬試験による水転落角の変化

するものと考えられる。

つぎに，温水浸漬による維持性評価結果を図5に示す。促進耐候性試験では維持性が良好であった大粒径シリカ充填系においても，温水に1日間浸漬するだけで水滴は転落しなくなった。クリヤー塗膜のTEM観察写真より，表層のシリコーンドメインは不連続であることがわかっている。また，劣化した塗膜を120℃で1時間乾燥すると初期の超撥水性が復元する。これらの事実を踏まえると，温水浸漬による水転落角低下の原因として，①親水性部分（アクリル）の塗膜表面への移行による表層アクリルドメインの増大，②SEMでは判別し難い微小な塗膜欠陥の存在が考えられる。

2.2.2 超撥水維持性の改良

(1) ポリジメチルシロキサンの添加効果

超撥水膜塗表面のシリコーンドメインの占有面積を高める目的で $Mn=6,000$ のPDMSを添加した超撥水塗膜（試料8）を調製し温水浸漬試験を行った。図5に示すように，1週間の温水浸漬後でも $20\sim30°$ の水転落角が保持された。試料8においても水転落角が低下傾向にある原因としては，浸漬水中へのPDMSの流出が考えられる。

(2) 混合粒子系充填効果

上記の試料8への微小水滴付着挙動（結露，乾燥過程）を低真空走査型電子顕微鏡で動的に観察したところ，塗膜表面の微小な欠陥と思われる部分に水滴が強固に付着していることが確認された[8]。この原因として，微小欠陥部分の撥水性不良や劣化，微小欠陥部分に露出した親水性部分（アクリル）に生成した吸着水と塗膜表面の微小水滴との相互作用などが考えられるが，現状では要因を分離できていない。しかし，少なくとも超撥水維持性の低下は塗膜の微小欠陥部分が関与していることは明らかとなった。

シリカ充填系の場合，小粒径でクラックが生じる傾向が強いものの，大粒径でも充填量を過剰にすると塗膜表面にSEMで観察できるクラックが生じる。一方，PTFE粒子の場合，75 wt％以上充填しなければ超撥水性を発現しないため塗膜が脆くなるが，クラックを生じない。そこで，微小欠陥を減少させる目的でシリカ粒子とPTFE粒子を併用した塗料系で超撥水塗膜を調製した（試料9）。SEM観察では微小欠陥の減少の有無は観察されなかったが，この試料9の超撥水維持性は温水浸漬試験において試料8よりも高いことが確認された（図5）。

(3) 新硬化系超撥水塗膜

試料9では試料8に比べて超撥水維持性は改善されたが，それでも水転落角は増大傾向であった。この原因の一つとして，イソシアナート硬化系の影響が考えられる。この硬化系では，水酸基とイソシアナート基の反応によって生じたウレタン結合，未反応のイソシアナート基が水と反応して生成したアミノ基，このアミノ基とイソシアナート基が反応して生成したウレア結合等の

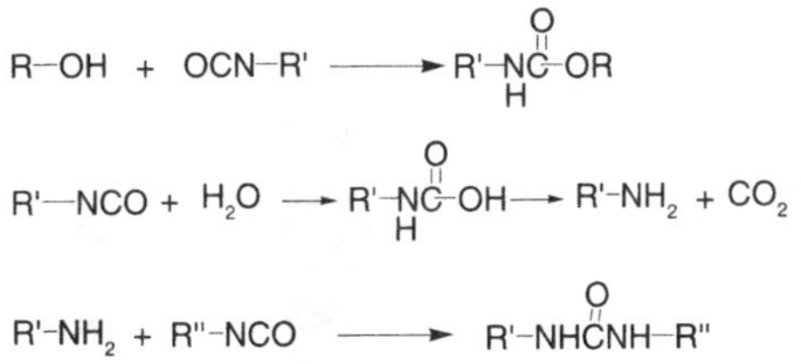

第4章　撥水コーティング

$$R-OH + OCN-R' \longrightarrow R'-\underset{H}{N}-\overset{O}{C}-OR$$

$$R'-NCO + H_2O \longrightarrow R'-\underset{H}{N}-\overset{O}{C}-OH \longrightarrow R'-NH_2 + CO_2$$

$$R'-NH_2 + R''-NCO \longrightarrow R'-NH\overset{O}{C}NH-R''$$

図6　イソシアナート架橋系の硬化反応による親水基の生成

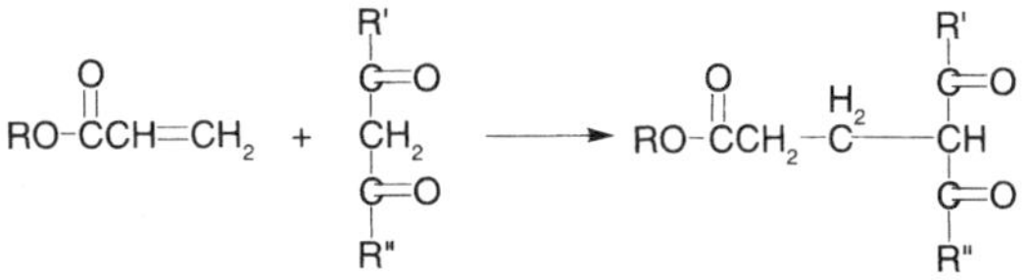

図7　活性メチレンとアクリレートのマイケル付加反応

親水性部分が存在すると推測される（図6）。これらが塗膜の表面に存在すると塗膜表面の表面自由エネルギーが高くなり撥水性が低下する。したがって，硬化性官能基や硬化時に生成する結合が親水性基を生成しない設計にすれば，超撥水性の劣化は抑制され維持性の優れた超撥水塗膜を調製することができると考えられる。そこで，活性メチレン基をシリコーン-アクリルブロック共重合体に導入した樹脂を合成し，マイケル付加架橋型超撥水塗膜を調製した。これは活性メチレン化合物とアクリレートとの反応（図7）を利用した架橋系であり，「架橋性官能基が親水基ではない」，「架橋点が親水性にはならない」，「架橋剤未反応物が親水化しない」ことにより親水性部分を持たない架橋性塗膜を得ることができる硬化系である。この樹脂を用いて，多官能アクリレートとの反応で硬化させた超撥水塗膜（試料10）では温水浸漬試験における水転落角の経時劣化が著しく改善された（図5）。

このように，超撥水塗膜の超撥水維持性には，電子顕微鏡で確認されるような塗膜表面の微細なクラックだけでなく，撥水塗膜中に含まれる親水基も影響を与える。

2.2.3　氷の付着力試験

付着した氷の除去性を調べるために-3℃および-10℃雰囲気で着氷雪防止塗膜表面への氷の付着力を測定した。その結果を図8に示す。撥水塗膜に対する氷の付着力はアルミ材料へのそれに比べて1/4程度と非常に低い値を示し，氷の除去性に優れていることが明らかとなった。

それに対して，超撥水塗膜への付着力は撥水塗膜およびアルミ材料のそれよりも高い値を示し，特に-10℃ではその差は顕著となった。前述のとおり超撥水塗膜と水とは点接触をしているため接触面積は小さいと考えられる。しかし，付着力測定条件下での水の凝固に伴う膨張によって空気界面を形成している凹部に氷がやや入り込んだ構造をとり，これが氷のせん断方向への剥離に必要な力を増大させたと推測される。

図8 氷のせん断付着力

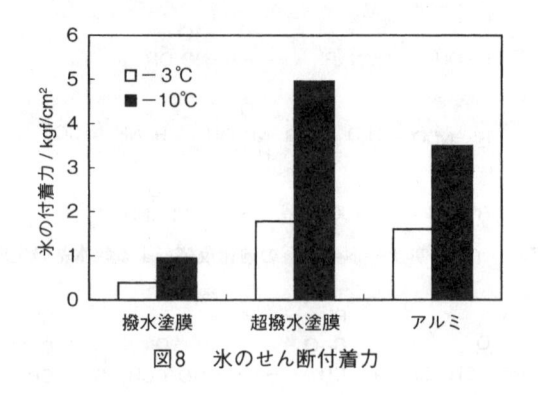

2.2.4 着雪性,滑雪性
(1) 模擬滑雪試験

構造物に付着した雪の滑雪は融点付近の気温条件下に起こることが多い。これは，雪がやや融解した際に構造物との界面に水膜を形成することによる[11]。そこで，このような条件を模擬的に再現してそれぞれの材料に対する滑雪性を観察した。模擬滑雪性は，削氷機により作成した模擬雪を傾斜角20度で設置した100 mm×150 mm×0.8 mmの試験板上に載雪させ徐々に雰囲気を昇温させたときの滑雪順序を観察することにより評価した。表面が平滑である撥水塗膜では−6℃で滑雪を開始し，−2℃で試験版の最下点に達し滑雪を終了した。この試料では撥水塗膜と模擬雪の界面に水膜を少ししか形成しなかったにもかかわらず，その高い滑水性により比較的低温領域の短時間で滑雪が起こったと推測される。

一方，超撥水塗膜およびアルミ板では−1℃で滑雪を開始し，前者は+4℃後者は+3℃で滑雪を終了した。アルミ材料は親水性材料であり，水の付着力が高い。したがって，界面に水膜を形成しても，その水膜と材料界面との滑水性が悪いために滑雪に時間を要したと思われる。また，超撥水塗膜は微細な表面凹凸を持つ。このような性状のため，模擬雪が融解して生じた水が塗膜と模擬雪の界面ではなく模擬雪の内部に存在しやすい。したがって，超撥水塗膜では，表面凹凸による形状効果と水膜を形成し難い性質の両方により滑雪が困難になったと考えられる。

(2) 着雪性・滑雪性のフィールドテスト[3]

超撥水コーティング剤の着雪防止効果を確認するために，超撥水コーティング剤をエアスプレー塗布したアルミニウム板（500×500×1 mm）を傾斜角60度で本州山間部に架設した。着雪状況を図9に示す。降雪開始から撥水塗膜には徐々に着雪し，試験板全体に数cmの着雪が確認された。それに対し超撥水塗膜では雪がわずかな着雪量で滑り落ちる様子を繰り返し，試験板全体に着雪することはなかった。

次に，北海道平野部で撥水および超撥水コーティングした試験板を傾斜角60度と30度で架設

第4章　撥水コーティング

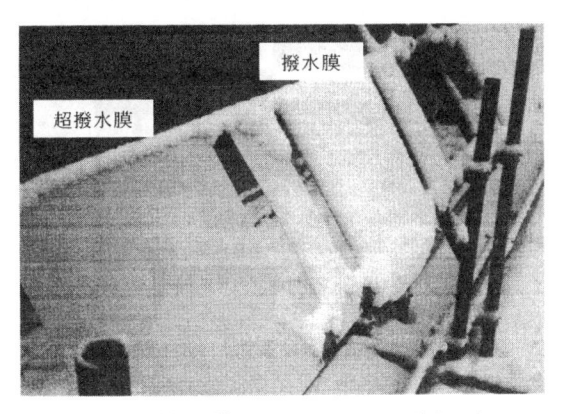

図9　本州山間部におけるフィールドテスト

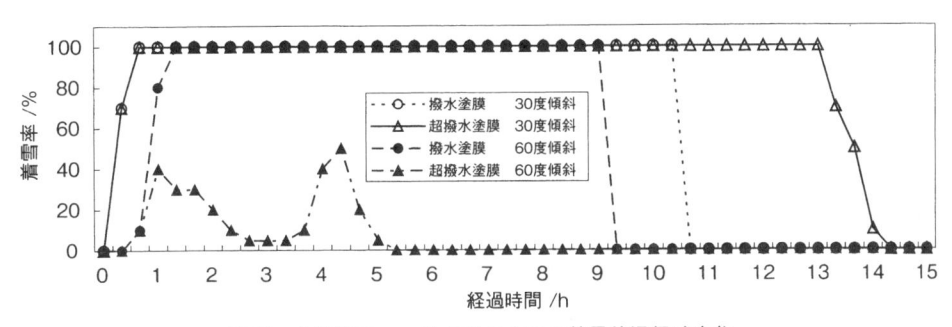

図10　北海道フィールドテストでの着雪状況経時変化

して着雪状況を観察した。着雪状況経時変化を図10に示す。傾斜角60度の試験板では撥水塗膜には全体的に着雪したが，超撥水塗膜では本州山間部における結果と同様に試験板全体に着雪することはなかった。また，超撥水塗膜に着雪が観測された場合でも，試験板の中央部分には着雪せず，エッジ部分から着雪した（図11）。これは，試験板エッジ部分の厚さ方向面が未塗装であり，さらに十分な勾配がないためであると推測される。それに対して，傾斜角30度の試験板では，撥水塗膜，超撥水塗膜ともに降雪初期から試験板全体に着雪した。しかし，滑雪状況は異なり，超撥水塗膜と比較して撥水塗膜の方が早い時間に滑雪した。この結果は模擬滑雪試験の結果と同じ傾向を示しており，天然雪においても表面平滑で滑水性の高い表面を持つ材料が滑雪性に優れていることが確認された。

また，「湿り雪」の降りやすい本州山間部に架設した超撥水性の試験板は2年目で難着雪性が低下する傾向が確認されたが，「乾き雪」の多い北海道平野部に架設した試験板では3年経過しても優れた難着雪性を示した。このように，架設の傾斜角や地域環境に制約はあるものの，優れた難着雪性とその維持性が確認された。

現在，有料道路の自動料金支払いシステム（ETC）用開閉バーの着雪対策に一部採用され始め

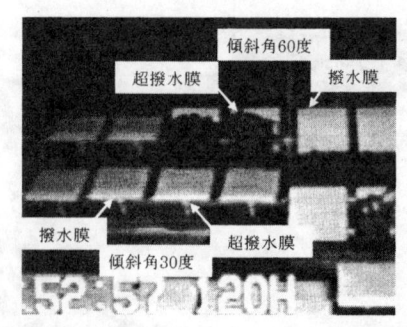

図11 北海道におけるフィールドテスト

ている。また，水をはじく性質を利用して，中通し竿（釣竿の内部を釣り糸が通る釣竿）の内面塗装などにも用いられている。

2.3 今後の展開

開発された超撥水コーティング剤は，一部の分野で実用レベルに達した。今後さらに広い分野に応用するためには以下の課題と展開が考えられる。

① 開発したコーティング剤は溶剤型塗料である。そのため，特に屋外塗装において揮発性有機溶剤を揮散させるなど環境汚染性が高い。

汎用塗料分野では環境対応として塗料の水性化が進んでいる。本コーティング剤においてもシリコーン-アクリルブロック共重合体を水性化し，水性塗料とすることで解決できると考えられる。ただしこの場合，水性化される際に樹脂に導入される親水基の影響における撥水の維持性が課題となる。

② 汚れが付着することにより超撥水性が低下する。

超撥水性は表面特性である。そのため，その表面に汚れが付着すると本来の表面状態ではなくなり超撥水性は失われる。これを解決するためには，汚れが付着しにくい化学組成や表面構造を設計するとともに，簡単に超撥水性が回復するメンテナンス方法の開発も必要である。

本コーティング剤はフッ素系材料に比べて低コストであるためより汎用性が高く，広い分野で用いることが可能となった。さらに，新たに開発したマイケル付加架橋型超撥水コーティング剤は超撥水維持性を大幅に向上させることができたため，水滴付着防止効果はフッ素系材料と同等以上であった。筆者らはこれらの特性を生かし，また前に述べた課題を解決することによりさまざまなニーズに対応できるコーティング剤の開発が可能であると考えている。

第4章　撥水コーティング

文　　献

1) 船越宣博, ファインケミカル, **29**(18), 5 (2000)
2) 山内五郎, *Materials Integration*, **14**(10), 27 (2001)
3) 島田淳之, 大畑正敏, 桑島輝昭, 安原清忠, 寒地技術論文・報告集, **18**, 302 (2002)
4) 吉田光則, 吉田昌光, 金野克美, 染谷宏, 森脇元宏, 北海道工業試験場報告, **302**, 87 (2003)
5) 島田淳之, 大畑正敏, 桑島輝昭, 安原清忠, 塗装工学, **39**(3), 92 (2004)
6) M. Ohata, S. Mikami and H. Osugi, *J. Imaging. Sci. Technol*., **45**, 24 (2001)
7) 島田淳之, 大畑正敏, 桑島輝昭, 色材協会色材研究発表会講演要旨集, 124 (2001)
8) 島田淳之, *TECNO-COSMOS*, **16**, 2 (2003)
9) A.B.D. Cassie, S. Baxter, *Trans. Faraday Soc*., **40**, 546 (1944)
10) 島田淳之, 大畑正敏, 桑島輝昭, 安原清忠, ファインケミカル, **33**(6), 20 (2004)
11) 吉田光則, 小林勝雄, 鎌田慈, 佐藤篤司, 寒地技術論文・報告集, **15**, 525 (1999)

第5章　ノンスティックコーティング

石川一郎*

1　はじめに

　最近「景観」と言う言葉をよく聞くようになってきている。橋梁の橋脚・擁壁などの道路構造物に限らず建物や人の目につきやすい場所のガードレール・ポールなどの「汚れ」が著しいと「景観」を損なうことになる。また，都市部の屋外空間には，さまざまな「汚れ」が存在する。
　特に，公園や道路・橋などの公共施設の壁面・地下横断通路・公衆トイレや私的所有物の建物やシャッターなどまで，落書きや貼り紙の被害が広範囲に拡大し「景観」が損なわれている。この景観を取り戻すために多大な費用や労力が使われ，管理者は日々対応に頭を痛めている現状がある。
　また，自動車排気ガスなどによる「汚れ」では，景観ばかりでなく安全性を損なう恐れもある。
　本章では，「汚れ」の分類と対策方法から「落書き・貼り紙」が容易に除去できるノンスティックコーティングの概要，汚れ対策の重要性，具体的な使用例および評価方法について紹介する。

2　「汚れ」の分類と対策方法

　「汚れ」を考えるときに種々の分類の方法[1]があり，建築・土木の構造物の「汚れ」はおおまかに水に関係する汚れ，水に関係しない汚れに分類される。「汚れ」の分類例を示すと次のようになる。
　① 水に関係する汚れ
　・雨水によるもの（雨筋汚れ）
　・藻・カビによるもの
　② 水に関係しない汚れ
　・排気ガスによるもの
　・いたずらによるもの（落書き・貼り紙など）
　③ その他

＊　Ichiro Ishikawa　アトミクス㈱　技術開発部

第5章　ノンスティックコーティング

・鳥害によるもの（主に鳥の糞毛）

また，構造物の汚れは自然汚れと人為的行為にも分類できる。その分類例を，図1に示し，それぞれの状況を写真1～4に示す。

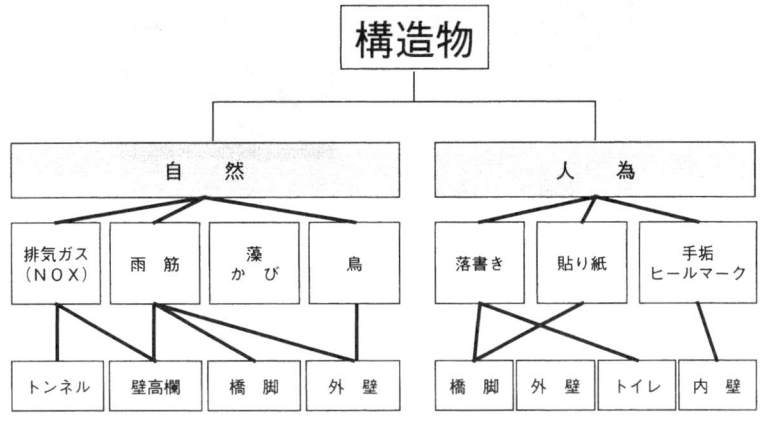

図1　「汚れ」の分類

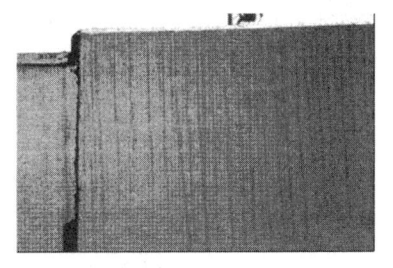

写真1　雨水による汚れ（雨筋汚れ）

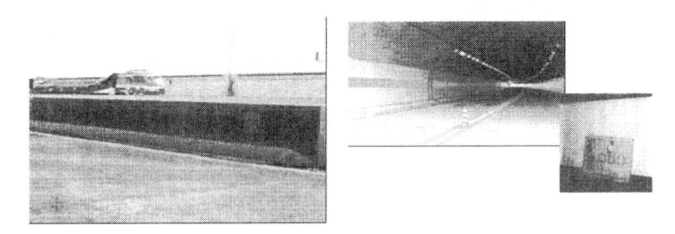

写真2　自動車排気ガスによる汚れ

写真3　藻・カビによる汚れ

231

写真4　人為的な汚れ（落書き・貼り紙）

「汚れ」対策上からの分類では図2に示す「①付き難くする」「②落ち易くする」「③目立ち難くする」という3つの方法が考えられ，「①付き難くする」「②落ち易くする」材料で対策が実施されている。

このうち「汚れを目立ち難くする」対策は，構造設計や色彩などの方法で，コーティング材の特性に関わらないためここでは省略する。

従ってここでは，汚れを付き難くする方法と，汚れを落ち易くする方法について述べる。

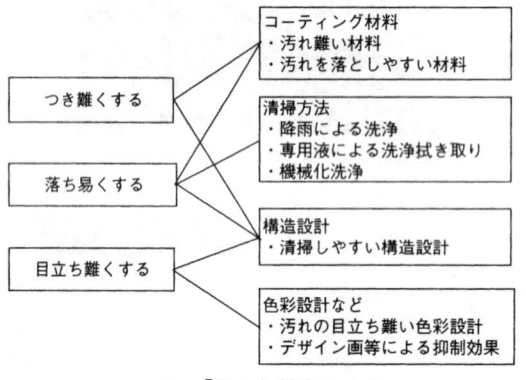

図2　「汚れ」対策の分類

3　ノンスティックコーティングの概要

汚れを付き難くするためには，コーティング材の表面を汚れの主原因である疎水性や親水性物質等がコーティング材の表面に接近してきても簡単には付着させず，はじきとばすような性質があることが望ましい。このため，コーティング表面には極めて強力な撥水・撥油性を示す性質を与えればよい。この性質を与えるためには，表面エネルギーを小さくすればよく，フッ素系やシリコーン系のポリマーが一般的に使用される。

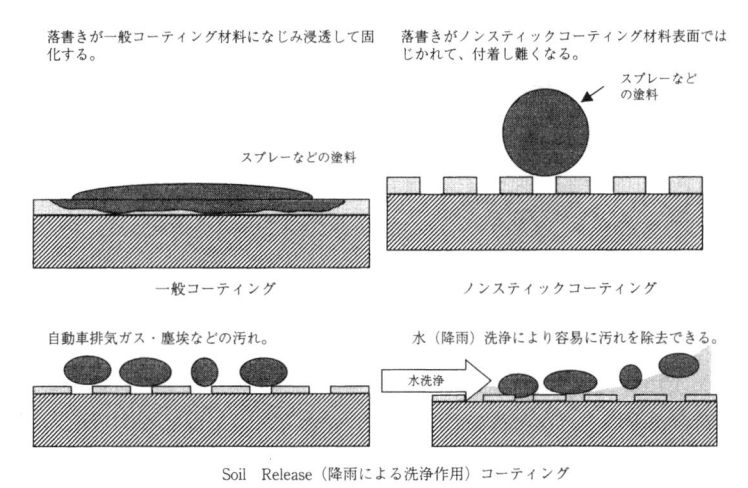

第5章　ノンスティックコーティング

　一方，汚れを落ち易くする方法は，水（降雨）が汚染物質とコーティング材表面間に入り込むのを容易にする性質を与えれば良く，親水性の付与が有効であることが知られている。
　この特性がSoil Release（SR性）と言われているものである。詳細に関しては，文献[2]を参照されたい。一般コーティング材・SR性コーティング材・ノンスティックコーティング材の作用機構を図3に示す。また，コーティング材表面の性質などの関係を図4に示す。ノンスティックコーティング材の性質は，水も油もはじき易い疎水性の性質が必要になる。
　従って，建築・土木構造物の「汚れ」対策は，これらの関係の中で最適な方法を考えていく必要があるといえる。ノンスティックコーティングは，落書き対策・貼り紙対策塗料として使用され，設計上の考え方は，「汚れを落としやすい塗料」にあたる。

図3　ノンスティックコーティングの作用機構

図4　ノンスティックコーティングの表面

4 汚れ対策の重要性

道路構造物の汚れの現状について，さまざまな立場の方々へのアンケート調査を行った結果によると，約8割の人が構造物の汚れを感じており，沿道通行者の約7割が高架道路の汚れが気になると答えている。汚れが最も気になる場所は，コンクリート部および塗装した部分であった。汚れ対策にはどのような対策を取るべきかの問いには「塗料を塗る」「汚れ難い構造にする」「汚れ難い素材を用いる」などが提案[1,3]されている。

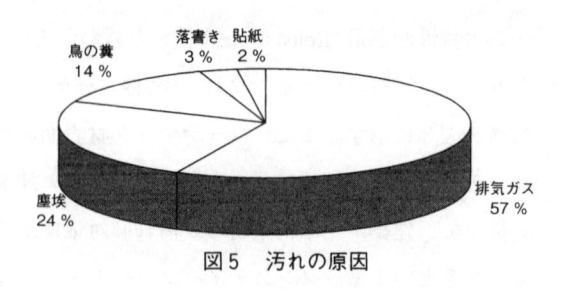

図5 汚れの原因

「汚れ」の原因を図5に示す。特に気になる汚れとして排気ガスを約半数の人が挙げているが，落書き，貼り紙の汚れも挙げられている[1]。公衆トイレ内のブースにおける落書きという行為に限って調査を行った文献[4]もあり，対策の重要性が増している。また，落書きの実態調査から，用いた筆記用具は，スプレー・マジックが非常に多いとの報告[5]がある。

5 用途

屋外の公共施設（道路・公園施設のトイレ・展望所，地下道，擁壁）の内外壁・床・天井・階段等の落書きや貼り紙等により美観が低下する恐れがあり，ノンスティックコーティング材料を適用できる施設および部位を表1に示した。

表1 ノンスティックコーティング材料を適用する施設および部位

道路構造物	橋脚・橋台	外面
	よう壁	外面
	壁高欄	外面・内面
公　園	便　所	外壁・内壁・天井・開口部・ブース
	展望所	外壁・内壁・天井・開口部
	地下道	内壁・天井・開口部
ダム・展望所	便　所	外壁・内壁・天井・開口部・ブース
	展望所	外壁・内壁・天井・開口部
	よう壁	外壁
道の駅・PA	便　所	外壁・内壁・天井・開口部・ブース
地下道	地下道	内壁・天井・開口部

6 ノンスティックコーティング材料の組成と特性

主に用いられる樹脂は，炭化水素系の樹脂と比較して低エネルギー表面であるシリコーン樹脂やフッ素系樹脂および有機ポリマーにシロキサン鎖などをブロック状やグラフト状に組み込んだ樹脂などであり，これらは表面にノンスティック性を与える点で優れている。市販されているメーカーの主成分と除去剤（洗浄剤）の例を表2に示す。これらは，落書きされる前に塗布する仕様のもので，落書きを直接除去する除去剤とセットになっている。

表2 ノンスティックコーティング材料の例

メーカー	塗料主成分	除去剤
A	シリコーン樹脂	シンナー
B	ポリウレタン樹脂	水溶性樹脂
C	シリコーン樹脂	乾拭き・シンナー
D	アクリルシリコン樹脂	シンナー
E	特殊セラミック	エタノール
F	フッ素樹脂	可剥性樹脂・シンナー
G	シリコーン樹脂	可剥性樹脂・シンナー
H	フッ素樹脂	シンナー
I	シリコーン樹脂	シンナー
J	シリコンウレタン樹脂	シンナー

7 ノンスティックコーティング材料の試験評価

落書き，貼り紙等の人為的な汚損を試験評価する標準的な方法は明確に確立されておらず，実験室試験や暴露試験の追跡調査により評価された報告がある[5〜8]。

7.1 実験室試験

7.1.1 落書き防止性能

(1) 市販されている材料を30 cm角のモルタル板やテラゾブロック，ステンレス板等に施工し作業性を評価する。

(2) 仕上がり表面にマジック・スプレー塗料・鉛筆等を用いて落書きを行い，落書きの難易度を目視により評価する。さらに落書き部を溶剤や専用除去剤により除去し，除去性について評価する。

(3) 落書きした試験体を加熱や促進耐候試験等により促進劣化し，除去試験および経年的な落書き防止性能を推定する。なお，比較用として一般の塗料を塗装したモルタル板やテラゾブロック，ステンレス板等の試験体についても同様のことを行う。

7.1.2 貼り紙防止性能

(1) 市販されている貼り紙防止材を 30 cm 角のモルタル板やテラゾブロック, ステンレス板等に施工し作業性を評価する。

(2) 仕上がり表面に貼り紙を行い, 貼り紙の難易度を目視により評価する。さらに, 引張り試験により, 貼り紙の付着力を定量的に評価する。

(3) 貼り紙した試験体を加熱や促進耐候試験等により促進劣化し, 除去試験および経年的な貼り紙防止性能を推定する。なお, 比較用として一般の塗料を塗装したモルタル板やテラゾブロック, ステンレス板等の試験体についても同様のことを行う。

7.2 屋外暴露試験

経年的な耐候性がよく, 長期耐久性性能を評価することを目的として実施した例を写真5に示す。

写真5　落書き対策の試験評価例

8　使用例

地下道の側壁およびデザインされた壁面に施工された塗装例と, 専用の除去剤で簡単容易に落書きを除去した例を写真6, 7に示す。

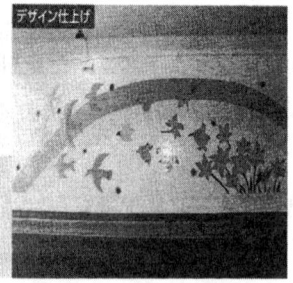

写真6　塗装例

第5章 ノンスティックコーティング

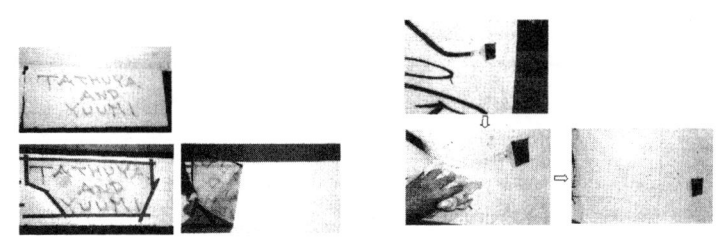

写真7 除去方法
(左：可剥離性樹脂，右：シンナー除去)

9 おわりに

　景観保全[9,10]には，落書き・貼り紙対策機能は欠かせないものとなってきている。いずれのコーティング材も撥水・撥油機能の強いフッ素またはシリコーン系添加剤を加えることにより，それらの機能を最大限に発揮させている。また，これらの樹脂も，組成を変えることにより親水性の付与や撥水性を持たせることができる。従って，これらを応用して今後さらに多機能なノンスティックコーティング材料が市場に登場してくると考えられる。

文　　　献

1) 阪神高速道路公団，平成8年被覆材料向上研究会報告書（平成9年3月）
2) 里川孝臣，機能性ふっ素高分子，日刊工業新聞社
3) 徳永法夫ほか，都市内道路橋造物の印象と汚れ対策に関する一考察，構造工学論文集，土木工学会（1999年3月）
4) 長尾崇史ほか，公衆トイレのブースにおける汚れの実態調査，日本建築仕上学会1994年大会
5) 松井勇ほか，建築仕上材料の対落書き性の評価項目及び評価方法に関する研究（その1 落書きの実態調査）日本建築仕上学会1998年大会
6) 落書き対策用塗料の性能試験について，中国技術ニュース，No.111，114
7) 松井勇ほか，建築仕上材料の対落書き性の評価項目および評価方法に関する研究（その4 対落書き性の評価方法の検討），日本建築学会関東支部研究報告集構造系（平成11年3月）
8) 松井勇ほか，建築仕上材料の対落書き性の評価項目および評価方法に関する研究（その5 対落書き性の評価方法の検討），日本建築学会大会学術講演梗概集A-1（平成11年9月）
9) 貼紙防止・落書き防止塗装施工基準（案），阪神高速道路公団コンクリートの耐久性に関す

る調査研究委員会，土木材料検討部会（平成8年7月）
10) 首都高速道路㈱，橋梁塗装設計施工要領（平成18年4月）貼り紙防止塗料の塗装仕様・落書防止塗料の塗装仕様

第7編　その他の機能

第7ող そのもの熊也

第1章　高硬度塗料（ハードコート）

矢澤哲夫[*]

1　はじめに

　ハードコートは，メッキや琺瑯と同じく表面改質の一方法である。表面改質は，基材の表面処理を施すだけでその性能を飛躍的に向上せしめることができるので材料特性の改善上極めて重要である。ハードコートによる材料特性の改善とは，材料表面の硬度を大きくすることである。従って，ほとんどの場合基板となる材料はプラスチックスである。プラスチックスは，軽量で機械的性質にも優れ，透明でかつ加工性も高い材料であるが，他の材料である金属やセラミックスと比べて，硬度，耐摩耗性，化学的耐久性に劣っている。最近，とりわけ透明樹脂フィルム上へのハードコートに注目が集まっているが，当該フィルムの表面を硬化した表面硬質透明フィルムは，包装等の種々の目的のために使用されている。例えば，パソコン等の入力機器であるタッチパネル用基板，特に携帯用の情報端末機器のタッチパネルではペン入力の方式のタッチパネルが多くなっており，透明樹脂基板フィルムのハードコートへの要求は益々重要性を増している。また，生産工程上もロールに巻き取りながらの工程も多いので，フィルムへのハードコートは重要である。要求される特性は，耐擦傷性（硬度），透明性を維持しつつ，柔軟性が出来るだけ高いハードコートが必要である。

　ハードコート剤は大略，有機系，無機系及び有機無機ハイブリッド系の三種類があり，それぞれの特徴を有しているが，ハードコートとして理想的なものは無機系のコート剤である。しかし，無機系ハードコートは，硬度や化学的耐久性は極めて高いが，プラスチックス基材の曲げ伸縮に伴うプラスチックス表面からの剥離，曲げ等によるコート膜自身の亀裂が生じ，結果的にはハードコートの機能を果たし得ないことが多い。有機系ハードコートは，基板との密着性や剥離には問題はないので汎用されてはいるが，高い硬度や化学的耐久性を要求される分野には限定的にしか用いることはできない。従って，有機無機ハイブリッド系が硬度，柔軟性，化学的耐久性とも満足したものを得るのに有望であるので，当該ハードコートに関して精力的に研究開発が行われている。

　応用分野としては，種々のものが考えられる。建築分野，車両用ヘッドランプ，眼鏡レンズ，

---

[*]　Tetsuo Yazawa　兵庫県立大学　大学院工学研究科　物理系工学専攻　教授

情報機器類への用途が考えられ,硬度を満たした上で,それぞれの応用分野に固有の特性をも満足する必要がある。最近では,さらに付け加えて帯電防止,防汚,断熱等のマルチの機能をドープしたものが要求される場合が多い。また,本章の対象外ではあるがこの延長線上には,ガスバリアーフィルムのようなものも存在し,アルミナやシリカの蒸着膜によって水蒸気や酸素の透過を著しく低減したものが開発されつつあり,食品包装,有機ELへの大きな用途がある。

本章では,有機系,無機系のハードコート剤に軽く触れ,ハードコートの中心をなす有機無機ハイブリッド系ハードコートについて焦点あてて述べる。

2 有機系ハードコート

アクリレート系,シリコーン系,含フッ素系,オキセタン系などがある。この中で,シリコーン系は,有機無機ハイブリッド系の範疇に属すると考えられる。アクリレート系及びオキセタン系は紫外線硬化型のコート剤で,とりわけアクリレート系コート剤は最も汎用されているものである。重合開始剤としてアセトフェノン系(商品名:イルガキアー等)やベンゾインエーテル系のものが使用されている。主たる応用分野としては,自動車用部品,化粧品,携帯電話,建材などがある。含フッ素系として代表的なポリテトラフルオロエチレン(商品名:テフロン)は,耐熱性,耐薬品性の樹脂として良く知られている。当該樹脂はフッ素原子を含有しているので,低屈折率,低誘電率,撥水性でもあるので,反射防止コーティングや防湿コーティングにも用いられる。具体的な用途例としては,フルオロオレフィン/ビニルエーテル共重合体からなる電着コート,フッ化ビニリデン系共重合体からなる電子部品用防湿コートなどがある。有機系の紫外線硬化型のものは,手軽に求める性能のハードコートが達成され,かつ基板であるプラスチックスとの密着性も高いので,今後も汎用されていくであろう。

3 無機系ハードコート

純粋に無機系のものは,アルカリケイ酸系(いわゆる水ガラス系)のものと,シリカのエマルジョン系のものがある。これらのものは,溶媒として水を用いることができるのは大きな魅力ではあるが,疎水性であるプラスチックス表面には直接にはコートすることはできないので,あらかじめプライマー処理が必要であり,通常,樹脂・無機ハイブリッド系が使用されている。ただし,一般的に言って,無機単独系は,既述したように表面からの剥離,膜の亀裂等が発生する。最近,水ガラスを出発原料にして,リン酸を添加してナトリウムを除去し,プラスチックスではないが,同じ有機材料である木材表面をガラス化した技術が報告されている。木材表層の導管中

第1章 高硬度塗料（ハードコート）

にガラス層を形成させた事例で，ガラスの不燃性や耐腐食性を大きくするものとして非常に興味深い[1]。

4 有機無機ハイブリッドハードコート

　ハードコートとは要するにプラスチックスの表面をガラス化することだと考えれば，前述したように無機系のハードコートが最適である。特にシリカ系ハードコートは，主体を成すシリカ（二酸化ケイ素）を構成するシロキサン結合（Si-O結合）がセラミックスの中でも最もプラスチックスと似た結合様式により成立しているために重要である。

　これまでにシリカの透明性を活かして，種々のシリカ系ハードコート法が開発されてきており，無機ガラスの硬度，透明性を活かすシリカ（二酸化ケイ素）膜の蒸着，ポリシラザンの化学的分解によるシリカ膜の形成，トリ又はテトラアルコキシシラン，コロイダルシリカを添加するゾルゲル法による表面処理やシリカを樹脂に分散する方法が検討されてきた。しかしこれらは下記の問題点を有している。

① 基板への密着力が不十分。
② 硬度が高くなりすぎ屈曲して使用する場合に亀裂がはいり易い。
③ 温度変化によって当該フィルム自体が伸縮して亀裂，剥離を生ずる。なお亀裂は極めて微細でも一挙に透明性の低下に繋がる。

　こうした課題を解決するためには，硬度はやや犠牲になるものの，有機の柔軟さを併せ持つ有機無機ハイブリッドハードコート剤の開発が不可欠となる。当該ハードコート剤を開発するには，有機高分子をシリカホスト中（シリコンアルコキシドの加水分解によって形成されたシロキサン結合のネットワーク体をこのように呼ぶ）に有機高分子を分子レベルで分散した（分子分散した）ハードコート層の開発が不可欠であり，そのためにはゾルゲル法によってそれを行うことがコスト的にもほとんど唯一の方法と考えられる。

4.1 ゾルゲル法

　まず，簡単にゾルゲル法の概略について述べる。実用ガラスのほとんどは，その原料を約1,500℃もの高温で溶融して作られており，典型的なエネルギー消費型材料である。エネルギー消費を抑えたガラスの製造法の一環としてゾルゲル法が開発されてきた。この方法によれば，例えば石英ガラスを得るのに通常の溶融法では2,000℃を超える高温が必要であるが，当該法では1,000℃程度の温度で溶融法とほぼ同様の品質を有するものを得ることができる。

　ゾルゲル法は，主としてシリコンアルコキシド等の有機金属化合物のアルコール溶液を加水分

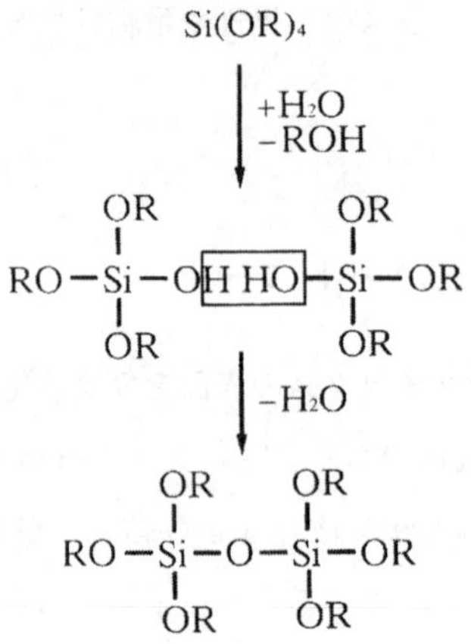

$$Si(OR)_4$$
$$\downarrow \begin{array}{l}+H_2O\\-ROH\end{array}$$

RO–Si(OR)(OR)–OH HO–Si(OR)(OR)–OR

$$\downarrow -H_2O$$

RO–Si(OR)(OR)–O–Si(OR)(OR)–OR

図1　ゾルゲル法によるシリカの形成

解することによりゲルとして固化し，ゲルの加熱によってガラスを作製する方法である。この方法によるガラスの作製は，ドイツのショット社において戦前から行われていたようであるが，現在の盛況をつくったのは1970年前後のDislichの研究をもって嚆矢となす[2]。原料にはシリコンメトキシド（$Si(OCH_3)_4$）やシリコンエトキシド（$Si(OC_2H_5)_4$）などがよく用いられる。原料を水，アルコール（溶媒として必要）と共に混合すると，加水分解反応（$Si(OR)_4 + 2H_2O \rightarrow Si(OH)_4 + 4ROH$）が起こり，$Si(OH)_4$とアルコールが生成する。$Si(OH)_4$が水を脱離する縮重合反応によってSi–O結合を形成することによりSiO_2が生成する（図1）。従って，その構造は加水分解条件（水の量や触媒の種類）の影響を強く受ける。例えば，水の量が少ない（$H_2O/Si(OR)_4$のモル比が4より小）と鎖状化し，紡糸性を示し繊維状シリカゲルを作ることができる。一方，水の量が多くなるとシリカの三次元構造ができて粒子化し，塊状ゲルになりやすい。また触媒の種類（pH値，酸触媒か塩基触媒か）も重要である。pH値が高くなれば（塩基触媒の場合），$Si(OH)_4$として反応するのでかさ密度の低いゲルになる。一方，酸触媒の場合は，アルコキシル基を残しながら加水分解反応が進行して行くので緻密なゲル体ができる。もちろんハードコートとしてはこのようなゲル体が望ましいことは言うまでもない。要するに，シリコンアルコキシドによるシリカ系ハードコート剤の開発には，水の量，pH値が極めて重要である。

　ところでゾルゲル法は，溶融法に比べて前述した如く省エネルギー的である他に次のような利点がある。

① 融点が高いか，融体の結晶化速度が速いために溶融法ではガラスにならない組成のものでもガラスを作ることができる。

② 高純度の原料を用いることができ，またゲルを加熱するための容器も不要であるので純度の高いガラスが作れる。

③ 主なプロセスが均一溶液中での化学反応であるので，均一性に優れたガラスが作れる。
④ 繊維化や，とりわけ薄膜化が容易である。
⑤ 分子設計に基づいたガラスの調製が可能である。

ハードコートとしてのゾルゲル法の利用を考えた場合，④，⑤の特長が特に重要である。④の特長が重要であることは当然であるが，⑤は，適当な有機物との複合体を容易に得ることができるということであり，この特長は柔軟性を持ったハードコート剤を開発する場合には非常に重要なことである。

4.2　シリカホスト中への有機高分子の分子分散

ここでいう分子分散とは，分子レベルで混合した状態のことを指す。通常，有機高分子同士でも機械的に混合（しばしば混練と呼ばれている）しただけではミクロンサイズ程度に混合するだけである。従って，無機高分子であるシリカホスト中に有機高分子を分子分散させるのは非常に困難である。ゾルゲル法を実際に試みた経験がある人はこのことを良く了解できるはずである。実際，例えば，シリコンアルコキシドの一種であるテトラエチルシリケート（TEOS）とポリスチレン（PS）を混合し，加水分解すれば，ビーカーの底にPSの球状の固まりが生ずるのみである。要するに通常の有機高分子とシリコンアルコキシドを重合させただけでは，分相して，分子レベルで複合することはないし，こうして得たものは，機械的に混練しただけのものと大差なく飛躍的な性能の改善を期待することはできない。なお，低分子量の有機分子を分子分散させることももちろん考えられるが，そのような場合は，有機分子がブリーチアウトしてハードコート層の特性を著しく損なう。

シリカホスト中に有機高分子を分子分散する場合，最初の重要なポイントは，有機高分子の選択である。ハードコートのような場合，下地がほとんどPETやPC（ポリカーボネート）のような有機高分子であるので，コートした後の加熱はせいぜい150℃程度が限度である。このような場合，シリカホスト中のシロキサン結合は至る所シラノール基によって切断されている。こうしたシラノール基と水素結合を形成できる有機高分子が分子分散可能なものである。具体的な有機高分子としては，ポリエチレングリコール（PEG），ポリビニルピロリドン（PVP），ポリオキサゾリン（POZO），ポリ N,N-ジメチルアセトアミド，ポリビニルアルコール（PVA）を挙げることができる。この中でPVAは分子内にOH基を有しており，有機高分子同士の水素結合による凝集が考えられるのであまり好ましくないと言える。

こうして得たシリカ・有機高分子複合体が本当に分子分散しているか否かを直接確認することはかなり難しい。というのも，得られた複合体が肉眼で透明であっても，それはせいぜい20〜30 nm程度以下の均一性しか保証しないからである。この程度ではとても分子分散とは言えな

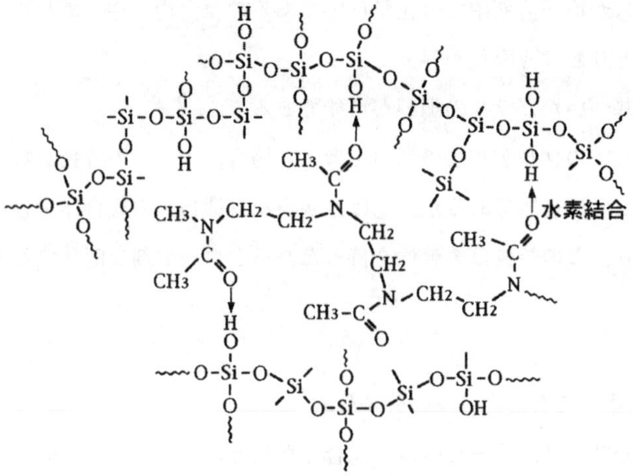

図2 シリカホスト中での有機高分子の分子分散

い。筆者らは，適当な分子量のPEGと酸触媒とをTEOSに混合した新規なハードコート剤を開発した。当該ハードコート剤は，以下に示す事実から分子分散していると推測される[3]。

即ち，PEGの分子量，仕込み量を種々変化させて得たゲル体を600℃，5時間焼成して得た多孔体について，窒素吸着法によって細孔径分布を測定した結果及び細孔容積と比表面積をプロットした結果より，細孔径は添加したPEGの分子量及び仕込み量にかかわらずほぼ細孔半径1 nmの細孔を有していること及び細孔容積と細孔表面積は比例関係にある。また，細孔の形状が円筒状と仮定すると細孔半径 (r)，細孔容積 (v) 及び比表面積 (s) とは，$s=(2/r)v$ なる関係があり，直線の傾きが $2/r$ に相当する。これより計算した r は1.3 nmとなり細孔径分布の測定結果とほぼ一致する。一方，スターバーストポリマーのような球状ポリマーを添加した場合は球状ポリマーの大きさによって焼成後得られた多孔体の細孔径が変化する。また，シリカホスト中のPOZO, PVPは，高分子単独の場合と比較して赤外線吸収スペクトル測定によるカルボニル基の吸収位置がいずれも低波数側にシフトしているのはシリカマトリックス中のシラノール基がカルボニル基やエーテル基に水素結合しているためで，POZO, PVP, PEG等の高分子が図2に示すような形状でシリカホスト中に分子分散していると考えられる[4,5]。

こうした有機無機ナノハイブリッド体以外に最近では，コロイダルシリカの表面をアクリル基で修飾して，光硬化させるようなハードコートも開発されている（図3）。当該ハードコートは，コート膜自身の硬度も大きくできるとともに，膜厚も大きくすることができ（従って，基板プラスチックスの硬度の影響を受けにくい）ので，柔軟性の出し方を工夫すれば効果的なハードコートを行うことになるとして注目されている。

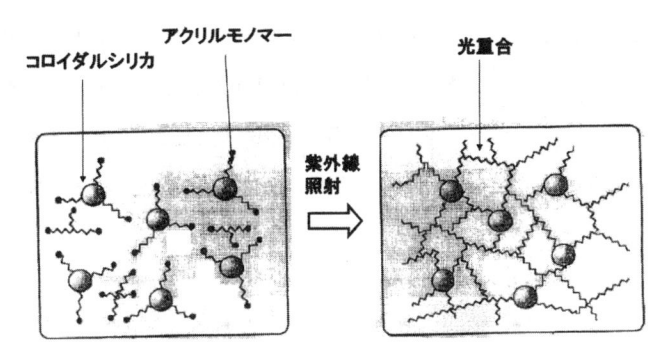

図3 アクリルモノマーで表面改質したコロイダルシリカの光重合

4.3 有機高分子を分子分散したハードコート[6,7)]

ハードコートのまず満たすべき条件は，硬度や耐擦傷性はもちろんであるが，使用条件によっては，透明性，柔軟性，防湿性，化学的耐久性がある。硬度だけを高くするのは比較的簡単で，シロキサン結合の密度を高くすれば良い。従って，ゾルゲル法によってこれらを得ようとする場合は，TEOSのような4官能（結合にあずかる手が4本あるもの）のシリコンアルコキシドを加水分解して，その後できるだけ高い温度でゲル化させればよい。しかし，通常このようなものをコートしても剥離，ひび割れが生じて使用に耐え得ない。ハードコートの具備すべき条件として硬度とともに柔軟性が重要である。このことはフィルムにコートするような場合に特に重要となり，実際生産工程上フィルム上にコートする場合が屢々ある。

筆者らは，シリカホスト中に有機高分子としてPEGを用いることにより上記問題点を解決する実用的なハードコート剤を得た。PEGは，4.2項で述べたようにシリカホスト中への分子分散性が非常に良く，かつ種々の分子量のものが比較的簡単に入手できる。また，シリカホストも重要で4官能のTEOSに3官能のシリコンアルコキシド（$RSi(OR)_3$，結合にあずかる手が3本ある）を適量混合してホスト自身の柔軟性も高めておく必要がある。この際，重要な因子として，①加水分解の条件（pH，水の量，アルコールの量），②添加する3官能アルコキシドの量，③添加する高分子の種類と量，⑤コートの方法，⑥キュアの温度，時間ということになろう。これらの因子を具体的にどのように設定するかは極めて現場的な問題である。ハードコートをしようとする場合，通常，現有設備を使用するという制限があるからである。このような場合，これまでに述べてきたことを参考に，ある程度の試行錯誤を行うのが最も現実的な方法と言える。

4.4 柔軟性

上記に処々述べてきたように，有機無機ナノ複合体によるシリカ系ハードコートにおいて狙うべき最大の特徴は，柔軟性の付与である。柔軟性を有しかつ適度の硬度を有する材料はなかなか

実現が困難ではあるが，有機高分子と無機材料（この場合はシリカ）をナノハイブリッド化することにより可能となる。マクロに有機相と無機相が分相（数十nmレベルの分相でも）すれば，特に無機相が主体となるようなハードコートの場合は柔軟性が損なわれるが，4.2項で述べたようなナノハイブリッド構造は，層状構造を有しているので，シリカの有する硬度を維持しつつ柔軟性を付与することが可能である。柔軟性を正確に評価することは非常に難しいことではあるが，以下に述べるような簡易型の評価法が汎用されている。即ち，適当な半径を有する丸棒にハードコートしたフィルムを巻き付け，その状態でのヒビ割れ等を観察する，いわゆる曲げ許容試験法である。通常，丸棒の半径をmm単位で表現し，曲げ許容が3Rとか5Rとかといった表現をする。即ち，曲げ許容が3Rとは，半径3mmの丸棒にハードコートしたフィルムを巻き付けてもフィルム上に亀裂が発生しないということである。分子量600のPEGを20wt%含んだシリカ系ハードコートでは，PETを基板とした場合，5R～10Rの曲げ許容が得られている。

　さらに曲げ許容を向上させるには，基板との密着性が重要で，ハードコート層の柔軟性があっても基板との密着性がないと曲げ許容の向上は難しい。基板との密着性は，通常，基板となるフィルムにコロナ放電，プラズマエッチング，クロム酸等の表面処理をして密着強度を上げる方法が汎用されているが，表面処理せずに密着強度をあげることが出来れば生産効率の向上の観点からも望ましい。それには，基板となるプラスチックスとの濡れ性の高い有機基を有する3官能のシリコンアルコキシドをゾル液中に添加するのも一つの方法である。

　複合材料の密着性の評価法として既に種々のJISが存在しているが[8]，本章の対象になっているような材料の場合，コート膜の膜厚が極めて薄いので，そうしたJISをそのまま使用することはできない。やや定量性には欠けるが，コート膜を1mm～5mmの間隔でカッターナイフによって切り傷をつけ，その上にセロファンテープを貼り，それを引きはがす際に剥離された個数をもって剥離性とするという評価法がJIS K 5400にあるので，これを用いる場合が多い。

4.5　硬度，耐擦傷性

　一般的には，柔軟性と耐擦傷性は，トレード・オフの関係にある。耐擦傷性を付与する場合，シリカのような無機化合物が主役を演ずるが，留意しておかなければならないことは，硬度と耐擦傷性の関係である。硬度と耐擦傷性は関連性はあるが，直接に関係あるわけではない。例えば，鋼の歯車とナイロンの歯車とをかみ合わせ長時間使用すると鋼の歯車の方が良く摩耗する。また，ナイロンどうしの歯車はひじょうに良く摩耗する等々である[9]。硬度に比較して，摩耗ははるかに複雑な物理的，化学的，機械的性質によって決定されるからである。一般的に言えば，異種材料の組み合わせがよく，硬度に差をつけた方が良いと考えられている。硬度についてはシリカなどの無機化合物の割合を大きくすれば上昇するが，耐擦傷性については明確な指針がない

第 1 章　高硬度塗料（ハードコート）

のが現状である。しかし，ナノ分散の程度上げて，即ち膜質を良好にし，かつシリカの割合を大きくするという指針で臨むことが一般的である。

　硬度，耐擦傷性，どちらを主眼にするかは，どのような応用を目的にするかによる。例えば，タッチパネルのような応用を考える場合には硬度が，自動車のヘッドランプレンズ，アーケードの屋根等の屋外での利用を考える場合には，砂塵，小石等による損傷が考えられるので，耐擦傷性が重要である。

　硬度の評価については，ヌープ硬度，ロックウェル硬度等の種々の評価法があるが，特に有機無機ナノハイブリッド体によるコート膜の評価法としては，鉛筆硬度法（JIS K 5400）によるのが至適である。この方法は，やや定量性にはかけるがコート膜の硬度を鉛筆の硬度（2 H，3 B 等）として簡便に評価することができる。耐擦傷性の評価は，表面に傷をつけ，その際にできる傷による曇り具合（ヘイズ値という）でもって評価する。摩耗輪によるテーバー摩耗やスチールウールによるスチールウール摩耗等があるが，JIS があるテーバー摩耗（JIS K 7204）を用いることが多い。

　例えば PET の表面硬度は 1 H 程度であるが，前述した分子量 600 の PEG を 20 wt％含んだシリカ系ハードコートでは硬度 4 H が可能となる。コート膜自身の硬度は 6 H 程度であるので，PET よりも高硬度のフィルムを用いるともっと高いハードコートを実現することが可能となる。ちなみにガラスの表面硬度は 9 H 程度である。また，100 サイクルでのテーバー摩耗の評価が，PET のみではヘイズ値の変化が 27.6 ％であるのに，ハードコートしたものは 0.9 ％と格段に向上する。また，硬度や耐擦傷性を手っ取り早く向上させるには，ポリエチレングリコールジメタクリレート（図 4）等の PEG 系の有機高分子をイルガキュアー等の開始剤の下で光重合させることが有効である[10]。

　コート膜の硬度という場合（特に鉛筆硬度の場合）に，注意しなければならない点は，おおむねコート膜の膜厚が 1 μm 以下の時には下地の基板プラスチックスの硬度の影響を受けることに留意する必要がある。

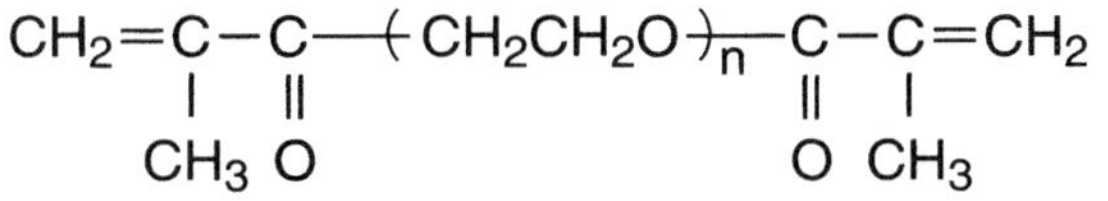

$$CH_2=\underset{CH_3}{\underset{|}{C}}-\underset{O}{\underset{\|}{C}}-(CH_2CH_2O)_n-\underset{O}{\underset{\|}{C}}-\underset{CH_3}{\underset{|}{C}}=CH_2$$

図 4　ポリエチレングリコールジメタクリレートの分子構造

5 コーティングの方法

ゾルゲル法によってプラスチックス上へコーティングする場合の形状は，ほとんどプレート状である。ごく一部にチューブ状の上にコーティングする場合もある。

コーティングの方法は，ディップコート，スピンコート，ラミナーフローコート，グラビアコート，ドクターブレード，スクリーン印刷など多くの方法が検討されているが，汎用されているのは，ディップコート，スピンコートである。ディップコートは，比較的ゾル液の粘性が低い場合に適応される方法で，従って1回のコーティングによって形成される膜厚は厚くはない。粘性が数センチポイズ，引き上げ速度が1mm/分程度であれば膜厚は，0.5μm程度である。一般的に以下の式（Landauの式）に良く従うとされている[11]。

$$t = k \cdot (\eta v / \rho g)^{1/2}$$

t：コート膜厚，k：定数，η：ゾル液の粘度，ρ：ゾル液の密度，v：引き上げ速度，g：重力加速度

またディップコートは，プレート状のみならず種々な形状，例えばチューブ状の形状にも対応可能である。当該装置の概略を図5に示す。

ゾル液の粘性が，やや高い場合にはスピンコート法が適用される。当該装置は，回転板上の基板にゾル液を垂らし，適当な速度で回転することによってコート膜を得る方法である。従って，基板の形状はプレート状のものに限定される。さらに粘性が高いものについては，ドクターブレード，スクリーン印刷などの方法が用いられる。また，ゾル液を噴霧するスプレーコート法も適用されることがある。

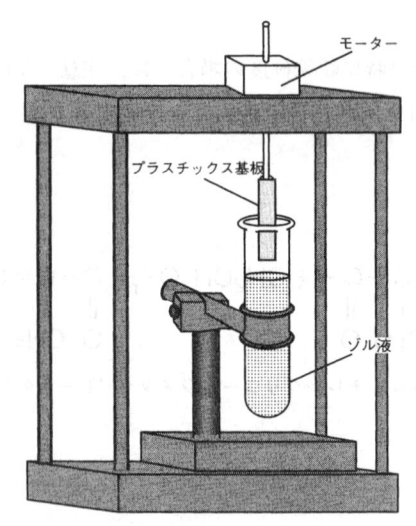

図5 ディップコーティング装置

6 今後の展望

シリカが無機化合物の中でも最も成膜性が良く,資源的にもポイズンフリーという観点からも問題がない物質であることを考えると,今後ともシリカ系ハードコート剤の重要性には変化はないものと考えられる。今後の方向として,ゾルゲル法で汎用されているPEGのような親水性有機高分子だけではなく,当該法によってPSのような疎水性有機高分子のナノ分散が重要な課題となってこよう。これは,PSのような疎水性有機高分子をシリカホスト中に分子分散できれば耐水性,耐候性の向上が期待できるからである。しかし,4.2項で述べたように単にシリカホスト中に混合しただけでは分子分散しないが,シリカホスト中に,フェニル基を有する部位をあらかじめ導入し,溶媒を工夫することによりPSのような疎水性有機高分子を分子分散することが可能となる。これは,導入したフェニル基どうしのπ-π電子相互作用が分子分散の駆動力となるからである。例えば,こうした方法によって,鉛筆硬度H,曲げ許容12.5R,95℃の熱水に2時間浸漬してもハードコート膜の外観,密着性は全く良好であるような性能を持つものも得られつつある[12,13]。これは,PSの導入により耐水性が向上したことはもちろんであるが,コート基板としてPCを用いた場合,PCのフェニル基ともπ-π電子相互作用が起こり,ハードコート層と基板プラスチックスとの密着性が著しく増大するからであろう。

また,有機溶媒を使用しない水系のシリカ系ハードコート剤やシリカ系以外のものとの複合化,特にジルコニアとの複合化は耐水性や耐アルカリ性を向上する観点から重要である[14]。さらにこれからは,導電性(耐電防止,電磁シールド性),高及び低屈折率,防曇性,撥水性,防汚性等を同時にビルトインした多機能なハードコートも要求されてくるであろう。

文　献

1) 日経産業新聞, 2006年3月2日付
2) H. Dislich, *Angew. Chem. Int. Ed. Engl.*, **10**, 363 (1971)
3) T. Yazawa, A. Miyake, H. Tanaka, *J. Ceram. Soc. Jpn. Inter. Ed.*, **99**, 1053 (1991)
4) K. Kuraoka, Y.Chujo and T. Yazawa, *Chem. Commun.*, 2477 (2000)
5) Caili Su, K. Kuraoka and T. Yazawa, *J. Am. Ceram. Soc.*, **84**, 654 (2001)
6) K. Kuraoka, T.Ueda, M. Sato, T.Okamoto and T. Yazawa, *J. Mat.Sci.*, **40**, 3577-3579 (2005)
7) 矢澤哲夫ほか,"表面硬質透明シートとその製造方法"特許第3723891号
8) 日本規格協会編,"JISハンドブック㉙接着",日本規格協会 (2006)

9) 寺澤正男,岩崎昌三,"硬さのおはなし",日本規格協会 (2001)
10) 矢澤哲夫ほか,"表面硬質透明シートとその製造方法",特開 2002-166488
11) L. D. Landau and V. G. Levich, *Acta Physica Chim. URSS*, **17**, 41 (1942)
12) 矢澤哲夫ほか,"有機-無機ハイブリッドハードコート塗料",特開 2003-183577
13) 矢澤哲夫ほか,"透明耐湿ガスバリアフィルム",特開 2003-277537
14) 矢澤哲夫ほか,"ハードコート用組成物,ハードコート用組成物の製造方法及び該組成物によって処理されたプラスチック樹脂",特開 2004-285229

第2章 シリコーン系防汚塗料

木村　剛*

1　防汚塗料とは

　船舶や海洋構造物など海水に触れる部分には，フジツボやカイメンなど大型生物や，スライムなどの生物が付着する。こうした生物は，海水の浄化など有用な効果をもたらすだけではなく，船舶などの場合，生物の付着によって燃費が悪化し，スピードが低下するなど悪い作用も及ぼす。こうした海洋生物の付着を防止する方法はさまざまに考案されているが，塗装することによって付着を防除する方法が防汚塗料（塗装）と呼ばれている。

2　防汚塗料の歴史

　船舶に付着する生物を塗装や被覆によって防除する方法は以外にも古くから行われており，例えば紀元前5，6世紀頃古代フェニキア人やカルタゴ人はピッチや銅を船底防汚に用いていたといわれている[1]。

　また，紀元前3世紀頃から18世紀にいたる間鉛板被覆も防汚の目的で行われてきた[1]。防汚塗料の最初の特許は，1625年に出願されており，酸化鉄，セメント，銅化合物などが用いられていた[1]。

　近年船舶が鋼船-大型化するに従い防食塗装の上に防汚塗料が上塗りされるようになり，現在の亜酸化銅などを防汚薬剤とした船舶用防汚システムが19世紀終わりごろまでに確立した。その後さまざまな展色剤，防汚薬剤の改良が試みられ，1960年代に有機錫ポリマーを展色剤とした防汚塗料が開発された。

　有機錫ポリマーは，加水分解して遊離の有機錫化合物を溶出し亜酸化銅などの防汚薬剤と相乗効果を出すだけでなく展色剤が加水分解することによって徐々に海水中に溶解し，防汚薬剤を一定に溶出することが可能であった。そのため，塗料膜厚を厚くすることにより，5年超の防汚寿命を実現可能であった。しかしながら，有機錫化合物は，環境中への蓄積性が高く，1997年に国内では使用が禁止されるに至った。

---

*　Tsuyoshi Kimura　NKMコーティングス㈱　技術本部　次長

3　防汚塗料の国内での使用分野

防汚塗料により海洋生物付着を防止する方法が多く用いられている分野は，国内では以下の3分野である。
① 船舶（大型船，内航船，漁船など）
② 海洋構造物（発電所の海水導入管など）
③ 漁網（養殖用漁網，定置網など）

有機錫が禁止される以前は，すべての分野において有機錫化合物や，有機錫ポリマーが用いられていた。しかし，ポスト有機錫以降の各分野の防汚塗料は違った開発経緯をたどっている。

まず，最初に有機錫を自粛したのは，発電所で近隣環境への影響を配慮し防汚薬剤を全く含まないシリコーンゴム系防汚塗料が1990年ごろから使用されるようになり，現在では，一般的に用いられている。

漁網防汚剤においても同時期に有機錫の使用を自粛し，主に有機薬剤を使用した防汚剤が使用されるようになった。その後シリコーンオイルを配合し効果向上や，薬剤の低濃度化が図られている[2]。

船舶は，有機錫ポリマーが持っていたセルフポリッシング性をケイ素ポリマーなどにより達成し，亜酸化銅などの防汚薬剤と加水分解型樹脂による防汚塗料が，ポスト有機錫の主流をなしている[3]。ただ，最近になって発電所などで用いられてきたシリコーンゴム系防汚塗料が外航鋼船などでようやく用いられるようになってきた[4]。

本書では，シリコーン系防汚塗料の船舶への応用の問題点と現状を紹介する。

4　シリコーンゴム系防汚塗料の構成成分および防汚機構

シリコーンゴム系防汚塗料は，基本的に以下の3成分よりなる。
① 縮合型液状シリコーンゴム-RTV（ROOM TEMPERATURE VULCANIZING）
② 液状オイル成分
③ 溶剤

RTVシリコーンゴムとは，室温硬化可能なシリコーンゴムであり，シリコーン樹脂，架橋剤，触媒，充填剤などからなる。

RTVゴムにもいろいろなタイプが存在するが，縮合タイプの湿気硬化型シリコーンゴムが防汚塗料には一般に用いられている。

シリコーンゴム系防汚塗料の防汚機構は以下によるとされている（図1参照）。

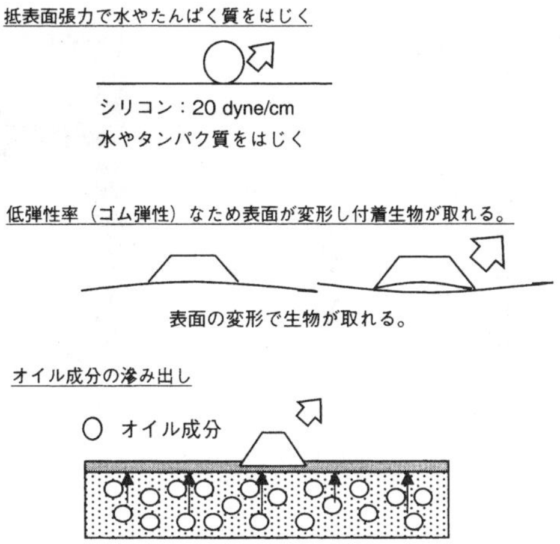

第2章　シリコーン系防汚塗料

図1　シリコーンゴム系防汚塗料の防汚メカニズム

表1　発電所海水導入管での一般的仕様

系　統	樹　脂　系	主に求められる性能
下　塗	エポキシ樹脂系塗料	防食性
上　塗	シリコーンゴム系防汚塗料	防汚性

(1)　抵表面エネルギー

抵表面エネルギーの表面は付着生物が分泌する接着成分を付着しにくいといわれている。

(2)　抵弾性，ゴム弾性

弾性体であるため，塗膜の変形によって硬い接着タンパクで付着している生物を脱落しやすい。

(3)　オイル成分の滲み出し

RTVシリコーンゴムに種々のオイルを配合すると，塗膜表面にオイルが滲み出し生物付着を不安定化させることが出来る。

上述のシリコーンゴム系防汚塗料は発電所などで用いられているものである。塗装仕様は，被塗物の種類によって異なるが，表1のような塗装仕様で施工される。まず，下塗として海水導入管などの腐食を防ぐため，エポキシ樹脂系塗料が塗装され，その後上塗のシリコーンゴム系防汚塗料が塗装される。

この仕様を船舶にそのまま応用すると密着性不良を起こしてしまう。原因は，塗装後の暴露環境に起因する。すなわち，発電所の海水導入管は，日光が直接当たる場所が少なく，流れも比較的穏やかである。そのため，上塗塗膜は，柔らかく設計されクリヤー型が一般的である。ところ

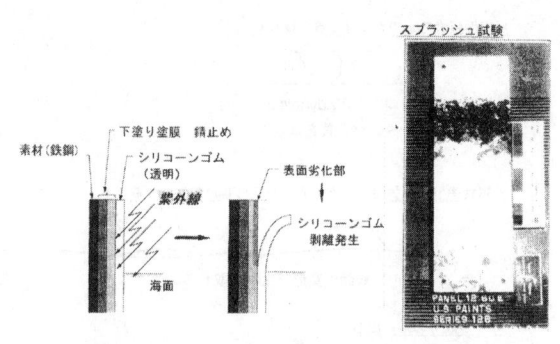

写真1 アメリカマイアミでのパネル浸漬結果
浸漬後約8ヶ月経過後

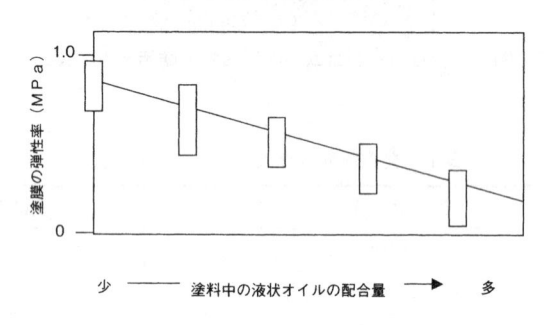

図2 塗膜中の液状オイル量と弾性率

が，この仕様では，直射日光による下塗劣化で下塗塗膜と上塗塗膜の層間で剥離を起こしてしまう。

10 cm×30 cmのパネルに上記仕様を塗装し，海水中に一部分浸漬した結果を写真1に示す。パネルのスプラッシュゾーンより上部で上塗塗膜が剥離した。そのため，船舶にシリコーンゴム系防汚塗料を応用する場合，下塗への紫外線透過を遮断しておく必要がある。また，発電所では，船舶に比べて流速もおそく暴露環境は穏やかである。そのため船舶にそのまま応用すると，塗膜が柔らかく，ダメージによる擦り傷を生じ徐々に防汚性が低下する。

光による劣化と，流速抵抗によるダメージ劣化を改良し大型船，内航船へ応用した例を紹介する。

シリコーンゴム系防汚塗料はRTVゴムとオイル成分を組み合わせることによって，種々の防汚塗料を設計出来る。フィルム形成能力はRTVゴムに頼るため液状オイルが多くなればなるほど，塗膜は柔らかくなる（弾性率が小さくなる図2参照）。また，添加するオイル成分がジメチルシロキサン以外の官能基を分子内に持っているとシリコーンゴムとの相溶性は悪くなる。一般的にシリコーンゴムとの相溶性が悪いオイルは，相溶性の良いオイルに比べて滲み出し速度は速くなる。

第2章　シリコーン系防汚塗料

表2　船舶用仕様

系統	樹脂系	主に求められる性能
下塗	エポキシ樹脂系塗料	防食性
上塗①	シリコーンゴム系防汚塗料	遮光／バインダー性
上塗②	シリコーンゴム系防汚塗料	防汚性

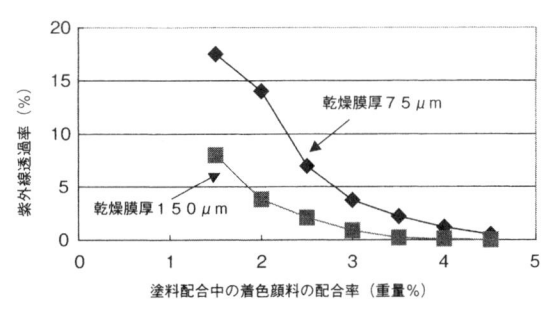

図3　塗料配合中の着色顔料配合率と紫外線透過率の関係

5　大型外航船用シリコーンゴム系防汚塗料

剥離を防止するためには，下塗塗膜が耐光劣化にさらされないよう工夫する必要がある。

塗装仕様を表2のように上塗塗料を2層とし下層に光を遮断する効果をもたせた。

光を遮断するために着色顔料を上塗①に配合した。着色顔料は種々の顔料が使用可能である。ベンガラ（赤色酸化鉄）を用いたときの光透過性の結果を図3に示す。塗料中にベンガラを5％以上配合すると下塗に到達する光は遮断され層間剥離は防止される。このような着色顔料をもちいた場合の促進耐候性試験結果（サンシャイン カーボンアーク灯式耐候性試験機（SWOM）を表3に示す。その結果クリヤーの塗装系では早期（100時間）に剥離が生じるのに対して，下塗を着色した系ではまったく剥離はみられなかった。

また，着色顔料の量は，完全に紫外線を遮断しなくても，長期に剥離を防ぐことが可能であることも判明した。

シリコーンゴム系防汚塗料を船舶に応用する場合，大きな要因として就航率がある。一般に大型外航船は就航率が高く，船底に付着する生物は，スライムや藻類に限られる。ところが就航率の小さい内航船や漁船は近海を航行することも含めて，フジツボ，苔ムシ，イガイといった大型付着生物が付着する（図4）。

こうした暴露環境の違いによる防汚性の違いは，静置浸漬試験とロータリー試験機（図5参照）による防汚性能試験によって観察することができる（写真2参照）。

このことから，就航率の高い大型船は，防汚性＜耐擦り傷性の設計を就航率の低い船には，防

特殊機能コーティングの新展開

表3 促進耐候性試験結果（サンシャイン　カーボンアーク灯式耐候性試験機（SWOM））

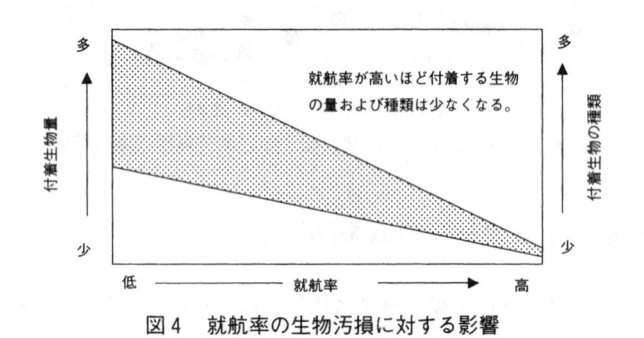

塗装系			SWOM 100 H	SWOM 400 H
下塗 200μm	上塗①75μm	上塗②75μm		
エポキシ	クリヤー	クリヤー	剥離	剥離
エポキシ	着色1.5%	クリヤー	OK	OK
エポキシ	着色2.0%	クリヤー	OK	OK
エポキシ	着色3.0%	クリヤー	OK	OK
エポキシ	着色3.6%	クリヤー	OK	OK
エポキシ	着色4.0%	クリヤー	OK	Ok

図4　就航率の生物汚損に対する影響

図5　ロータリー試験機模式図

汚性重視の設計が必要である。

　耐擦り傷性を評価するために，塗膜表面を特殊なガーゼでラビングし60℃光沢を測定して光沢率の低下から，塗膜表面の擦り傷劣化を評価した。その結果，RTVシリコーンゴムへの添加オイル成分が多いほど耐擦り傷性が低下することが判明した。また，ベースになるシリコーンゴ

第 2 章　シリコーン系防汚塗料

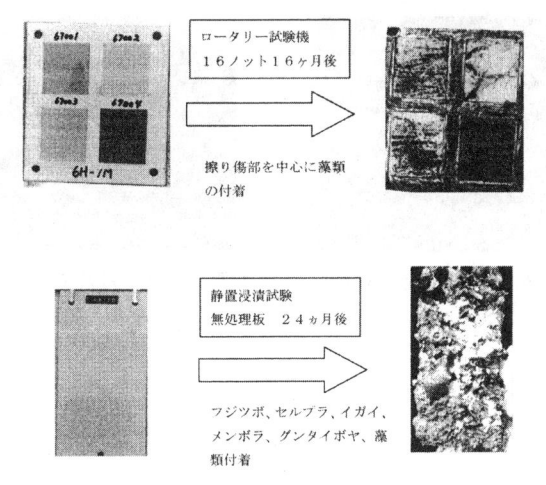

写真 2　防汚性試験の比較
兵庫県洲本市

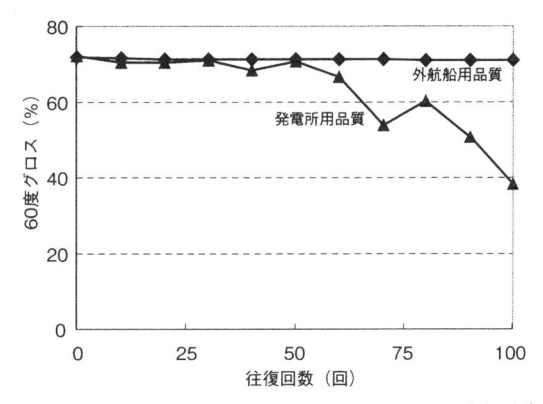

図 6　耐擦り傷性試験結果（ガーゼラビングによる光沢変化）

ムの種類によっても耐擦り傷性は異なり，耐擦り傷性の良好なシリコーンゴムを選択し，適度なオイル量を配合した品質が良好な性能を示すことがわかった。発電所用品質と外航船用品質の耐擦り傷性の違いを図 6 に示す。

耐擦り傷性の勝る外航船用品質は，静置浸漬試験結果では発電所用品質より劣るもののロータリー試験機による防汚性評価では逆転することが確認できた。

この品質を実際の大型船に塗装し，性能評価を行った。その結果約 32 ヶ月就航後の状態で多少スライムが付着したものの，付着性，耐擦り傷性共に良好な結果を得ることが出来た（写真 3）。

写真3　32ヶ月就航後の状態（水洗い前）
自動車運搬船

写真4　24ヶ月就航後の状態（水洗い前）
内航船

6　内航船用シリコーンゴム系防汚塗料

　外航船用品質を近海航路で就航率の低い船に応用した。その結果数ヶ月でフジツボ，セルプラなどが付着し就航速度にも影響がでた。そこで，擦り傷性が少し劣るが，静置浸漬での防汚性に優れた品質で実際に塗装を行った。その結果，大型船品質の塗料に比べて良好な性能を得ることが出来た（写真4）。

　内航船への対応は，就航率や地域による汚損度合いの差など，ばらつきの要素が多い。そのため性能は高いアローワンスを要求される。生理活性物質を用いないシリコーン系防汚塗料では，許容範囲は狭く，現状では使用は限定的である。

7　おわりに

　本書では，シリコーン系防汚塗料の取り組みについて紹介した。性能については，外航船用に，ほぼ満足できるレベルに達している。海外では，大型外航船を中心にシリコーン系防汚塗料が船舶に採用されるようになってきた。また国内においても，外航船に徐々に採用されつつある。ただし，加水分解型塗料にくらべ施工や補修性におとるため，今後も改良が求められる。

　内航船や漁船においては，性能や補修性の悪さから使用はいまだ限定的で，問題は山積している。

　シリコーン系防汚塗料は，防汚メカニズムがはっきりと解明されておらず，寿命を決定する因子もはっきりとしていない。しかしながらその可能性は高く，長期に防汚効果が持続できる製品開発が期待されている。また，特に触れなかったがシリコーンゴム系塗料に含まれる溶剤は，通常の加水分解型塗料に比べて少なく，低VOC化に向けた取り組みにも無視することは出来ない。

第2章　シリコーン系防汚塗料

文　　献

1) Woods Hole & Mas achussetts, MARINE FOULING AND ITS PREVENTION, p 211-p 223, GERGE BANTA COMPANY INC, (1952)
2) 特公平6-104793
3) 舛岡　茂，塗料と塗装，**505**，P 31-36, (1993)
4) Ian　Walker, ㈳日本マリンエンジニアリン学会，海洋環境と塗装研究委員会第3回研究会余講習，P 20-29, (2007)

第3章　抗菌・抗カビ機能

1　抗菌・消臭剤「ゼオミック」，アルデヒド用消臭剤「ダッシュライト」について

梶浦義浩[*]

1.1　開発の経緯

　近年の清潔思考の高まり，院内感染，細菌による食中毒などの情報が一般消費者まで浸透した結果，あらゆる分野において微生物の繁殖を抑制する抗菌加工製品が開発され，その中で最も早く製品化された無機系抗菌剤"ゼオミック"は樹脂への練り込み加工，塗料の加工，繊維の後加工に広く使用されてきた。さらに，市場では臭いに対する関心も高くなり，消臭加工に関する要望が多くなってきた。そこで，以前から知られていたゼオライトの高いガス吸着能を利用した消臭機能と抗菌性の両方の機能を有した剤の開発が検討され，抗菌性は従来のゼオミックの性能を維持し，消臭性は広範囲のガス種に対して消臭性能を有する新たなグレードのゼオミックが開発された。

　また，臭気の発生原因の一つとして菌による有機の分解があり，その代謝物が臭気を放つ場合がある。このような場合は，ゼオミックが抗菌性を有していることより菌由来の臭いの発生を防止することが可能となる。

　ゼオミックは多くのガス種に対して消臭性能を発揮するが，アルデヒド類に関しては消臭能力が低いために，アルデヒド類のガスを特異的に消臭除去する材料である"ダッシュライト"を開発した。

　これらの剤の使用用途としては，消臭性能を十分に発揮させるために出来るだけ表面積を稼ぐように，これまで主に使用されてきた練り込み加工ではなく，塗料，繊維やフィルムの後加工等のコーティング加工が主に検討され，採用となった。

　本節では，前述した無機系抗菌消臭剤である"ゼオミック"及びアルデヒド用消臭剤"ダッシュライト"について，その特性，安全性，各種製品への応用等について，原材料及び加工製品での測定結果を基に以下に述べる。

---

[*]　Yoshihiro Kajiura　㈱シナネンゼオミック　テクニカルサポート部　主任研究員

第3章 抗菌・抗カビ機能

表1 ゼオミックの基本物性

構 造 式	$XM_{2/n}O \cdot Al_2O_3 \cdot YSiO_2 \cdot ZH_2O$ （M：銀，ナトリウムなどのイオン） （X, Y, Z：各成分のモル比を示す）
性 状	白色微粉末
真 比 重	2.1
かさ密度	$0.4\,g/cm^3$
平均粒子径	$0.6 \sim 2.5\,\mu m$
pH	$7 \sim 9$ (g-Zeo/100 ml-H_2O)
耐 熱 性	800℃
耐 酸 性	pH 3
耐アルカリ性	pH 13

1.2 剤の特性

1.2.1 無機系抗菌消臭剤"ゼオミック"

（1） 物性

ゼオミックは，結晶性アルミノケイ酸塩の一種であるゼオライトを担体とした剤であり，ゼオライトの特徴の一つであるイオン交換能を利用し，抗菌効果を有する金属イオンの銀や亜鉛イオンを結合させたもので，このイオン交換された反応性高い金属イオンを安定した状態で保持し，製品に加工する場合，使用しやすい形態としたものである。また，消臭性能のメカニズムとして後ほど述べるが，イオン交換された銀や亜鉛がガスと化学的に反応し，より多くの種類のガスを消臭する効果があることが確認された。

ゼオミックの基本的物性を表1に示す。

（2） 安全性

近年，環境問題や，使用される原材料の安全性に対する高い関心を考慮し，剤の使用者は十分な配慮を行い使用する材料の選定を行う必要性があり，工業製品に使用される加工剤についても安全性の高いものが要求されている。ゼオミックの構成成分であるアルミナとシリカは，極めて安全な成分であり，ゼオライトは，これまで家庭用洗剤や家畜の飼料にも混合されて使用されており，ゼオミック中に含まれる銀に関しても過去より食器，医薬品，歯科材料等に使用される安全性の高いものである。ただし，単体の安全性が確認されている材料であっても，これらの成分が結合によって1つになった場合の安全性の確認は必要であると考えられるので，上記のような成分によって構成されているゼオミックの各種安全性試験結果について以下に記述する。

① ラットにおける経口経皮急性毒性試験[1]

厚生省GLP基準で規定される薬発313号「医薬品の安全性試験の実施に関する基準」に従い実施され，試験結果はラットにおける経口投与LD_{50}値は5,000 mg/kg以上（塩化ナトリウムの

LD_{50} 値は 3,000 mg/kg），経皮投与 LD_{50} 値は 2,000 mg/kg 以上と結論された。

② ウサギ皮膚一次刺激試験[2]

本試験は被検物質が皮膚にどのような影響を与えるかの試験で，皮膚反応は認められず，刺激性は陰性と結論された。

③ 変異原性獲得試験[3]

労働省労働基準局基発第 261 号に準じ，ゼオミックの突然変異誘起性の試験が実施され，その結果として変異原性は陰性であると結論された。

④ 皮膚感作性試験[4]

マキシミゼーション法により実施され，アレルギー性の接触皮膚炎を起こす可能性及びその程度を評価する試験で，その結果として，皮膚感作性は陰性と結論された。

⑤ 慢性毒性試験[5]

ラット，マウスを用いた慢性毒性／発癌性複合試験を含むマウス経口投与慢性毒性試験が実施された。その結果，発癌性はなく，病理学的問題はないと結論された。この結果より人が一日に摂取して影響のない量（無作用量）は 0.011 g/体重-kg/day（サッカリンの無作用量は 0.0025 g/体重-kg/day）と推定された。

表2　ゼオミックの最小発育阻止濃度（MIC）測定結果

試 験 菌 株	MIC 値（ppm）
Bacillus cereus var mycoides ATCC 11778（芽胞） セレウス菌：通性嫌気性桿菌。腐生菌として広く分布する。	125
Escherichia coli IFO 3301 大腸菌：食品の汚染指標菌。人間の腸内に常在。	62.5
Psudomonas aeruginosa IIDO 1 緑膿菌：傷化膿部に繁殖しやすい病原性のある菌。	62.5
Staphylococcus aureus ATCC 6538 P 黄色ブドウ球菌：細菌性食中毒及び化膿性疾患の原因菌。	125
Streptococcus faecalis ATCC 8043 腸球菌：連鎖状球菌の一種。	125
Vibrio parahaemolyticus IFO 12711 腸炎ビブリオ：魚貝類の汚染菌の一種で食中毒原因菌。	62.5
Candida albicans IFO 1594 カンディダ菌：病原性酵母でカンディダ症を起こす菌。	250
Saccharomayces cerevisiae IFO 1950 パン酵母：パン製造に使用するイースト。	250
Aspergillus niger IFO 4407 黒こうじかび：果実，パン等に発生するかび。	500
Chaetomium globosum ATCC 6205 毛玉かび：セルロース分解性を示すかび。	500
Penicillium funiculosum IFO 6345 青かび：餅，パン，野菜等を変敗させるかび。	500

第3章　抗菌・抗カビ機能

表3　ゼオミックの耐性獲得試験結果

(濃度単位：ppm)

試験回数	黄色ブドウ球菌	MRSA	緑膿菌
1	250	500	200
2	500	500	200
3	250	250	100
4	250	250	200
5	250	250	100
6	250	250	100
7	250	250	100
8	250	250	200
9	250	250	100
10	250	250	200

（3）抗菌性能

抗菌剤の細菌に対する抗菌性の指標として，最小発育阻止濃度（MIC）があり，抗菌剤を液体培地もしくは固体培地中に段階的に希釈し，そこへ供試微生物を接種した後，適温で一定時間培養する。その後，微生物の増殖状態で抗菌効果を測定する試験である。この数値が低いものほど抗菌効果が強いと判断される。

表2にゼオミックのMICの測定値を示す。表2の数値よりゼオミックは細菌，真菌（酵母，カビ）を問わず抗菌効果を有する事が確認された。またゼオミックを使用し，細菌の薬剤に対する耐性獲得についての試験も実施し，耐性菌が出来にくいことを確認した。その試験結果を表3に示す。

（4）消臭性能

消臭性能のメカニズムとしては，以下のような反応により消臭効果が発揮されると考えられる。ゼオライトが本来持っている物理吸着性能，イオン交換された金属による化学吸着性能である。これらの反応によって，酸性ガス，塩基性ガス，含窒素ガス，含硫黄ガス等の広範囲のガスに対して消臭効果が得られていると考えられる。

ゼオミック原体の消臭効果について測定データを表4に示す。

試験方法は，6Lのテドラーバックにゼオミックを1g入れ，そこへ各種のガスを封入密閉し，一定時間後のガス濃度を測定し，ガス濃度の減少率を求めた。何点かのガスに関しては比較試料として，現在消臭剤として市販されている酸化チタンも同時に測定をした。この試験結果より，酸化チタンは消臭効果が有るガス種と無いガス種があることが判明し，それに対してゼオミックは，どのガス種においても1時間で80％以上のガス濃度の減少率が得られ，高い消臭能力を有する事が確認された。特に硫黄系のガス種（硫化水素，メチルメルカプタン）に関しては，

表4　ガス濃度減少率

ガス	消臭剤	接触時間	
		1時間後	3時間後
アンモニア	ゼオミック	96.4%	96.4%
	酸化チタン	91.1%	96.4%
硫化水素	ゼオミック	100.0%	100.0%
	酸化チタン	11.1%	16.7%
酢酸	ゼオミック	94.9%	94.9%
	酸化チタン	89.9%	94.9%
メチルメルカプタン	ゼオミック	100.0%	100.0%
	酸化チタン	30.0%	37.5%
イソ吉草酸	ゼオミック	80.0%	100%
	酸化チタン	80.0%	94.0%
トリメチルアミン	ゼオミック	82.5%	88.9%
ピリジン	ゼオミック	91.7%	95.8%

試験機関：㈱日産アーク

非常に高い消臭性能を有していることが確認された。

1.2.2　アルデヒド用消臭剤"ダッシュライト"

（1）物性

ダッシュライトは有機材料と無機材料とのハイブリッド材料で，有機系材料の弱点である耐熱性の低さ等をカバーするためにハイブリッド化し，無機の耐久性を付与した全く新規の材料である。

（2）安全性

安全性のデータは現在測定中である。ただし，使用している有機材料及び無機材料ともに安全性の高い材料を使用しており，ハイブリッド化した材料に関しても安全性上の問題は殆どないと思われる。

表5　アセトアルデヒドガス濃度減少率

消臭剤	接触時間		
	2時間後	6時間後	21時間後
ダッシュライト	53%	93%	100%
他社無機系消臭剤	35%	44%	75%
他社特殊活性炭	41%	78%	86%

試験機関：㈱シナネンゼオミック

（3） 消臭性能

消臭性能のメカニズムとしては，アルデヒド類ガスを化学的に吸着し消臭する。

表5に原体の測定データを示す。

試験方法は，5Lのテドラーバックにダッシュライト0.1gを入れ，そこへアセトアルデヒドガスを封入密閉し，一定時間後のガス濃度を測定し，ガス濃度の減少率を求めた。比較試料として他社消臭剤も測定した。

1.3 加工について

ゼオミック及びダッシュライトはその効果を最大限に発揮させるために，主にコーティングにより加工される。コーティング加工ではバインダーや塗料といった液状の材料を使用するため，加工材料に分散した時にダマ等の分散不良が起きると，十分な抗菌性，消臭性が発揮されない場合があるため，これを回避するために以下の点に注意し加工する必要がある。

1.3.1 分散方法

ゼオミック及びダッシュライトは粒子径が細かいため凝集し易く，コーティング剤中で分散不良が発生する可能性があるため，いかに凝集させずに均一に分散させるかがポイントとなる。粘度が低い加工液に分散させる場合は十分な攪拌を行えば分散は良好になるが，粘度が高い加工液に分散させる場合は予め粘度の低い水や溶剤等に分散させた後，その分散体を目的の加工剤に所定の濃度になるように添加し，加工液とする。また，水系の加工液を使用する場合は，予め水にゼオミックを分散させた水スラリーがあるので，これを所定の濃度に希釈することにより，良好な分散状態の加工液を作ることが可能となる。

1.3.2 沈降

ゼオミック及びダッシュライトは水に沈むので，低粘度の加工液中では沈降が発生し，保管容器低部でハードケーキ状態になる可能性がある。長期間保存する場合は，沈降を防ぐため増粘剤を添加し高粘度状態に保つか，分散剤等を添加し再分散しやすい状態にするのが望ましい。ただし，何れの場合も使用前に分散状態を均一にするため，再攪拌をすることが必要となる。

1.4 応用例

本項目でゼオミック又はダッシュライトを使用した抗菌消臭加工品の試験結果を基に各材料の性能について解説を行なう。

抗菌性の評価については，"JIS L 1902，繊維製品の抗菌性試験方法" に基づいて評価を実施した。また，消臭効果については，㈶繊維評価技術協議会の消臭試験基準に基づいて評価を実施した。

表6 抗菌試験結果・耐洗濯性

試料	バインダー	洗濯回数	黄色ブドウ球菌	肺炎桿菌
ブランク	—	—	2.5×10^6	2.1×10^7
ゼオミック 1.0%添加	アクリル系	0	<20	<20
		5	<20	<20
		10	6.0×10^1	<20
		50	1.2×10^3	<20
ゼオミック 1.0%添加	シリコン系	0	<20	<20
		5	<20	<20
		10	<20	4.4×10^2
		50	2.1×10^3	2.7×10^3
初発菌数	—	—	1.4×10^5	7.8×10^5

試験方法：JIS L 1902

1.4.1 抗菌性試験結果

　生地，不織布等にゼオミックを添着させるにはバインダーを用いて後加工を行なう。加工方法としては，ゼオミックを均一に分散させた加工液を使用する。加工方法としては，パッドドライ法やスプレー加工法がある。表6にはアクリル系及びシリコン系バインダーを用いた後加工綿布の耐洗濯性試験結果を示す。

1.4.2 消臭試験結果

　実際の製品への応用例として，ゼオミックとバインダーを使用し，1wt%添加した加工生地を作製し，その生地を使用した消臭試験結果を表7に示す。消臭効果については㈶繊維評価技術協議会の消臭加工製品認証基準の汗臭加工繊維製品認証基準をクリアする事が確認された。

　また，アセトアルデヒドに対する消臭試験結果を表8に示す。試験方法は，ダッシュライトを加工したニット生地を5Lのデドラーバッグに入れ，2時間後の減少率を測定する。

　以上のようにゼオミック又はダッシュライトを加工した生地は十分な消臭能力を有することが確認された。

1.5 おわりに

　高い安全性を有するゼオミックは，これまで抗菌剤として多くの分野で使用されてきたが，新たに付与された消臭機能とダッシュライトとの併用によって，より多くの分野での使用が検討され，これらの効果により快適な生活環境作りに貢献できることを期待する。

表7　ゼオミック加工布消臭試験結果

評価方法	ガス	測定条件	結果
官能試験	アンモニア	雰囲気	適
		生地	適
	酢酸	雰囲気	適
		生地	適
	イソ吉草酸	雰囲気	適
		生地	適
	ノネナール	雰囲気	適
		生地	適
機器分析	アンモニア	──	80.9 %
	酢酸	──	93.3 %
	イソ吉草酸	──	100 %
	ノネナール	──	79.1 %

試験機関，㈶日本紡績検査協会
試験方法，JAFET 消臭加工繊維製品認証基準

表8　ダッシュライト加工布消臭試験結果

試料	初期濃度	2時間後濃度	
		濃度	減少率
ダッシュライト加工生地	19 ppm	2 ppm	88 %
無加工生地		16 ppm	16 %
空試験		16 ppm	16 %

試験ガス；アセトアルデヒド
試験機関：㈱シナネンゼオミック

文献

1) 野村生物研究所，試験番号 NRILS 87-2206
2) 野村生物研究所，試験番号 NRILS 87-2209
3) 日本食品分析センター，試験番号 NA 60090109
4) 食品薬品安全センター，試験番号 95-依-573
5) 滝澤ほか，"銀・亜鉛・アンモニア複合置換 A 型セオライトの経口的慢性毒性および発癌性に関する研究"，日本食品化学会会誌，2(1)，21 (1995)

2 抗菌・防カビ塗料

矢辺茂昭*

2.1 菌による塗料の被害

菌による被害防止のための塗料用添加剤にはいくつかの種類があり，その目的は大きく異なっている。それは塗料における菌汚染被害の発生する時期や対象となる生物種が違っているためであり，それぞれの被害防止のための塗料用添加剤の呼称について，一般例をまとめると表1のようになる。

表1 塗料用対微生物薬剤

		汚染原因菌	
		細　菌 (Bacteria)	カ　ビ (Fungi)
状態	塗料 (Wet/In Can)	防腐剤	保存防カビ剤
	塗膜 (Dry Film)	抗菌剤	防カビ剤

液体状態の塗料，すなわち缶に入っている（In Can）状態の細菌やカビによる被害に対する薬剤として，それぞれ「防腐剤」・「保存防カビ剤」がある。この被害は水性エマルジョン塗料において顕著で，樹脂・乳化剤・増粘剤・湿潤剤・可塑剤・分散顔料といった原料が微生物生育のための格好の栄養源となるために起こる。薬剤添加はもっぱら塗料の製造後，塗布され消費されるまでの保存期間，流通時の品質保持が目的である[1]。

他方，固化し塗膜（Dry Film）になったコーティング表面について，見た目の汚さという外観上の問題や，異臭や健康被害といった環境や衛生面への悪影響など，細菌やカビ由来の汚染に対して効果を発揮する「抗菌剤」・「防カビ剤」とがあり，本節ではこの後者の二剤について取り上げる。それぞれの薬剤は目的に合わせ製剤デザインされており，その薬効をよく把握した上で，薬剤種類や添加量を決定する必要がある。

2.2 抗菌とは

前述の分類表にあるとおり，細菌に対して抑制効果のあるものが「抗菌」と呼ばれ，カビに対して効果が低いものが多く，抗菌とは別に「防カビ」が分担している点が，用語として混同されやすい。銀系無機化合物を中心として発展してきた抗菌剤は，プラスチック練り込みなどにより日用品に広く普及し，多くの製品で「抗菌仕様」を目にするようになった。一時は流行的にイメー

---

* Motoaki Yabe　日本曹達㈱　小田原研究所　バイオサイド研究グループ　主任研究員

第3章 抗菌・抗カビ機能

ジ先行傾向で広まった抗菌塗料も,いまではMRSA(メチシリン耐性黄色ブドウ球菌)やO-157等への効果に注目され,病院,食堂,食品工場,学校等の内装塗料等,抗菌が本当に必要な用途への展開へと落ち着き始めている。

2.3 抗菌剤の種類

抗菌剤は表2に示したように,大きく分けると有機系,無機系,天然物系に分類される[2]。その特徴をおおまかに比較すると表3のようになる[1]。一部,銀ゼオライトなどでは医薬部外品に

表2 抗菌剤一覧

大分類	中分類	細分類例
無機系	金属塩	銀ゼオライト リン酸ジルコニウム銀 リン酸チタン銀担持ゲル 塩化銀,酸化銀 銀担持二酸化珪素 酸化亜鉛,金属銅
有機系	ビグアナイド カーバニリド 両性界面活性剤 カルボン酸 アルコール 第四アンモニウム塩 フェノール アミノ酸 スルファミド ピリジン ニトリル ポリマー	グルコン酸クロルヘキシジン トリクロカルバン ポリメタクリル酸 多価アルコール系化合物 塩化ベンザルコニウム パラクロロメタキシレノール N-アルキロイル-L-グルタミン酸銀銅 N,N-ジメチル-N-(フルオロジクロロメチルチオ)-N-フェニルスルファミド ジンクピリチオン 2,4,5,6,-テトラクロロイソフタロニトリル アクリロニトリル・アクリル酸共重合物銅架橋物
天然有機系	糖類 トロポロン エステル テルペン タンパク質	キトサン ヒノキチオール リン酸エステル系ポリマー 1,8-シネオール ラクトフェリン

表3 抗菌剤の特徴比較

	メリット	問題点
無機金属系	長寿命・低毒性	光変色,高価
有機系	カビにも効果を有するものがある 製剤タイプのバリエーションが豊富	比較的毒性の高い物もある 溶脱による寿命がある

認定されて化粧品などに応用されており，安全性について消費者に好評となっている。

2.4 抗菌試験方法

抗菌試験方法は，まず繊維製品新機能評価協議会（JAFET）[3]が先行して繊維製品の効果試験として JIS-L-1902「繊維製品の抗菌性試験方法・抗菌効果」を策定し，本年 ISO 20743「抗菌加工繊維製品の抗菌性試験方法」として制定された。

その他工業製品については抗菌製品技術協議会[4]が中心となり，JIS-Z-2801「抗菌加工製品-抗菌性試験方法・抗菌効果」が制定され，これもまもなく ISO 化され日本発の試験方法が世界標準として採用されることとなった。

その試験方法の内容は，塗膜試験片上にあらかじめ培養した細菌2菌種それぞれの培養希釈液を滴下し，フィルムを被せ，接触面積を一定にした上でシャーレ中にて培養する。24時間後，洗浄培地で洗い出した液を固体培養しコロニーを測定することで残存する生菌数を測定する。抗菌剤が添加されていない無加工試験片の菌数変化に対する抗菌加工サンプルの菌数変化の対数化した「抗菌活性値」が2以上，つまり菌が1/100以下に減少できた製品を抗菌活性ありとみなす。

通常の抗菌試験では野生株（Wild Type）の黄色ブドウ球菌（*Staphylococcus aureus*）が使用されているが，MRSA 対策に主眼をおいた製品開発の場合，MRSA での試験要望をよく耳にする。しかし，野生株で効果があればその変異株である MRSA に対しては十分効果を発揮できる可能性が高い。菌学的には MRSA 株は野生株に比べ細胞の生理機能はかえって低いことが知られている。

2.5 抗菌認定マーク

抗菌製品技術協議会において安全性基準を満たし，抗菌活性値が2を上回る製品を協議会へ自主登録することで「抗菌 JIS Z 2801 適合 SIAA マーク」（図1）を製品に付与することができる。あくまで自己責任による認証マークではあるが，消費者へのアピールは大きいと思われる。加工

図1　SIAA マーク

対象が繊維製品の場合は前述の JAFET による SEK 認定マークを受けることとなる。

2.6 抗菌の功罪

特に無機系抗菌剤は抗菌スペクトルが広く，多くの種類の菌に同様に効果を示すことから，本来健常なヒトに存在する皮膚常在菌へも悪影響しその菌叢分布が変化し，ヒトの病原菌への抵抗力が損なわれる懸念も指摘されており[5]，不必要な用途への適用や，過剰な抗菌加工は有益とはいえないといえる。

また使っている製品が抗菌であることに気を許し，掃除や洗浄をおろそかにする習慣となり，日ごろから汚染に対して無頓着となり，結果的にかえって不衛生な生活環境となってしまうことは避けねばならず，消費者に対しても抗菌は衛生の一助に過ぎないことをメーカーからも啓蒙すべきである。

2.7 防カビ

塗料塗膜の菌汚染として顕著なものはカビ被害である。カビは塗料の表面に発生するもので，その由来のほとんどが外来性のものである。ほこり，よごれ，ごみ，土くれ等が飛来してそこに含まれるカビ胞子が付着し，発芽して菌糸が伸長し，繁殖して生え広がり，有色の胞子を形成することにより汚染として露呈する。カビの種類は豊富で，汚染環境によって現れる菌の種類が異なっているのが一般的である。

住宅室内のカビ汚染の調査によると，$Cladosporium$（クロカワカビ）が最頻出種として確認されている。エアコンの吹き出し口付近の壁面等によく見受けられる。カビが高温多湿条件下で発生しやすいという点で，機密性の高いマンション等の住宅や，台所，浴室などの内装塗料塗膜には汚染が激しい。汚染原因菌を調査すると下記のものが見つかっている（表4）[6]。

いずれの菌も日常一般的に存在する常在菌といえ，すぐに病原性を発揮するものではないが，

表4 浴室における糸状菌フローラ

$Cladosporium$（クロカワカビ）
$Phoma$
$Alternaria$（ススカビ）
$Ulocladium$
$Aureobasidium$（黒色酵母）
$Trichoderma$（ツチアオカビ）
$Penicillium$（アオカビ）
$Aspergillus$（クロコウジカビ）

何かを引き金に旺盛に繁殖して生活環境に過多に存在すると，人体に多量に取り込まれ，健康被害を引き起こすことが知られている。ビル内のダクトに多量に繁殖し，吸い込んで集団発生したレジオネラ肺炎（在郷軍人病）などがその例である。

また醸造工場，食品工場などではその雰囲気中に通常環境よりより多くの有機物性栄養源があるため，カビが大量発生しやすく，汚染も顕著である。手すり等の頻繁に皮膚接触のあるパーツについても手垢等が栄養源となり汚染が著しい。

外壁の汚染は従来より塗料物性の面から多くの研究がされ，物理的な低汚染性塗料も見られるが，塗膜の表面張力を高めた過度な疎水性化は，かえってカビの養分になる疎水性汚れ成分を従来以上に吸着しやすくなり，結果的にカビやすくなる可能性もある。もちろん表面の凹凸が複雑でよごれやごみがつきやすい形状の場合，同様の懸念があるといえる。

2.8 防カビ剤

一般的に用いられている防カビ剤の有効成分原体の化合物名を表5に列挙した。紙面の制限から各薬剤の内容の詳細は防菌防黴剤事典[7]等の他文献を参考にされたい。薬効の抗菌スペクトルや物理化学特性はそれぞれ異なっており，どの薬剤を使用するかの判断方法については次項に述べる。

表5　代表的な防カビ剤一覧

NO	品　名	既存化学物質番号	CAS番号
1	1, 2-Benzisothiazolin-3-one	9-1845	2634-33-5
2	5-Chloro 2-methyl 4-isothiazoline-3-one	9-378	26172-55-4
3	N-n-butyl-1, 2-benzisothiazolin-3-one		4299-07-4
4	p-chloro-m-xylenol	9-1650	88-04-0
5	2-Hydoroxy methyl amino ethanol	2-299	34375-28-5
6	N, N', N''-Tris hydroxyethyl hexahydro-s-triazine	5-996	4719/4/4
7	2-Bromo-2-nitro-1, 3-propan diol	2-325	52-51-7
8	2-(Methoxy carbonyl amino) benzimidazole	5-465	10605-21-7
9	2-(4'-thiazolyl)-benzimidazole	9-820	148-79-8
10	2, 3, 5, 6-Tetrachloro-4-methylsulfony pridine	9-857	13108-52-6
11	2-n-octyl-4-isothiazolin-3-one	5-5246	26530-20-1
12	2, 4, 5, 6-Tetrachloroisophthaalonitril	3-1805	1897-45-6
13	N, N-Dimethyl-N'-(fluorodichloromethylthio)-N'-phenyl sulfamide	3-178	001085-98-5
14	3(3, 4-dichlorophenyl)-1, 1-dimethyl urea	3-2194	330-54-1
15	2-methylthio-4-tert.-butylamino-6-cyclo-propylamino-s-triazine	5-6110	28159-98-0
16	Zink 2-pyridinthiol-1-oxide	9-1110	13463-41-7
17	Diiodomethyl-p-tolyl sulfone	3-3195	20018-09-1
18	3-Iodo-2-propargylbuthylcarbamate	2-3456	55406-53-6
19	N-(Fluorodichloro methylthio)-phthalimide	5-89	000719-96-0

第 3 章　抗菌・抗カビ機能

2.9　防カビ剤選定

使用環境や加工部位によって原因菌が異なることを受け，防カビ剤の選定には，想定される使用現場のカビ汚染内容の調査を実施し，分離・同定により汚染菌の種類を特定することが重要となる。従来，勘や経験に頼って行われてきたこの作業も，BiOLOG システム（GSI クレオス社）といったシステムを用いると，培養プレートの発色パターンからデータベースソフトで解析し，同定結果を得ることができるようになった。

2.10　防カビ試験方法

工業製品の防カビ試験方法をまとめると下記のようになる[8]。

① JIS Z 2911：「かび抵抗性試験方法」（2000）
② ASTM G 21-96："Determining Resistance of Synthetic Polymeric Materials to Fungi"
③ MIL-STD-810 E 508.4："Fungus Section Ⅱ"（1993）
④ ISO 846："Plastics-Evaluation of the action of microorganisms"
⑤ ISO 16869："Plastics-Assessment of the effectiveness of fungistatic compounds in plastics formulations"
⑥ BS 3900 Part G 6："Assessment of resistance to fungal growth"（1989）
⑦ IEC 60068-2-10 "Part 2：Test – Test J and guidance：Mould growth"（1988）

国内での一般工業品の防カビ効果試験は①JIS 法を中心に行われている。各メーカーでは，独自のサンプル前処理方法や現場汚染サンプルからの分離菌を用いるなどの工夫を盛り込み，独自の判定方法なども実施して現状に近い評価方法へと修正しているのが現状である。

2.11　耐候性

抗菌と異なり，防カビ剤には有機化合物が多く，そのほとんどはある程度の耐久性を持たせる意味で水に難溶だが，とはいえある程度の水溶性を持っており，塗膜上の抗微生物効果が塗布後どの程度持続性を持つかという寿命の評価に際して，サンプル前処理として促進加速試験の目的で虐待操作を行う必要がある。JIS Z 2911 においては塗膜の水浸漬処理を 18 時間行うこととなっているが，各種工業製品へのコーティング処理の場合，その製品の使用場面に合わせて，温度と時間を勘案した耐水性確認試験の条件を設定する必要がある。屋外を想定した場合の例を図 2 に示す。屋外での 5 年耐久性を確認するために，SWOM 処理 1000 時間を実施したのち生物試験を実施し，汚染程度を比較した。その際，薬剤添加率（％）と塗布量（Wet 塗料 g/m^2）の組み合わせを変化させてみたところ，「薬剤添加率」×「塗布量」=「塗膜中の薬剤量」（g/m^2）を算出し結果と見比べてみると 5 g/m^2 以上の場合に効果を発揮したことがわかった。これは厚塗り

特殊機能コーティングの新展開

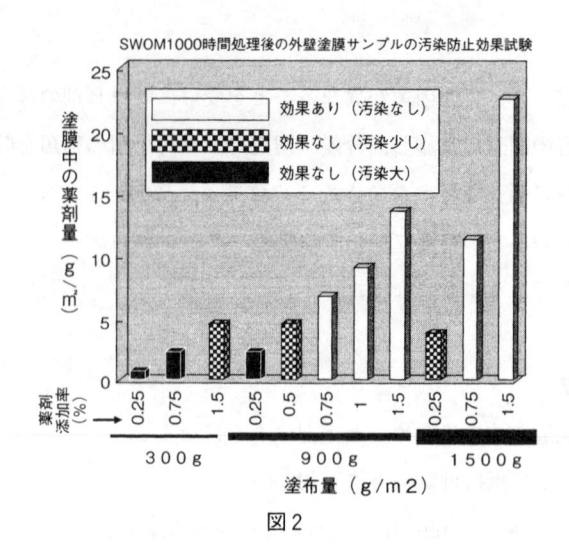

図2 SWOM1000時間処理後の外壁塗膜サンプルの汚染防止効果試験

なら低添加率でも効果があるが，薄膜の場合にはより多くの添加率が必要となることを実証したデータである[9]。ただしコーティングのタイプによって処理条件が異なるためそれぞれの製品でのデータ蓄積が必要である。

2.12 塗料用添加剤の物理化学特性

コーティングがトップコートの場合に，塗膜の薄膜性，透明性，平滑性，光沢，変色防止等の要求特性が考えられるが，これを満足する添加剤薬剤の製剤デザインには多くの制約が課されることになる。有効成分原体が多くは各種有機溶剤に溶けにくく，溶剤種や溶解助剤を工夫したり，溶解後の塗膜中での光分解による変色を防止する配合も必要となる場合がある。溶解できない有効成分原体の場合，サブミクロンの超微分散製剤することで，薄膜への添加を可能にした製品もある。

2.13 添加剤の安全性および環境対応

塗料を含む一般工業品に生物効果を機能付与するための添加剤は通称「バイオサイド」とよばれ，生理活性物質である以上，人体や環境に対してある程度のハザード性があるため，薬剤メーカーでは安全性および環境影響情報について詳細なデータを保有し，MSDS等で開示する準備が整っている。薬剤の使用を検討する際，薬剤メーカーとよく相談し，安全性であれば急性経口毒性・皮膚刺激性・変異原性，環境影響としては魚毒性等の水棲生物毒性が挙げられる。ただし薬剤そのものの毒性値のみに注目するのではなく，その薬剤の塗膜からの溶出速度や環境での分解速度等の使用場面や暴露機会等を勘案して，リスク評価に基づいた塗料や薬剤の設計をデザイン

する必要がある。

そのほか各種工業界で対応しているホルマリンフリーや無溶剤化といったVOC対策について，従来の工業用殺菌剤の多くには結晶析出防止や凍結防止効果用としてグリコールやアミンが配合されていたため対応が遅れがちであったが，最近の製剤技術の進歩により，溶剤をまったく使わないタイプの製剤製品が可能となった[10]。

2.14 防カビ剤ポジティブリスト制

日本において，医薬品，化粧品，食品の添加剤についてはそれぞれ法律に基づいた規制が存在し管理されてきたが，バイオサイド（一般工業品用微生物対策添加剤）の法規制は，一般化学品と同様の化審法（化学物質の審査及び製造等の規制に関する法律）が適用されるのみであった。海外を見ると，欧州にはBPD (The European Biocidal Products Directive)，米国にはFIFRA (Federal Insecticide, Fungicide, and Rodenticide Act) といった法律が存在し，日本が遅れをとった形となっている。各種工業界からもバイオサイドに関する日本独自のルール作りが長年望まれてきたが，ついに今年6月から抗菌製品技術協議会において「防カビ剤ポジティブリスト制」が導入される事になった。安全性と効果について確認登録された防カビ剤がリスト化され，防カビ化工製品に認証マークを付与することになった。同リストはエコマーク認定基準との連携も予定されており，日本におけるバイオサイド製品の基準作りの初の活動として注目されている。

文　　献

1) 矢辺茂昭ほか，塗料原料便覧　第8版，社団法人日本塗料工業会，p.257 (2004)
2) 高麗寛紀，防菌・防黴剤の開発と展望，pp.8-9，シーエムシー出版 (2005)
3) 繊維製品新機能評価協議会，http://www.sengikyo.or.jp/index.html
4) 抗菌製品技術協議会，http://www.kohkin.net/
5) 鹿庭正昭，誰でもわかる抗菌の基礎知識，pp.113，テクノシステム (1999)
6) 遠藤，塗装と塗料，**41**, No.470 (1990)
7) 防菌防黴剤事典，日本防菌防黴学会臨時増刊，Vol.26 (1998)
8) 矢辺茂昭，防菌・防黴剤の開発と展望，pp.165-166，シーエムシー出版 (2005)
9) 成田，塗装技術，**79**, 10 (2004)
10) 矢辺茂昭，熊野正信，DIC Technical Review, **83**, 7 (2001)

第4章　止水塗料

小林賢勝[*1]，若月　正[*2]

1　はじめに

　止水塗料は，土木工事の中から生まれてきた塗料である。土木工事には海や河川の中に橋脚や橋台を構築したり護岸の工事等をする際，一時川水や海水を除去して作業をしなければならない場合がある。古い時代には土手を築いたり土嚢などを何重にも積んで工事をしていた。現在では，一般的に厚手の鉄の板の両端を曲げて繋ぎあわす事のできる鋼矢板と呼ばれる鋼材を用いて工事区域を囲みその中の水を排出して行なっている（写真1）。

　しかし，鋼矢板の継手部分（写真2）は，嵌合することを目的にかなりの余裕をもって製作されている。その為，単独での止水には限度があり止水補助工法を併用しているのが現状である。

　補助方法としては，鋼矢板の二重打ち込み工法，オガクズ・砂・泥・裁断したウエス等々を流し目詰まり効果を期待する工法，漏水量に見合った能力と台数の抑揚ポンプを併用する工法などが一般的であった。

　しかし，当然ながらこれらの方法ではコスト高や工事の遅延，不十分な止水性等の問題があった。止水塗料は，こうしたニーズに対処することを目的に開発された。

　ごく初期の止水塗料は，水を含んで膨らむ寒天やゼラチンを溶剤に溶解した合成樹脂に入れて

写真1　止水塗料施工現場例　　　　写真2　鋼矢板継手部

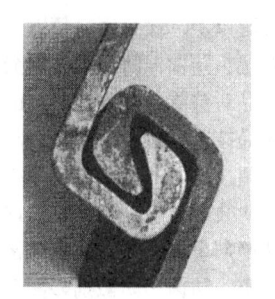

[*1]　Masakatsu Kobayashi　日本化学塗料㈱　常務取締役
[*2]　Tadashi Wakatsuki　日本化学塗料㈱　開発部　技術1課　課長

第4章　止水塗料

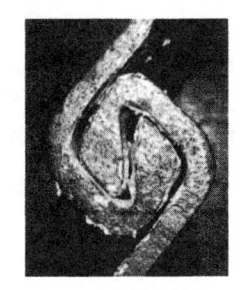

写真3　止水塗料塗布

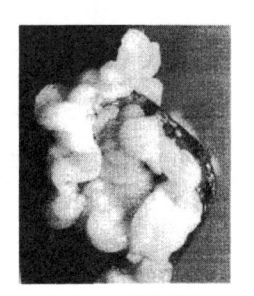

写真4　膨潤状態

塗料化する実験から始まった。現在市販されている止水塗料には，溶剤揮発タイプと無溶剤タイプがある。

溶剤揮発タイプは溶剤に溶解した合成樹脂に高吸収性ポリマーを混合したものである。無溶剤タイプは膨潤性樹脂をベースとした湿気硬化型と2液混合型がある。湿気硬化型は空気中の水分を取り込んで硬化膜を形成し，2液混合型は主剤と硬化剤に分かれており，両者を混合することで硬化が始まり硬化膜を形成することが出来る。これらの止水塗料を鋼矢板継手箇所に塗布・乾燥して使用される（写真3）。止水塗料を塗装した継手を持つ鋼矢板は打設されると地中の水と塗布した止水塗料が接触して膨潤し，継手内を塞いで遮水することができる（写真4）。

本章では現在最も使用量の多い溶剤揮発タイプ（日本化学塗料㈱製，商品名：パイルロック）を中心に，止水塗料の塗布と乾燥，膨潤性能，新たな展開を述べる。

ここで，語句の注釈をするが塗料の形態を述べる時は，「止水塗料」と称し，止水塗料を塗布し乾燥された塗膜状態または止水塗料全体を機能性素材と見た場合に「水膨潤性止水材」または「止水材」と称する。

2　止水塗料の塗布と乾燥

止水塗料は溶剤を含んだ流動性のある塗料で，鋼矢板に刷毛等で簡易に塗布することが出来る。溶剤は主に芳香族炭化水素である。溶剤は沸点特性の違いから，気温が高く，溶剤成分が揮発し易い夏季用にはキシレンが，気温が低い冬季用には沸点の低いトルエンを使用している。図1にトルエン，キシレン溶剤を使用した水膨潤性止水塗料の塗布膜厚と乾燥時間の関係を示す。

図1から塗布膜厚により乾燥時間は異なり，トルエン溶剤の方が塗膜乾燥は速くなる事が判る。

止水塗料に要求される性能は多々あるが，ここで水膨潤性止水材にとって特に重要な特性である膨潤，膨潤体膜強度，耐久性に関し下記に紹介する。

図1　塗布膜厚と乾燥時間の関係

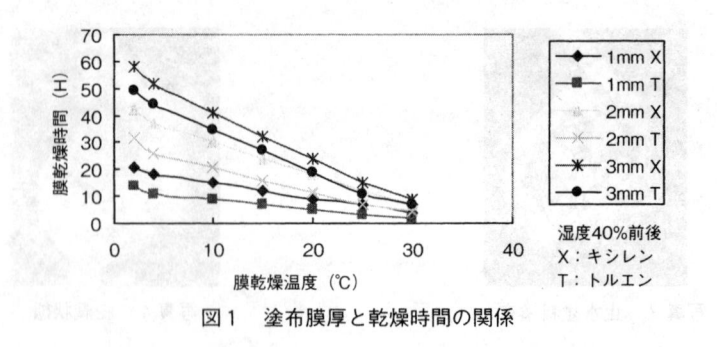

3　膨潤

3.1　膨潤機構

　膨潤は止水塗料に含まれる高吸収性ポリマー材に依存するものであり，膨潤機構は，下記の様に説明することが出来る。

　止水塗料に用いられる高吸収性ポリマーは，高分子電解質であり，この高吸収性ポリマーは水（溶媒）に浸漬させると，水と混ざり合おうとするため水が高吸収性ポリマーの網目構造の中に吸収されゲル化状態（膨潤体）になり，更に進むと水（溶媒中）に溶解して，均一な高分子溶液になる。しかし，この水膨潤性止水材に使用している高吸収性ポリマーは多価金属イオンと結合し易い性質があり，水中（溶媒中）に多価金属イオンが存在すると，このイオンと結合して水不溶性の金属塩を形成する。これにより分子は自由に移動できなくなり，水の方が一方的に高分子へ吸収され膨潤は進み，膨潤体の水中（溶媒中）への溶解は防ぐことが出来る。よって長期に膨潤を維持することが可能となる。この様に金属塩を効果的に形成させるために止水塗料には多価金属化合物を配合している。

　尚，高吸収性ポリマーは高分子電解質であるため浸漬の水質特性（塩類，pH）が当然ながら膨潤特性に影響する。例えば，海水では，淡水と比べ膨潤率特性は低くなるが，これは水中溶液のイオン濃度が高いため高吸収性ポリマー中への水の浸透（吸収）が小さくなり膨潤が低くなると考えられる。

　膨潤性止水材の安全性について，膨潤体膜から抽出された水は，水道法に基づく水質基準を満たし，水質上の問題がないことが報告されている[1]。また，止水性能を左右する水膨潤性止水材の膨潤体膜自体の透水係数は 10^{-9}cm/s オーダーが得られている[2]。高吸収性ポリマー膨潤の詳細については，高分子新素材 One Point シリーズの高吸収性ポリマー（増田房義著，共立出版）等を参照されたい。

3.2 膨潤特性

膨潤特性として膨潤度,膨潤体膜強度が測定される。これら特性の評価方法を含めた内容を以下に記載する。

3.2.1 膨潤度試験の手順

止水塗料を乾燥させて乾燥皮膜とした試験片を48時間,淡水又は人工海水に浸漬し,膨潤度＝(浸漬後重量／初期重量)を計算した。

3.2.2 水質と膨潤度

浸漬する水質(淡水,海水),水温,pH等の条件は止水塗料の膨潤特性に大きく影響を及ぼす。図2に水質の水温と膨潤度の関係,図3に水質のpHと膨潤度の関係を示す。尚,海水は,人工海水を作成し評価した。

図2　浸漬水温と膨潤度の関係　　　　図3　水質pHと膨潤度の関係

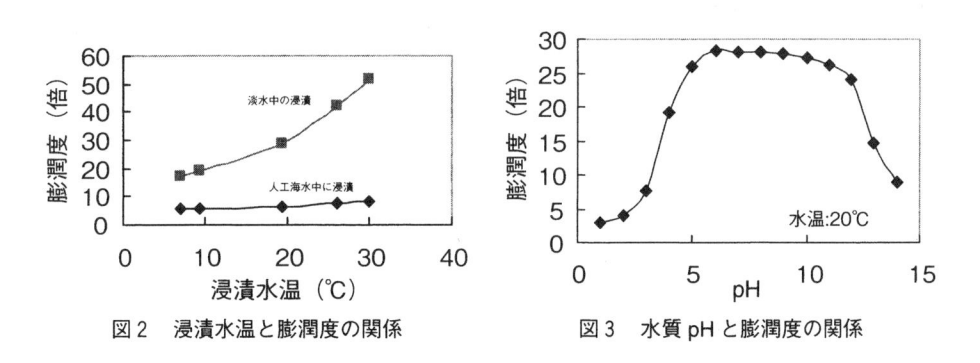

図2より,淡水に比べ人工海水下での膨潤度は低く,およそ淡水膨潤度の1/3～1/4程度であることが判る。また水温による影響も大きく,特に淡水条件下では水温上昇に伴って膨潤度が大きく増加する傾向にある。

図3からは,強酸,強アルカリ領域では膨潤度が低下することが判る。しかしpH=3～13の領域は使用可能範囲である。

人工海水条件下の膨潤度特性の向上は長年の改良項目の1つで有り,この特性改良がこれまで種々検討されてきた。その結果,組成と高吸収性ポリマー材料の見直しにより現行品の約2倍の膨潤率特性を持つ改良品が開発・実用化された[3]（図4）（日本化学塗料㈱製,商品名：ケミカコート）。

3.2.3 有害物質と膨潤度

止水塗料が廃棄物処理場の埋立護岸の鋼矢板継手の止水材として使用されたと想定し,これらの処分場に含まれる物質,溶剤等が止水材の膨潤特性にどのような影響をするのか検討した[3]。実際に廃棄物処分場に含まれる全ての有害物質,溶剤の特定は不可能であるため,土壌汚染防止法の特定有害物質の中から表1,表2に示す特定有害物質を含有する浸漬水にて試験を行った。

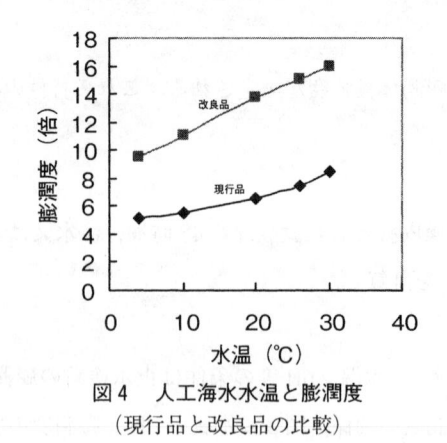

図4 人工海水水温と膨潤度
（現行品と改良品の比較）

表1 特定有害物質類（水溶性）

試薬名	膨潤度 溶液濃度（200 ppm）（20℃〜48 H）
淡水（比較）	28.0
酸化クロム（Ⅳ）	27.3
硫酸カドミウム	27.1
亜セレン酸	25.8
塩化鉛（Ⅱ）	28.7
硝酸水銀（Ⅱ）	27.3
フェロシアン化カリウム	27.5
三酸化二砒素	28.0
チラウム	26.5
チオベンカルプ	28.6
シマジン	27.0

表2 特定有害物質（有機溶剤）

溶剤名	膨潤度 溶液濃度（飽和）（20℃〜48 H）
淡水（比較）	28.0
ベンゼン	27.3
トリクロロエチレン	28.6
テトラクロロエチレン	29.3
ジクロロメタン	28.1
四塩化炭素	27.4
1.2-ジクロロエタン	28.7
1.1.1-トリクロロエタン	27.1

　特定有害物質の濃度は，水溶性の特定有害物質は200 ppmとし有機溶剤系の特定有害物質については飽和水溶液とした。

　表1には，水溶性の特定有害物資を含有する水で止水材を48時間浸漬した場合の膨潤度を示した。これらの膨潤度は淡水中（比較品）と同程度であり，膨潤体膜劣化も認められなかった。この結果から浸漬水に含まれる水溶性の特定有害物質は，止水材の膨潤特性に全く影響をしないことが判る。

　また飽和有機溶剤を含有する浸漬水の場合も，表2で示す通り膨潤に対して全く影響が認められず，十分な膨潤度が得られることが判った。また膨潤体膜の劣化も認められなかった。

3.3 膨潤体膜強度

　膨潤体膜強度は，水膨潤性止水材が浸漬水により膨潤した膜の強度である。止水塗料の膨潤体膜強度は，耐水圧，耐久性特性に大きく影響を及ぼすものであり，非常に重要な特性である。

　膜強度の評価方法として，従来は引張試験が多く採用されている。しかし検討した結果，進入弾性値評価の方が安定した値が得られ，この評価方法を採用している。

3.3.1 進入弾性値評価（膨潤体膜強度）方法

　膨潤体膜強度は，小型万能試験機（島津製作所，EZTEST-500 N）で進入弾性冶具（直径3 mmφ）を用いて測定し，この進入弾性冶具が膨潤体膜を貫通破断するまでの変異力（単位：N）で定義している。

　膨潤体膜強度試験手順は以下の通りである。

　止水塗料を乾燥させた試験片を準備し，水中に48時間浸漬後，膨潤体膜を水槽より取り出し，小型万能試験機（図5及び，写真5）にて測定する。

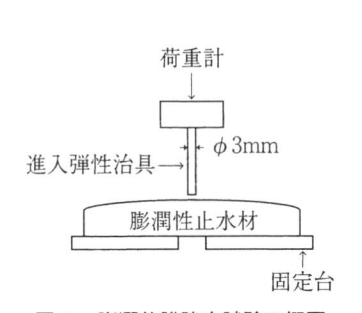

図5　膨潤体膜強度試験の概要　　　　写真5　強度試験

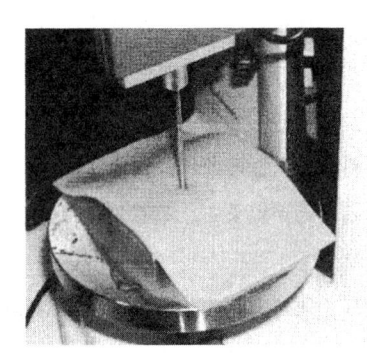

3.3.2 水質と膨潤体膜強度（進入弾性値）特性

　図6に，水温と膨潤体膜強度（進入弾性値）の関係を示す。膨潤体膜強度は淡水，人工海水の何れの条件下でも水温による影響を受け，水温の上昇と共に膨潤体膜強度は小さくなる傾向にある。

　水温が高くなると膨潤体膜強度が小さくなるのは，水膨潤性止水材中の高吸収性ポリマーの膨潤の進行が早くなり，それに伴い膨潤体膜密度の低下が起こるためである。膨潤体膜強度は，耐水圧，耐久性特性等に影響を及ぼす重要な特性である。

　最近，膨潤体膜強度と人工海水条件下での膨潤率特性を向上させた改良品が実用化された。図6に現行品と改良品の膨潤体膜強度比較を示す。水温20℃条件下で比較すると淡水で約2倍，人工海水で約1.5倍改良品の膨潤体膜強度が向上していることが判る。尚，この改良品の人工海水条件下の膨潤率特性は，現行品と比べ約2倍向上している（図4）。

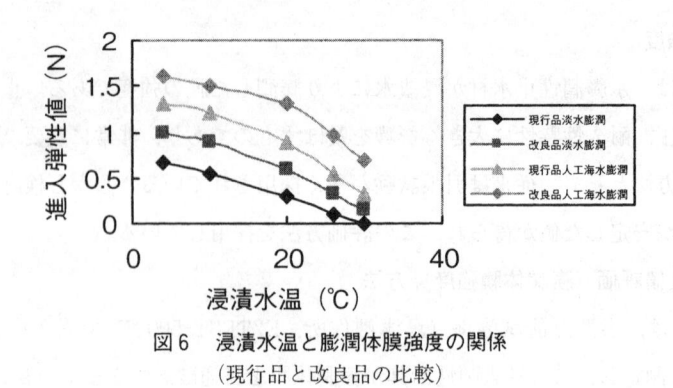

図6 浸漬水温と膨潤体膜強度の関係
（現行品と改良品の比較）

3.4 耐久性

鋼矢板は従来より護岸壁構造物として広く利用され，近年では，海面に建設される海洋廃棄物処分場護岸へ採用されることが多くなっている。海洋廃棄物処分場護岸では特に高い遮水性と耐久性能が水膨潤性止水材に対して要求されるため，止水塗料の耐久性能は重要な特性のひとつである。

止水塗料の耐久性の評価は，水膨潤性止水材の膨潤体膜の水圧に対する劣化を測定して耐久性を予測することが出来る。そこで膨潤体膜強度の経時変化ならびに膨潤体膜強度と耐圧力の関係を求めた[3]。

水膨潤性止水材の膨潤体膜強度の経時変化試験は，鋼矢板継手での膨潤状態を想定して，この状態に近いモデルを作成し行った。図7の様に2枚のアクリル板に止水塗料を塗布・乾燥させる。塗布した面が向かい合う様に2枚のアクリル板を固定し供試体を作製した（写真2，写真3，写真4の鋼矢板継ぎ手部参照）。

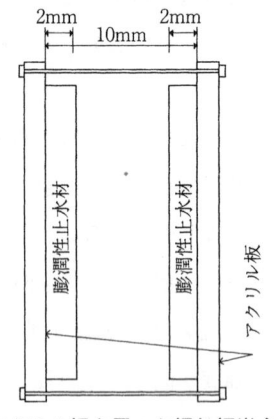

図7 アクリル板を用いた鋼矢板嵌合部モデル

第4章 止水塗料

この供試体を目的の水質の水槽に浸漬させる。所定の時間浸漬させた後，水槽より引き上げ，供試体を分解しアクリル板から膨潤体膜を剥がしとる。次にこの膨潤体膜を小型万能試験機（EZTEST-500）にて進入弾性値特性（膨潤体膜強度）を測定する。

図8に水膨潤性止水材の膨潤体膜の経時変化を示す。水没初期は水没前の水膨潤性止水材塗膜に近い強度を保持するが，水没時間経過と共に水分が膜に浸透し，徐々に膨潤が進むことで膨潤体膜の強度は小さくなる傾向を示す。この膨潤体膜強度の低下は膨潤が進むことによる膨潤体膜密度の低下によるものである。

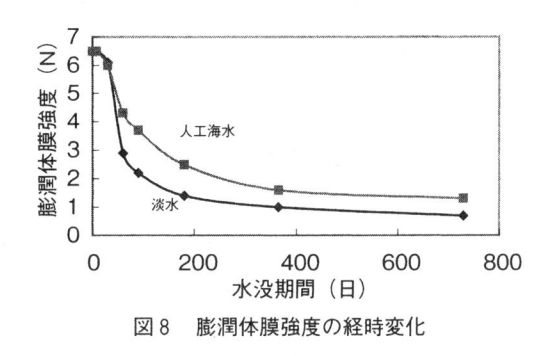

図8　膨潤体膜強度の経時変化

一方，膨潤体膜強度と耐圧力の試験は，1組のフランジ冶具（上下2枚）を使用した耐圧力試験装置で実施した。その試験の流れを写真6に示す。

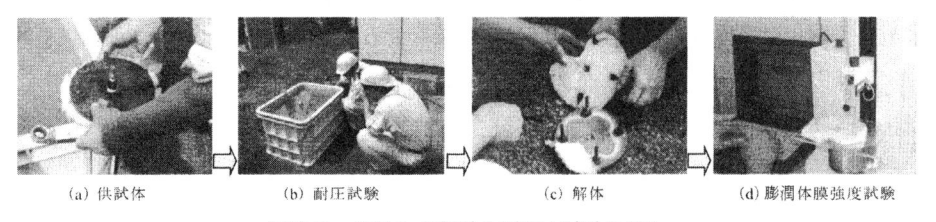

写真6　フランジ供試体耐圧力試験の流れ

フランジには水膨潤性止水材の膜厚を種々変えて塗布し，そのフランジを組み立てて供試体を作製する。そして供試体を目的水質の水槽内に水没させ，数週間から2ヶ月程度経過後に水没したフランジ供試体に圧縮空気挿入口から，コンプレッサーエアーを入れて，徐々に圧力を加え，空気漏出圧を測定する。そしてこの空気漏出圧前の圧力を耐圧力とし，空気漏出が生じない場合は，上限圧を500 kPaとした。

尚，耐圧力測定後，供試体を分解して膨潤体膜を取り出して進入弾性値を測定し，膨潤体膜強度を求めることで，水膨潤性止水材に対する膨潤体膜強度と耐圧力の関係を得ることが出来る。

図9に水膨潤性止水材に対する膨潤体膜強度と耐圧力の関係を示す。この結果より，膨潤体膜

強度が増すと耐圧力も増していることが判る。そして膨潤体膜強度が，0.2 N 以下になると耐圧力は 0.1 MPa 程度まで低下する。

実用的には 0.1 MPa 程度の耐圧力が維持できれば海洋廃棄物処分場等の使用が可能とされている[2]。

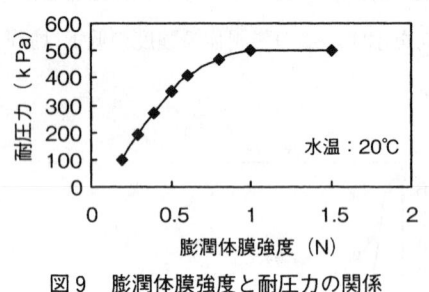

図9　膨潤体膜強度と耐圧力の関係

また，海洋廃棄物処分場等に使用される案件では，止水塗料の長期的な耐久特性（耐圧力の維持年数）が要求されることが多い。長期的な耐久性は，これまでに開示されている文献等の多くが種々試験による予測値を報告しているが，実測値を求めることは長い時間要するため現実には難しい。

上記耐久性試験も最終目標はこの長期の耐久性を予測することであり，現行の試験結果において安定した膨潤体膜強度と耐水圧が得られており，今後も長期的に安定した耐水圧が得られると推測される。更に信頼性のある長期耐久特性推定値を求めるには，上記試験の詳細評価を継続して実施し，データーを積重ねて判断する必要があると考える。

4　新たな展開

最近，新しくシート状の止水材が開発された。このシート状の止水材は裏面に接着材処理を施してあり，鋼矢板の継手等に貼付するだけでよく，今までの塗布・乾燥工程が不要となり作業性を大幅に短縮することができる。刷毛等で鋼矢板継手に塗布して使用する溶剤を含む現行止水塗料から，貼る止水材に展開したものである。

特性的にも，現行品以上の膨潤率，膨潤体膜強度が得られ，シート状にすることで，用途が鋼矢板の止水一辺倒から多目的な分野への応用も期待出来，実際の工事にも採用され始めている。今後，シート状の止水材の使用が多くなっていくと考えている。

第4章 止水塗料

文　　献

1) 廃棄物埋立護岸における連結鋼管矢板の止水性，地盤の環境・計測技術シンポジウム発表論文集，PP.99〜102，大阪（2003-12）
2) 第40回地盤工学研究発表会，地盤工学会，PP.2551〜2552，函館（2005-7）
3) 土木学会第Ⅶ部門，環境工学研究会論文集，2007（投稿中）

第5章 プラスチックリサイクル用塗料とリペレシステム

大井戸秀年[*]

1 はじめに

リペレシステムはプラスチックとともに融けて一体化する塗料と，その塗料を使ったプラスチックリサイクル技術である。使用済みプラスチックから塗膜を剥離することなく，品質とコストを「等価再生」し，再利用することを目的にマテリアルリサイクルするもので廃棄物ゼロのクローズドループリサイクルが可能となる。

2 プラスチックリサイクルが進まない理由

地球環境問題，石油や石炭などの化石燃料の問題等により，プラスチックのリサイクル技術が注目を集めている。プラスチック製品はその回収システム，分離，選別技術，経済性，用途確保の制約などリサイルが進まない理由は数多くある。素材に着色された使用済みプラスチックをリサイクルする場合は，まず回収した段階で色別に仕分けし，さらにリサイクル材を生産する工程でリサイクル材そのものを補色，再調色する必要があり，リサイクルに際してのネックになっている。一方，素材そのものを着色せずプラスチックを成形した後に塗装する方法もある。この場合，塗料は硝化綿アクリルラッカーや熱硬化性ウレタン塗料が使用されていることが多いが，これら塗料は素材に使われている熱可塑性プラスチックと性質が異なり親和性が乏しいことから，塗膜の付いた成形品をリサイクルする場合には，使用済みプラスチックから塗膜を剥離する必要があった。このように，最初から素材を着色する場合，成形品に塗装する場合，それぞれにリサイクルを進めにくい要因を抱えている。

成型加工法を用いるリサイクルの方法はいろいろと検討されているが，得られた成型品の多くはその表面を装飾する必要がある。これまで種々提案されている方法は特別な設備が必要であったり，複雑な形状の製品には適用することが難しい等，技術的に未解決な点もある。

リペレット化はもう一度成型材料に還元する方法であり，市場より回収されたプラスチック部

---

[*] Hidetoshi Oido ㈱トウペ 技術本部 リペレシステムプロジェクト 部長

品を各材質ごとに分別し，さらに同系色のものを集め，表面の汚れの洗浄，粗粉砕，補色，再調色，再ペレット化等の工程を経る。しかし，これら再調色あるいは補色の困難性や異物による外観不良等の問題があり，リペレット化だけでは材料品質の管理やコスト面で問題が多い。そこで，これら問題の中で，色分けの手間，補色，再調色にかかる問題，コスト等の問題を解決する手段として表面塗装処理する方法がある。表面塗装処理する方法は単純だがリサイクルを行うに当って現実性の高い方法でもある。

3　特許出願に提案されたプラスチックリサイクル方法

　塗装された成型品を再利用する試みや処理方法に関して，これまで多くの特許出願がなされている。これら出願に記載されている方法には，物理的な方法で塗膜を除去する方法，溶剤で剥離する方法，塗膜を加水分解する方法，粉砕してそのまま使用する方法等が報告されている。

　物理的な方法で塗膜を除去する方法として，例えば特開平2-273207には，塗装を施した熱可塑性樹脂成型品を軟質の研磨材を用いてブラスト処理し，塗膜を剥離，粉砕，リペレットする方法が示されている。

　また，特開平6-8245および特開平6-8246には，塗装された熱可塑性樹脂成型品を粉砕して溶融し，細かなスクリーンを用いて塗膜を分離する方法が示されている。特開平6-226742には，塗膜をガスバーナーで加熱して塗膜直下に薄い溶融層を形成し，掻き取って塗膜を剥離する方法が示されている。特開平6-328444ないし特開平6-328446には，圧延延伸法を用いて塗膜除去する方法が示されている。特開平6-328442には，塗膜をショットブラストにより削り取って，再度塗装する方法が示されている。また，溶剤で剥離する方法，あるいは塗膜を加水分解する方法として，例えば国際公開番号WO93/01232，特開平6-55539，特開平6-234123には，水ないし溶剤を用いて塗膜を加水分解処理し，低分子化して母材樹脂中に分散させる方法が示されている。

　特開平5-228936，特開平5-337940，特開平5-25570には，熱水あるいは，アルカリにて塗膜を加水分解し，そのまま成型樹脂に溶融させる方法が示されている。塗膜が付着した樹脂成型品をそのまま処理する方法として，特開平6-134757には，塗装された樹脂成型品を粉砕して所定値以上の剪断力を加えつつ溶融混練押し出しして塗膜片を$500\mu m$以下に切断するものである。

　塗膜付き樹脂成型品を粉砕して使用する他の方法として，特開平7-241848には，熱硬化性塗料で塗装された熱可塑性成型樹脂の粉砕物と200℃における粘度が90 poise（g/cm・sec）以上の熱可塑性母材樹脂との混合物を混練押し出しし，その過程において作用する剪断力によって塗膜を剥離し，分解微細化し，母材樹脂中に分散させる。得られた混練生成物をそのまま再成型材料

として使用あるいは同種の新材に適当量配合して使用する方法が示されている。

上記，特開平2-273207において示される方法は，工程が複雑でさらに研磨材の洗浄が必要となる等工程負荷が大きく経済的でない。特開平6-8245及び特開平6-8246は工程が複雑な上に，スクリーンの目詰まりで繁雑にスクリーンの交換が必要となる。また，塗膜が実際に100％分離されることはなく，どの程度除去されているかを簡易な方法で確認できないことが問題である。成型樹脂に不相容な塗膜が混入すれば成型樹脂材料物性を低下させることになる。

特開平6-226742は熱可塑性樹脂が有機物であって，燃えやすいものであるので火災の危険性に注意する必要がある。特開平6-328444ないし特開平6-328446においては，塗膜を除去する工程の負荷が大きく，また特別な設備が必要となる。また，特開平6-328442において，再び塗装する場合は，ショットブラストの条件によっては下地が荒れてしまい美装な塗装面が得られないという問題がある。国際公開番号W093/01232，特開平6-55539，特開平6-234123では，酸，アルカリを使用することから廃液処理が必要となる。

特開平5-228936，特開平5-337940，特開平6-25570においては，熱可塑性成型樹脂に相容性のない熱硬化性樹脂塗料を混入させることになり物性の低下は避けられない。特開平6-134757においては，塗装された熱可塑性樹脂成型品を粉砕して所定値以上の剪断力を加えつつ溶融混練する。微細化した塗膜片が混入しても材料物性の低下を招くことはないとされるが，相容性のない熱硬化性樹脂を混入させることは，実際のところやはり材料物性の低下を避けられない。

上記の問題を解決することを課題としてリサイクル用塗料を検討した。まず，熱可塑性樹脂を主成分とする成型品上に塗布される塗膜を成型品の主成分である熱可塑性樹脂と混ぜ合わせて繰り返し成型可能な熱可塑性樹脂によって構成するという第1の技術的思想に着眼するとともに，塗膜は熱可塑性成型樹脂と相容性を示す熱可塑性樹脂によって構成するという第2の技術的思想に着眼，リサイクル用塗料およびリサイクルシステムを開発した。「リペレシステム」は，塗膜が付着した塗装成型品のリサイクル技術であり，材料物性低下の少ないプラスチックリサイクルを可能にするものである。即ち，プラスチックとともに融けて一体化する塗料と，その塗料を使ったプラスチックリサイクル技術で，使用済みプラスチックから塗膜を剥離することなく，品質とコストを「等価再生」し，再利用することを目的にマテリアルリサイクルするものである。「廃棄物ゼロ」のクローズドループリサイクル（特許 3289914）が可能となる。

4 リペレシステムの概要

リペレシステムは，塗装を用いて目的の色に彩色する方法で，塗料用樹脂と成形用樹脂とに相

第5章　プラスチックリサイクル用塗料とリペレシステム

容性，親和性を持たせることで，リサイクル時に塗膜の剥離，分離をせずに繰り返しリサイクルすることを可能にする。塗料は素材と同じ熱可塑性でプラスチックと共に融けて一体化し素材に戻るので，使用済みプラスチックからわざわざ塗膜を剥離，分離する必要がない。

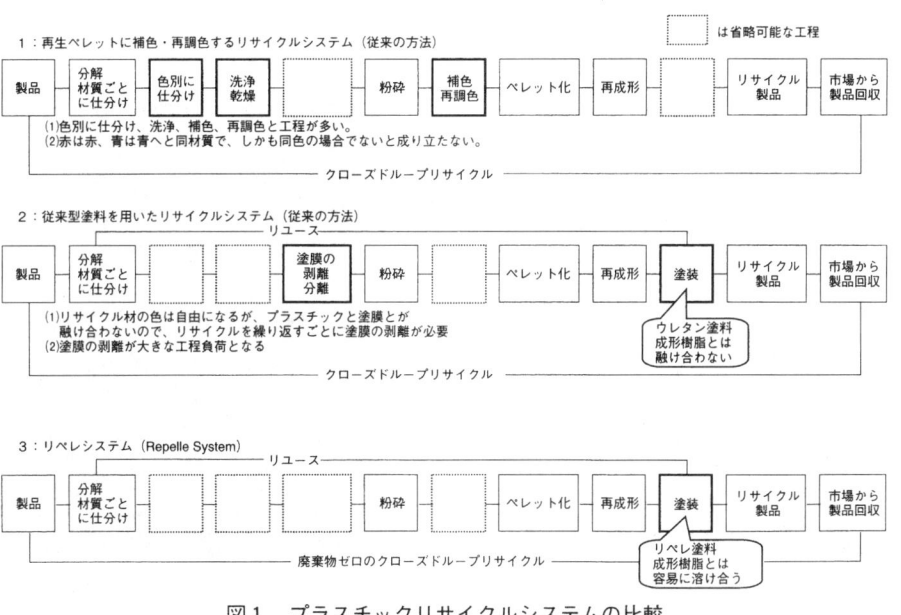

リペレシステムの概要と各種プラスチックリサイクルシステムの比較を図1に示す。

5　リペレシステムの特徴

①従来型の塗料と異なり，成形用樹脂と相容性を持たせてあるので，塗装成形品のリサイクル時には，塗膜の剥離・分離をせず塗膜付きのまま粉砕，ペレット化できる。②塗膜は加熱溶融の段階で成形用樹脂と共に融けて素材の一部となるので，廃棄物のない（塗膜も廃棄しない）クローズドループリサイクルシステムの構築が可能である。③成形品への彩色は塗装によって行うので，市場回収品の色分けや再生ペレットの補色・再調色は不要で，容易に比較的安価にリサイクルできる。④リサイクル材100％での実施も可能である（同じ部品から同じ部品へリサイクルすることが可能である）。⑤既存の成形加工機，塗装設備，再生装置（粉砕機，押出機）で対応が可能であり，新たな投資を必要としない。

図1　プラスチックリサイクルシステムの比較

6 リペレ塗料

　塗膜付きのままで繰り返しリサイクルを可能にするため塗料は成形用樹脂との相容性を特に高めている。塗膜は再ペレット化の段階で成形用樹脂と共に融ける。塗膜は成形用樹脂中に微分散し，海島構造を示しその界面，境界領域で剥がれや欠落がなく融合している。界面，境界領域において剥がれや欠落がある場合には非相容であり，リサイクル材の物性の低下は避けられない。

　写真1はHIPS成形樹脂中に熱可塑性スチレン変性アクリル樹脂であるリペレ塗膜が融け込んだ状態を示すTEM（透過型電子顕微鏡）写真である。写真2はABS成形樹脂中にリペレ塗膜が融け込んだ状態を示すTEM写真である。リペレ塗膜はHIPS樹脂やABS樹脂中に溶融，均一に微分散し，しかも，それぞれの樹脂の界面においては剥がれや欠落がなく，良好な親和性，相容性を示している。写真3はHIPS成型樹脂に相容性のない従来の熱可塑性ウレタン樹脂塗膜が混入したTEM写真である。HIPS樹脂中に均一な分散はしているが，親和性を示さず，界面には剥がれが見られる。写真4はABS成型樹脂中に熱硬化性ウレタン樹脂塗料が混入した状態のTEM写真である。熱硬化性塗膜は熱溶融せず大きな破片となっていることが観察される。この場合，リサイクル材の耐衝撃強度は極端に低下する。

　リペレ塗料はABS，HIPS，m-PPE（スチレン変性ポリフェニレンエーテル）などのスチレン系樹脂と十分な相容性を持ち，要求される塗膜性能とのバランスにおいて優れるスチレン変性アクリル樹脂を主成分としており，溶剤型塗料と水性塗料を上市している。

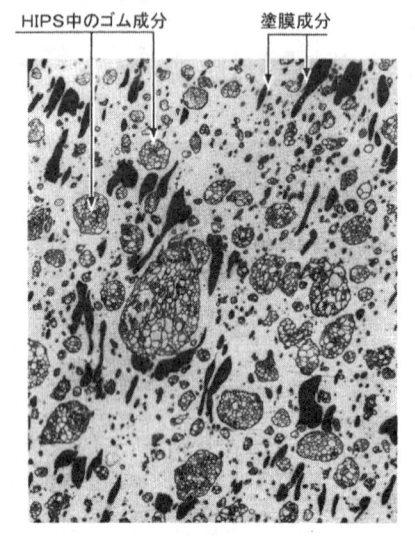

写真1　リペレ塗料／HIPS
樹脂中に均一に分散している。

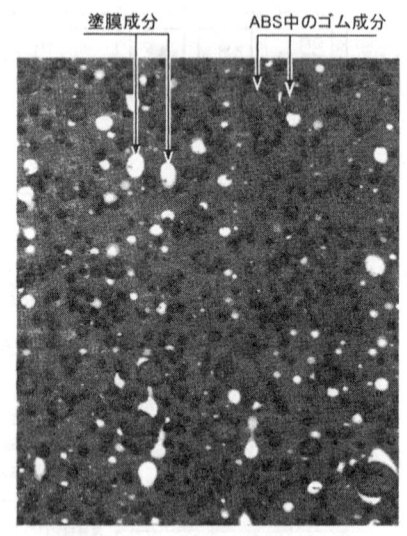

写真2　リペレ塗料／ABS
樹脂と親和性を示し，均一に分散している。

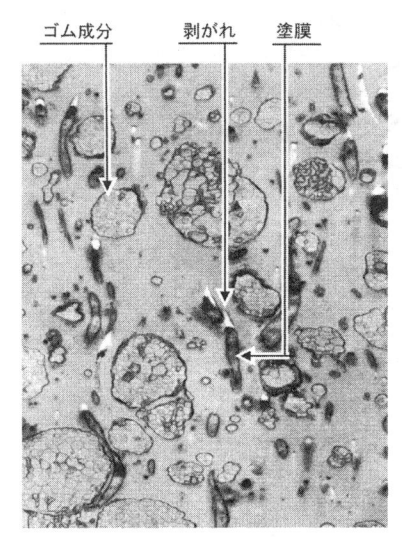

写真3 熱可塑性ウレタン塗料（従来品）／HIPS
樹脂中に分散はしているが界面に剥がれがみられる。

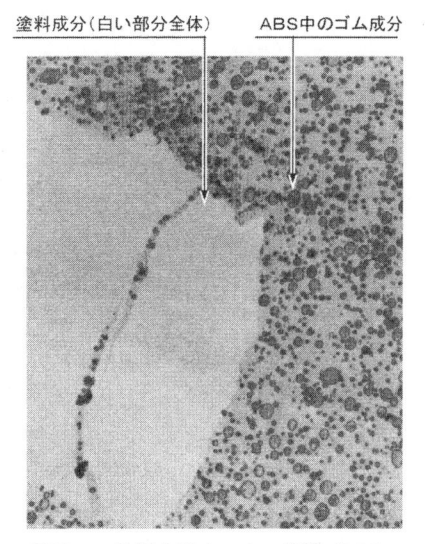

写真4 熱硬化性ウレタン塗料／ABS
樹脂中に不均一な分散しかせず，形態も大きい。

リペレ塗料は，①各種プラスチックへの付着性が良く，塗装作業性に優れる。②アクリル樹脂を主成分としているので塗膜の耐候（光）性や耐薬品性に優れる。③リペレ塗装成形品の表面は帯電しにくいためゴミ，塵が付着しにくいなどの特徴がある。

7　リペレシステムでの成形加工性，塗膜品質及び物性

7.1　リサイクル材の成形加工性の評価

ABS樹脂にリペレ塗料を塗装し，その塗膜付き成形品を粉砕，ペレット化して成形加工することを3回繰り返した結果，塗膜の混入による成形加工上の不具合（溶融樹脂の流動性の低下や異物不良，シルバーの発生など）はなく，塗膜が混入してもバージン材と同レベルの成形条件での加工が可能であることを確認した。HIPS樹脂や変性PPE樹脂の場合も，ABS樹脂と同様な結果を得た。また，リサイクル材の難燃性はもとのバージン材と変わらないことを確認している。

7.2　リペレ塗料の塗装適性と塗膜性能

リペレ塗料をABS，HIPSのバージン材及びリサイクル材成形品に塗装したときの塗装適性や塗膜性能は塗膜の混入に起因する不具合はない。

7.3　リサイクル材の物性

熱硬化性ウレタン塗料や熱可塑性塗料であっても成形用樹脂と相容性のない塗料の場合のリサ

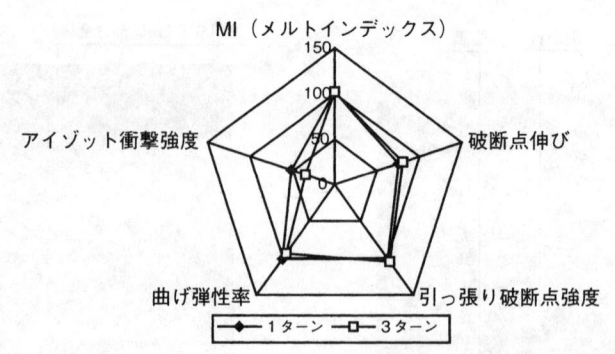

図2　ABS／熱硬化性アクリルウレタン塗膜付き成型品の再生材の物性

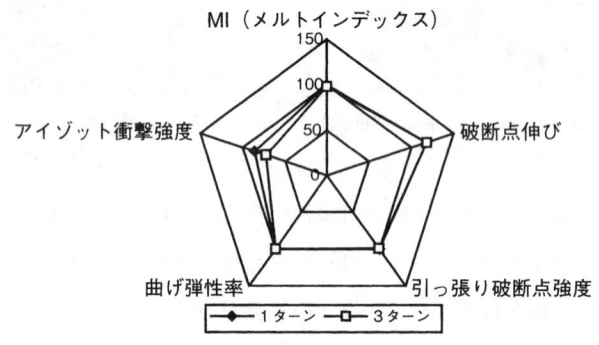

図3　ABS／リペレ塗料の塗膜付き成型品の再生材の物性

イクル材の物性を図2に示す。この場合，塗膜を剥離せずに再ペレット化した場合，塗膜混入によるリサイクル材の物性低下は避けられない。リペレ塗料の場合のリサイクル材の物性を図3に示す。リペレ塗料はリサイクル時の塗膜混入による物性の低下は小さい。HIPS樹脂成形品にリペレ塗料を塗装し，塗膜付きのまま粉砕，ペレット化して成形加工することを5回繰り返した場合のリサイクル検証例を表1に示した。塗膜が混入しても，物性変化に影響のないことを示している。

8　まとめ

塗装を用いてプラスチックをリサイクルするリペレシステムの概要を説明した。今後リサイクル対象品目の拡大が予想されているが，使用済み製品の回収（インフラの整備）からリサイクル処理までのリサイクルシステムの構築が求められている。その前提には，リサイクル費用の最小化は言うまでもない。家電業界では，製品の企画，設計段階から地球環境問題に配慮しようという取り組みが始まっている。「デザイン・フォー・エンバイロメント（＝環境適合設計）」あるい

第5章 プラスチックリサイクル用塗料とリペレシステム

表1 リペレ塗膜付き成形品／HIPSのリサイクル材物性（物性値／変化率）

※リサイクル材サンプルの作成プロセス　　　※成形材：HIPS
バージン材→成形→塗装→粉砕材①　　　　　塗料：リペレS#1100　SILVER METALLIC
　　　　　　　　　　　↓　　　　　　　　　膜厚：8～10μ 成形材に対する塗膜重量約0.5％

粉砕材①　30％
バージン　70％

→成形→塗装→粉砕材②
　　　　　　　↓

粉砕材②　30％
バージン　70％

→成形→塗装→粉砕材③
　　　　　　　↓

同上のプロセスで
粉砕材⑤まで作成

バージン材：HIPSバージンペレット
サンプルA：粉砕材①30％＋バージン材70％の混合品
サンプルB：粉砕材③30％＋バージン材70％の混合品
サンプルC：粉砕材⑤30％＋バージン材70％の混合品

項　　目	試験規格	単　位	HIPS バージン	サンプルA 1サイクル		サンプルB 3サイクル		サンプルC 5サイクル	
引っ張り降伏応力	ISO 527-1	MPa	30	30	100％	30	100％	30	100％
引っ張り破壊歪み	ISO 527-1	MPa	40	35	88％	35	88％	40	100％
曲げ強さ	ISO 178	MPa	56	56	100％	57	101％	56	100％
曲げ弾性率	ISO 178	MPa	2,520	2570	102％	2540	101％	2550	101％
シャルピー衝撃強さ	ISO 179	KJ/m^2	9.3	9.3	100％	9.3	100％	9.3	100％
荷重たわみ温度	ISO 75-2	℃	74	74	100％	74	100％	74	100％
ビカット軟化温度	ISO 306	℃	92	93	101％	93	101％	92	100％
メルトフローレート	ISO 1133	g/10 min	5.8	6.0	103％	6.1	105％	6.3	109％
ロックウェル強度	JIS K 7202	Lスケール	73	74	101％	74	101％	75	103％
デュポン衝撃強さ	A&M法	kg・cm	20	20	100％	21	105％	21	105％
燃焼速度 UL 94	HB(1/8″)	mm/min	28	29	104％	28	100％	29	104％

は単に「エコ・デザイン」と呼ばれるこうした活動は，直接は製品の競争力のアップには結び付かないかも知れないが，製品のリユースやリサイクルが義務付けられる流れの中で，メーカーにとっては「10年後に必ず花が開く」先行投資とも言われている。

リペレ塗料はスチレン系樹脂であるHIPS，ABS，変性PPE，またPC/ABSなどの樹脂筐体に適用され，パソコン，コピー機，プリンターなどのOA機器，エアコン，空気清浄機，TV，ビデオデッキなど家電製品への採用が拡がっている。

成形品に塗装を施すことはコストアップになると懸念されるが，リサイクルにのみ言及すれば，塗装を施すことで，使用済み製品の色ごとの仕分けや，ペレット化段階の補色・再調色の手間や非常に厄介な塗膜を剥がすことをせず塗膜付きのままリペレットできること等，リペレシステムの導入によってコストダウンが図れる製品は相当あると推測している。欧米諸国では一般に

特殊機能コーティングの新展開

環境問題に対する関心が高く，環境やリサイクル関連の法規制は我が国より早くから行われている。ヨーロッパにおける廃電気電子機器指令（WEEE指令）によるリサイクルの義務付けや政府調達物資にリサイクル材を使用したものを優先して購入する制度，またリサイクル可能な部材の廃棄禁止を定めている国もある。廃棄物の再利用とリサイクリングを考慮した製品設計と製造の推進の一助となることを願っている。

文　献

1) 特許 3289914
2) 特開平2-273207
3) 特開平6-8245
4) 特開平6-8246
5) 特開平6-226742
6) 特開平6-328444
7) 特開平6-328445
8) 特開平6-328446
9) 特開平6-328442
10) 国際公開番号 W093/01232
11) 特開平6-55539
12) 特開平6-234123
13) 特開平5-228936
14) 特開平5-337940
15) 特開平5-25570
16) 特開平6-134757
17) 特開平7-241848
18) 特開平6-8245
19) 特開平6-8246

第6章　防音塗料・制振塗料

板野直文*

1　はじめに

　わが国における防音塗料・制振塗料の本格的な生産は，騒音が社会問題の兆しとして芽生え始めた1950年初頭で，車室内騒音の対策と防錆を同時に満足する目的で自動車の外板の防錆と車両の床裏に施工されたアスファルトベース塗料に始まるといえる[1]。近年，私たちの生活を取り巻く様々な場で環境問題が注視されるようになり，さらに機械の高速化や大型化，また交通機関の発達にともなう工場区域と居住区域の交錯により，多くの人が騒音にさらされる状況が増加してきており，こうした環境の変化により，従来からの騒音対策は単にレベルを下げるだけの対策からより快適な静粛性を求める方向へと変化している。このような背景から，曲面に施工ができる等の優れた施工性を有する制振塗料の重要性は益々増加してきている。

2　塗布型制振・防音塗料について

2.1　制振の位置付け

　本題に入る前に「制振」という概念について触れる。「制振」は，図1に示すように「防音」と総称される音の制御機能に含まれる「遮音」「吸音」及び「防振」と並ぶ4つの基本カテゴリー

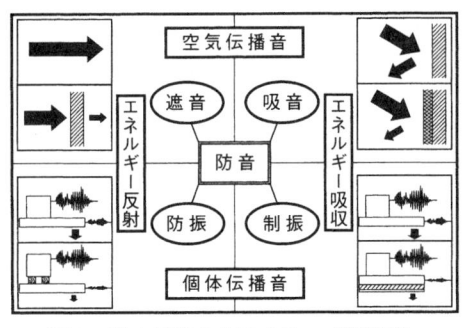

図1　防音対策のカテゴリー（機能別）

---

*　Naofumi Itano　日本特殊塗料㈱　開発本部　第2技術部　技術2課　課長

の一つである。

　不要，不快な音（これを騒音という）を低減する手法を前述の4つのカテゴリーにあてはめ，「音」という現象とその原因である「振動」との関係について考える。音は，何かが，例えば薄板が振動し，その結果として振動源または伝達系から空気中に音が放射される。従って，振動を低減・減衰すれば放射される音の低減につながる。実際に騒音対策を行う手法として，これらの音や振動のエネルギーを伝搬しないように反射または遮蔽してしまうか，何らかの方法でそのエネルギーを吸収（音や振動以外のエネルギーに変換，例えば熱）すれば，受音点，受振点での音や振動のレベルは低減する。そこで，音響機能別に対策手法の概要を述べると以下のようになる。音のエネルギーを反射，遮蔽させる技術を「遮音」，吸収する技術を「吸音」という。振動エネルギーを反射，遮蔽させる技術が「防振」，振動エネルギーを吸収する技術が「制振」である。一般的な騒音対策は，上記4種類の機能を持つ材料・構造を組み合わせ，効率的に騒音の低減を実現している。

2.2　制振機構

　制振塗料は液状もしくはペースト状材料でスプレ塗装とかヘラ塗りによって対象物表面に施工され，対象物表面を覆った制振塗料層の伸縮変形によるエネルギー散逸機構を利用したいわゆる2層型制振材のグループに入る。この2層型制振材のほかに表面に硬い拘束層を有する3層型拘束制振材が存在するが，塗装により複数の層を厚み精度が良く均一に作成することは施工に手間がかかるため，塗料技術による製品例は少ない。

2.3　制振塗料の設計

　制振塗料は，①合成樹脂，天然樹脂やゴムなどの高分子材や植物油からなる塗料層形成主成分，②可塑剤，硬化促進剤，増粘剤や分散剤と言った補助剤，③塗装に適切な粘度になるように加えられる溶剤から成るビヒクルに，塗膜強度を補強する充填材，発泡剤や着色顔料を調合して構成される。塗膜の粘弾性特性は温度と周波数に強く依存するため，ベースポリマーと添加剤を調整して，塗膜の損失弾性率が対象物の温度，周波数帯域で最大になるように設計する[2]。

　通常，制振塗料はビヒクルの硬化機構から，①揮発成分が離脱するグループ：ラカーエナメル，エマルジョン系塗料，②重合，架橋反応グループ：エポキシ，ポリエステル，ポリウレタン系塗料，③溶融グループ：粉体塗料，ホットメルト接着剤，④酸化反応グループ：調合ペイント，⑤ゲル化グループ：プラスチゾル塗料の5グループに分類される[3]。現在では，環境負荷が少ない，水系塗料層形成主成分が選定されることが多くなっている。

　塗布型制振によく使用される充填材としては，Flake graphite, English mica, Synthetic mica,

第6章　防音塗料・制振塗料

表1　アスファルト系と酢酸ビニル系制振塗料の塗装仕様

工　　程	アスファルト系制振塗料 （商品名：イーディケル M-2000）	酢酸ビニル系制振制振塗料 （商品名：イーディケル M-2500）
素地調整	ゴミ，錆，汚れの除去，必要であれば凹凸，目地部分の処理	
下塗り	錆止プライマーの刷毛またはスプレー塗り，亜鉛引き鋼鈑，アルミ素材にはウォッシュプライマーをスプレー塗り，乾燥	
上塗り希釈	芳香族系シンナーを用いて適正粘度に調整（一般には調整不要）	水を希釈し，作業適正粘度に調整（通常1～2％）
刷毛塗り ヘラ塗り	可能 可能	
エアースプレ	モルタルガンまたはリシンガンなど（口径4～9 mm）を圧力30～50 N/cm^2 で使用	
エアーレススプレ	ポンプ30：1～50：1。一次圧30～50 N/cm^2 で使用。ノズルチップ55/100 インチ以上でパターンによって選択	
塗布量	塗膜　　　　所要量 2 mm　　　2.5～3.2 kg/m^2 3 mm　　　2.5～3.2 kg/m^2	塗膜　　　　所要量 2 mm　　　4.0～4.4 kg/m^2 3 mm　　　6.0～6.6 kg/m^2
乾燥（2 mm）	20 ℃　　　　　　　　加熱 指触1～1.5 h　　　　—— 硬化24～30 h　　　130 ℃×30 min	20 ℃　　　　　　　　加熱 指触2～3 h　　　　—— 硬化24～30 h　　　80 ℃×60 min

Powder aluminum 等があるが，アスペクト比が大きな鱗片状もしくは針状充填材料が多く，これらの充填材は塗膜弾性率の向上と，粘弾性体と充填材界面で生ずる摩擦エネルギーの増大に寄与する。

　塗布型制振の施工は，最も簡便な刷毛塗りからコテ塗り，エアースプレ，圧縮ポンプを使ったエアーレススプレ，スリットノズルまで対象物毎に色々な工法が採用されている。特に最近ではスリットノズルを使用した塗布工法は厚塗りが可能で数百メートル離れた貯蔵タンクから塗装現場までコーティング材を圧送して，ロボットを使った自動塗装による大量生産に適した方式であるため自動車製造現場で数多く採用されている。

　表1に，現在市場で広く利用されている「アスファルトベース制振塗布型制振」と「酢ビ系水性制振塗布型制振」の塗装仕様表を示す[4]。塗布型制振は乾燥後の膜厚が基材厚みの1から3倍になる様に塗装されるため，乾燥までに長い時間が必要になる。通常は，複数の硬化機構を組み合わせたり，加熱したりして硬化時間の短縮が図られている。

2.4　汎用制振塗料の制振特性

　制振塗料のルーツになったアスファルトベース制振塗料は，化学的安定性，常温域における制

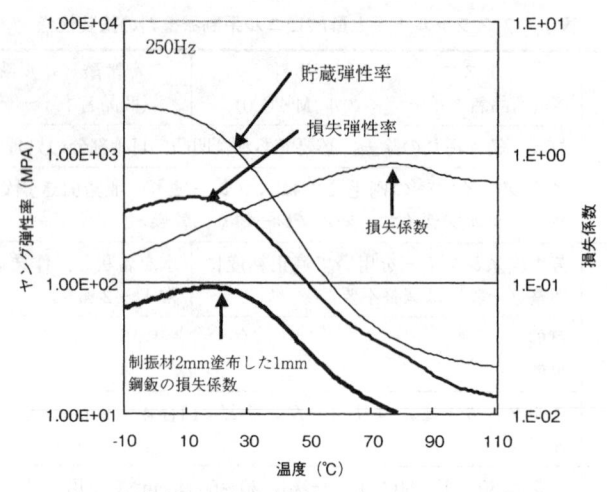

図2 制振材料の複素弾性率と複合パネルの制振特性
試料；アスファルトベース制振塗料

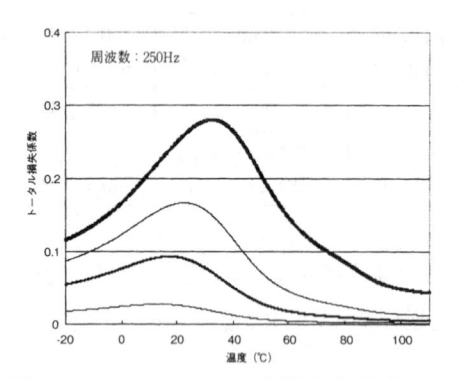

図3 アスファルトベース制振塗料を塗装した平板鋼鈑の制振効果の温度，厚み比特性；250 Hz
厚み比（制振材／鋼鈑）：ζ
ζ＝－1，━2，－3，━5

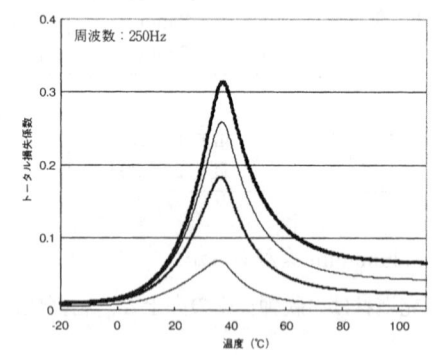

図4 酢ビ系水系制振塗料を塗装した平板鋼鈑の制振効果の温度，厚み比特性；250 Hz
厚み比（制振材／鋼鈑）：ζ
ζ＝－1，━2，－3，━5

振性の良さと，かつ安価なことから，現在でも汎用制振塗料として建築・建材市場，産業機器市場や輸送機器市場で現在でも広く利用されている。最近，有機溶剤排出規制の観点から，乾燥過程で有機溶剤の排出の少ない無溶剤制振塗料とか水性制振塗料が好まれる傾向に有る。

制振塗料は損失弾性率の最大域を活用する為，周波数と特に温度に対して強く依存する。図2に，アスファルトベース制振塗料の125 Hzにおける複素弾性特性と，1 mm鋼板に制振コーティング材を2 mm塗装したコーティング板の損失係数の温度特性を示す。グラフから，塗装板の損失係数の最大温度は制振材の損失弾性率の最大温度と一致することが明らかである。

図3，図4に，アスファルトベース制振塗料と酢ビ系水性制振塗料を塗装した鋼板の250 Hz

第6章 防音塗料・制振塗料

における損失係数の温度,厚み特性を示す。

図3に示すように,アスファルトベース制振塗料を塗装したパネルの損失係数の最大温度は20℃～40℃域に,酢ビ系水性制振塗料で,図4に示すように30℃～50℃近傍に存在する。

図4に示すように,酢ビ系水性制振塗料のように一種類の樹脂系から構成される制振塗料の損失係数の尖鋭度は概してシャープになる傾向がある。制振塗料のベースポリマーは広い温度・周波数帯域にわたって,損失係数と弾性率の大きい材料が求められる。この様な要求に対するポリマーの改質技術としては,塩化ビニルと酢酸ビニルに代表される二種またはそれ以上の化学的性質の異なった単量体を重合した共重合化法と,ゴム加工分野で昔から行われてきたポリマーブレンド法がある。ポリマーブレンド法で生成される新しいポリマーの損失係数は,ブレンドするポリマーの相溶性の違いによって,単峰になったり,スプリットしたり,または高原状になる。損失係数の温度依存性を緩慢にする技術として,程々の相溶性を持ったポリマー同士をブレンドする方法がある。損失係数のピーク値から30％ダウンした両端の温度幅を「損失係数の尖鋭度」とすると,単一ポリマーからなる酢ビ系水性制振塗料の先鋭度は15℃であるのに対して,色々な分子が混ざり合った,いわゆる天然のポリマーブレンド樹脂と言われるアスファルトベース制振塗料のそれは47℃と広い。このことは,ポリマーブレンド法は温度依存性を緩慢にする有効性を示す一例と言える。

最近,損失弾性率の最大温度を常温から100℃の任意温度に調整する技術として,2種類のアクリル酸エステルモノマーとスチレンモノマーの共重合体が脚光を浴びて来た。図5に,車外音の低減を目的にエンジン部品を対象にしたこの樹脂を使って開発された"高温域用制振塗料"の損失係数の温度・厚み特性を示す。

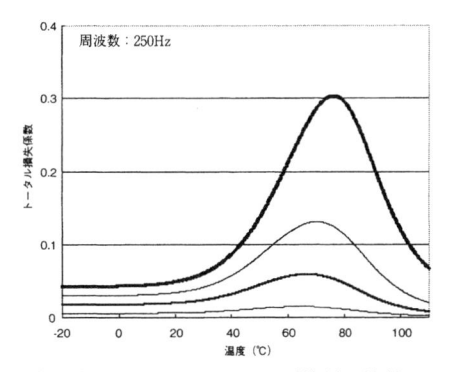

図5 高温度域用制振コーティング塗料を塗装した平板鋼鈑の制振効果の温度,厚み比特性；250 Hz
厚み比（制振材／鋼鈑）：ζ
ζ＝－1，－2，－3，－5

3 制振塗料市場と展望

3.1 制振塗料の実用例

表1の用途事例が示すように，現在，制振塗料は多くの産業分野で使用されている。

3.1.1 金属屋根の防音対策の例

工場や体育館など大規模建物の屋根は鋼板やステンレススチールなどで施工されることが多い。この種の屋根の欠点として，降雨の雨音時の雨音，気温や風圧による音鳴り，ドラミングが生じ易いことが上げられる。この対策として金属屋根を制振塗料で塗布することで改善できる。亜鉛鋼板♯31（0.27 mm 厚）に前述のイーディケル M-2000 を 2 mm 施工した場合，雨音の大きさが 10 dBA の減音効果がみられた例が報告[5]されている。実際の施工時の写真を写真1に示す。

写真1 金属屋根への制振塗料施工

3.1.2 鉄骨階段の足音騒音対策例

大きなビルの外部に設置されている非常階段は，歩行時（特にハイヒールなどの底が固い靴），大きな騒音を発生する。マンションでは深夜に非常階段を使用した場合，近隣住民からの苦情が出て，近隣関係を悪化させる恐れがある。非常階段の裏面を制振処理する事で，非常階段の歩行音を大幅に低減した事例を示す。今回の事例では，鉄板ステップ裏に 3 mm（Dry）の制振塗料を施工し，実施工した階段を写真2に，足音（ハイヒール）での発生騒音比較を図6に示す。

3.1.3 その他自動車の例

最近の自動車市場における制振塗料の新しい動向として，地球温暖化防止の観点から，燃費向上が新車開発時の重要な設計要素となり，軽量化ニーズが高まって来ており，これまで使って来た制振シートを施工場所の最適化，厚みの設計の自由性等の塗料特有の優位性を考慮し制振塗料に変更される事例が増加してきている。制振塗料を制振効果の大きい部位に適正量をロボットで塗装することで，軽量化と静粛性が達成され，更に生産ラインのクリーン化やストックヤード廃

第6章　防音塗料・制振塗料

写真2　非常階段への制振塗料施工

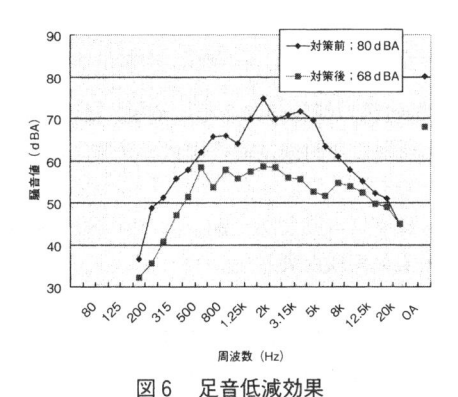

図6　足音低減効果

止といった付帯効果も図れた事例が報告されている[6,7]。さらに制振塗料は加速騒音規制対応（車外での騒音伝播低減）のためオイルパン，クランクケースとかヘッドカバーなど複雑な形状をしたエンジン部品へ施工することにより制振機能付与材料として着目されてきている。

4　おわりに

制振塗料を使った防音対策は施工が簡便で，振動の本質をあまり検索しなくても効果に差こそあれ，あらゆるタイプの騒音・振動に対して程々の効果が得られるため，制振塗料は防音対策の色々な場面に登場して来た。また，近年では，自動車工業を中心として従来のシート形状制振材が，施工性の簡易性などから塗料形状に変更されているケースが多く見られる。さらに，近年，環境負荷物質をまったく含まない組成の制振塗料に進化してきている。

機械設備等が出来上がってしまった後からトラブルシュート的に制振塗料で対応する事が多かった制振塗料であるが，合理的な制振対策を実施するにあたっては，機械の設計初期段階から制振材料を折り込んだ設計を行う事が重要となる。制振対策の実施においては，高性能な材料の開発と併せ，適用技術の確立をはかる事が急務であり，そのためにも企画，設計段階から制振処

理などの折り込みを考えるなど,利用者と供給者の早期からの共同作業が望まれる。現実的な防音対策を実施するに当たっては,制振材料の選定技術と併せて,防音対象物の振動・騒音の伝播特性データを基に,防振・制振・遮音・吸音材をバランスよく配置する総合的な防音技術が必要になる。

文　　献

1) 新田隆行,西島勝行,制振塗料の開発動向とその市場,騒音制御, **23**(6), pp 415-421(1999)
2) 新田隆行,高分子材料を利用した制振技術の現状と展望,日本接着学会, **34**(11), pp 38-45(1998)
3) 桃沢正幸,防音・制振,日本ゴム協会誌, **64**(5), pp 326-335 東京
4) 日本特殊塗料㈱,イーディケル技術資料
5) 久我,昭和42年度建研年報　pp 477-484 (1968)
6) 藤井敏寛,吹き付け型フロア制振材の開発,制振材料研究会定例会資料,(1996.12.12)
7) 中里ほか,多機能吹付け型制振材の開発,自動車技術, **51**(5)(1997)

特殊機能コーティングの新展開《普及版》（B1011）

2007年9月28日　初　版　第1刷発行
2012年9月10日　普及版　第1刷発行

監　修　中道敏彦　　　　　　　Printed in Japan
発行者　辻　賢司
発行所　株式会社シーエムシー出版
　　　　東京都千代田区内神田1-13-1
　　　　電話03（3293）2061
　　　　大阪市中央区南新町1-2-4
　　　　電話06（4794）8234
　　　　http://www.cmcbooks.co.jp/

〔印刷　豊国印刷株式会社〕　　　©T. Nakamichi, 2012

定価はカバーに表示してあります。
落丁・乱丁本はお取替えいたします。

本書の内容の一部あるいは全部を無断で複写（コピー）することは，法律で認められた場合を除き，著作者および出版社の権利の侵害になります。

ISBN978-4-7813-0569-1　C3043　¥4800E